数控机床编程与操作

陈天祥　张　妍　张德红　编著

机 械 工 业 出 版 社

本书是以国家数控技术技能型紧缺人才培养为依据，结合企业实际生产的第一手资料开发的基于工作过程导向、采用典型工作任务驱动的项目式实训教材，是一本真正实现教、学、做一体化，服务于高职机电类职业能力培养的综合性简明实训教材。

本书是编者凝结多年一线教学经历，结合多年校企合作的经验，联合知名企业和学校的专业技术骨干共同编写而成。主要内容包括认识数控机床、数控车床编程与加工、数控铣床编程与加工3个部分，下设12个任务。主要特点是采用单元式组织形式，以任务驱动为导向，课程实训教学与理论教学内容完全融合为一体，并逐步完成相应工作项目的教学任务。

本书适于作为高职高专、中职中专院校的数控、模具、机电类专业学生相关课程的教材，同时也是数控机床应用工程技术人员、研究人员的参考书。

图书在版编目（CIP）数据

数控机床编程与操作/陈天祥，张妍，张德红编著．—北京：机械工业出版社，2015.8

ISBN 978-7-111-47046-5

Ⅰ.①数… Ⅱ.①陈… ②张… ③张… Ⅲ.①数控机床－程序设计－职业教育－教材②数控机床－操作－职业教育－教材 Ⅳ.①TG659

中国版本图书馆CIP数据核字（2015）第151990号

机械工业出版社（北京市百万庄大街22号 邮政编码100037）
策划编辑：舒 雯 责任编辑：舒 雯
版式设计：赵颖喆 责任校对：丁丽丽
封面设计：陈 沛 责任印制：李 洋
北京机工印刷厂印刷（三河市南杨庄国丰装订厂装订）
2015年9月第1版第1次印刷
184mm×260mm·13.75印张·337千字
0 001—3 000册
标准书号：ISBN 978-7-111-47046-5
定价：40.00元

凡购本书，如有缺页、倒页、脱页，由本社发行部调换

电话服务	网络服务
服务咨询热线：010-88379833	机 工 官 网：www.cmpbook.com
读者购书热线：010-88379649	机 工 官 博：weibo.com/cmp1952
策 划 编 辑：010-88379733	教育服务网：www.cmpedu.com
封面无防伪标均为盗版	金 书 网：www.golden-book.com

前　言

近年来，随着我国经济结构的转型、产业结构的不断调整和升级，数控加工技术在现代企业得到了快速发展和广泛应用。为了普及与提高数控加工技术，培养数控加工技术相关人才，使其理论与实践相结合，我们编写了本书。

本书是以国家数控技术技能型紧缺人才培养要求为依据，以劳动与社会保障部制定的有关国家职业标准及全国数控技能大赛为指导，结合企业实际生产的第一手资料，联合知名企业和学校的专业技术骨干，共同开发和编写而成。

本书既是一本基于工作过程导向、项目驱动式综合实训教材，又是一本名副其实的校企合作教材。在内容的组织和实施上，以企业实际生产为导向，以国家职业技能鉴定考核标准为依据，结合企业大量典型实例，实现了教、学、做一体化，服务于高职机电类职业能力培养的理念。本书理论知识表述简洁易懂，以够用为度；操作步骤清晰明了，重在应用，旨在技能培养，便于读者学习和掌握。

本书由天津滨海职业学院陈天祥、张妍和宜宾职业技术学院张德红和部分企业骨干共同编写。在编写数控车削技术相关内容的过程中，得到了天津渤天顺科技有限公司张福刚工程师的大力协助；在编写数控铣削技术相关内容的过程中，得到了天津弗斯特木业有限公司张世义工艺师的帮助。此外，还得到天津滨海职业学院机电工程系刘秋艳、刘鹏、于世楠等诸位教师的大力支持。在此一并表示衷心的感谢。

由于我们的水平有限，书中谬误和不当之处在所难免，恳望广大读者批评指正。

编　者

目　录

项目1

认识数控机床

任务1　初步了解数控机床

1.1.1　任务综述

学习任务	初步了解数控机床	参考学时：2
需完成的子任务	1. 学校为满足正常教育教学的需要，又新购置了一批数控机床，希望你能在这些设备实体上面，指出用于传动和控制的关键机构 2. 依据实训中心所接的加工任务，希望你能为他们根据不同工件，选择合适的数控加工机床，并说明理由 3. 在当今网络信息时代，希望能借助身边这些便利的条件及各种媒体和渠道，更多地了解数控机床，并判断出该行业未来的发展趋势	
重点与难点	1. 学习重点 通过实体勘察和理论学习，了解数控机床的概念、结构特点及应用范围，揭开它头上那张神秘的面纱 2. 学习难点 了解各类数控机床的结构部件及组成，了解它们的工作原理	
学习目标	1. 知识目标 （1）了解数控机床及数控系统的相关概念 （2）熟悉数控机床的结构组成及工作原理 （3）了解数控机床及数控技术的发展趋势 （4）了解数控机床的分类与结构特点 2. 能力目标 （1）对常用数控机床大致部件结构的认知能力 （2）对常见数控系统的概念和外观认知能力	
所需教学设备	数控机床、刀具、量具、常见类型工件、多媒体课件、计算机等	
教学方法	项目驱动、任务导向法；实地观察与演示，小组研讨；教学做一体化	

1.1.2 任务信息

1. 数控机床概述

（1）数控机床的基本概念　数控机床（Numerical Control Machine Tool）是采用数字控制技术（Numerical Control）的机械设备，是一种以数字量作为指令信息形式，通过专用或通用的电子计算机控制的机床，如图1-1所示。通过数字化的信息，可以对机床的运动及其加工过程进行控制。

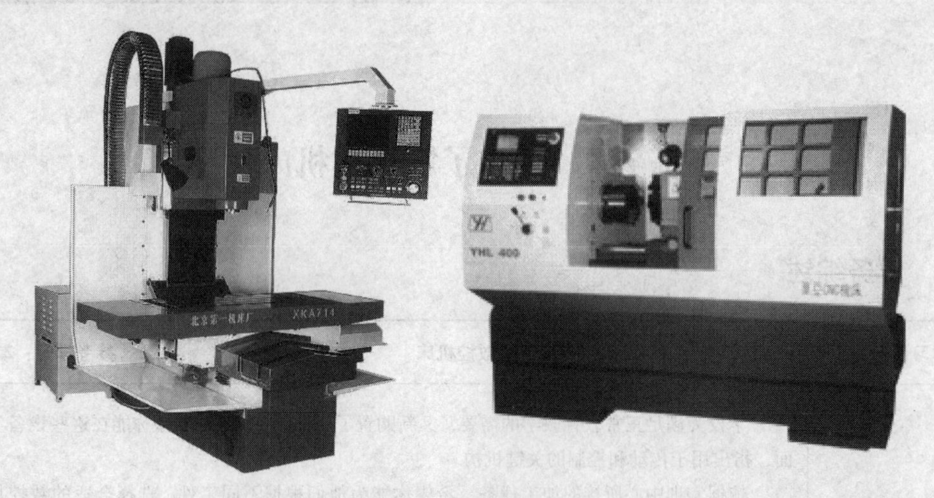

图1-1　数控机床结构

数控机床可以将加工过程所需的各种操作（如主轴变速、松夹工件、进刀与退刀、开车与停车、自动关停切削液等）和步骤及工件的尺寸，用数字化代码进行表示，通过控制介质（如穿孔纸带或软盘等）将数字信息送入控制装置，控制装置对输入的信息进行处理和运算，发出各种控制信号，控制机床的伺服系统和驱动元件，使其自动加工出我们所需要的指定工件。

（2）数控机床的特点　数控机床是一种高效能自动或半自动机床，与普通机床相比，具有以下明显特点：

1）高精度。实现计算机控制，排除人为误差，零件的一致性好，加工精度高，质量稳定可靠。

2）高柔性。加工对象改变时，一般只需要更改数控程序，体现出很好的适应性，可大大节省生产准备时间。

3）高效能。数控机床本身的精度高、刚性大，可选择科学合理的加工用量，生产率高，一般为普通机床的3～5倍，对某些复杂零件的加工，生产效率可以提高几十倍。

4）高难度。借助于CAD/CAM软件，非常适合加工结构复杂、形状奇异的零部件。

5）工况好。机床自动化程度高，操作人员劳动强度大大降低，工作环境较好。

6）易管理。采用数控机床有利于向计算机控制与管理生产方面发展，为实现生产过程自动化创造了条件。

7）技术含量高。由于整个加工过程采用程序控制，数控加工的前期准备工作较为复杂，包含工艺确定、程序编制等。

8）高要求。数控机床是典型的机电一体化产品，技术含量高，对维修和从业人员的技术要求很高。

（3）数控机床的应用范围　数控机床是电子信息技术和传统机械加工技术高度结合的产物，它集现代精密机械、计算机、通信、液压气动、光电等多学科技术为一体，具有高效率、高精度、高自动化和高柔性等特点，是当代机械制造业的主流装备。数控机床大大提高了机械加工的性能，可以精确加工传统机床无法处理的复杂零件，有效提高了加工质量和效率，实现了柔性自动化（相对于传统技术基础上的大批量生产的刚性自动化），并向智能化、集成化方向发展。

数控机床在机械制造业中得到日益广泛的应用，是因为它有效地解决了复杂、精密、小批多变的零件加工问题，能满足高质量、高效益和多品种、小批量的柔性生产方式的要求，适应各种机械产品迅速更新换代的需要，经济效益显著，代表着当今机械加工技术的趋势与潮流，也是现代机械制造企业在市场竞争激烈的条件下，赖以生存与发展的必然要求。随着社会生产和科学技术的进步，数控技术不仅应用于机床的控制，还用于其他设备的控制，如数控线切割机、数控绘图机、数控测量机、数控冲剪机等，仅数控机床就有数控车床、数控铣床、数控钻床、数控磨床、数控镗床及数控加工中心等。

由于数控机床的上述特点，适用于数控加工的零件有：

1）批量小而又多次重复生产的零件。

2）贵重零件加工。

3）全部需要检验的零件。

4）试制件。

对以上零件采用数控加工，能最大限度地发挥出数控加工的优势。

2. 数控机床的产生和发展

（1）数控机床的产生　20世纪50年代初，美国出于军事和工业发展的需要，设计并研制出了世界上第一台数控机床。1948年美国巴森兹（Parsons）公司在研制加工直升机叶片轮廓样板时，提出了数控机床的初始设想。1949年，该公司与麻省理工学院（MIT）合作，开始了三坐标铣床的数控化工作。1952年3月，他们公开发布了世界上第一台数控机床的试制成功，并可作直线插补。

经过三年调试改进和提高，数控机床于1955年进入实用化阶段。从此，其他一些国家如德国、英国、日本、西班牙和前苏联等国都开始研制数控机床，其中日本发展比较快。当今世界上著名的数控厂家有日本的法那科（FANUC）公司、德国的西门子（SIEMENS）公司、西班牙的法格（FAGOR）公司等。1959年，由美国的克耐·杜列克（Keaney & Trecker）公司首次研制成功开发了加工中心（Machining Center，MC）。这是一种具有自动换刀装置（刀具交换位置）和回转工作台的数控机床，可以在一次装夹中对工件的多个面进行多工序加工，如：钻孔、铰孔、攻螺纹、镗削、平面铣削、轮廓铣削等加工。

20世纪60年代末出现了直接数控系统DNC（Direct NC），它由一台计算机直接管理和控制一群数控机床。1967年英国出现了由多台数控机床连接而成的柔性加工系统，就是现在的柔性制造系统（Flexible Manufacturing System FMS）的前身。20世纪80年代初出现了以加工中心或车削中心为主体，配备工件自动装卸和监控检验装置的柔性制造单元(Flexible Manufacturing Cell，FMC)，后来又出现了以数控机床为基本加工单元的计算机集成制造系统（Computer Integrated Manufacturing System，CIMS)，实现了生产决策、产品设计、制造、经营等过程的计算机集成管理和控制。

(2) 数控机床加工技术的发展方向　现代数控加工正在向高速化、高精度化、高柔性化、高一体化、网络化和智能化等方向发展。

1) 高速切削。受高生产率的驱使，高速化已经是现代机床技术发展的重要方向之一。高速切削可通过高速运算技术、快速插补运算技术、超高速通信技术和高速主轴等技术来实现。高主轴转速可减少切削力，高切削速度有利于克服机床振动，传入零件中的热量大大降低，排屑加快，热变形减小，加工精度和表面质量得到显著改善。因此，经过高速切削的工件一般不需要精加工。

2) 高精度控制。高精度化一直是数控机床技术发展追求的目标。它包括机床制造的几何精度和机床使用的加工精度控制两方面。提高机床的加工精度，一般是通过减少数控系统误差，提高数控机床基础大件结构性能和热稳定性，采用补偿技术和辅助措施来达到的。目前精加工精度已经提高到0.1μm，并进入了亚微米级，不久的将来超精度加工将进入纳米时代（加工精度达0.01μm)。

3) 高柔性化。柔性是指机床适应加工对象变化的能力。目前，在进一步提高单机柔性自动化加工的同时，正努力向单元柔性和系统柔性化发展。数控系统将具有更大限度的柔性，能实现多种用途。柔性具体是指具有开放性体系结构，通过重组和编辑，视需要系统可大可小，功能可专用也可通用，功能价格比可调，可以集成用户的技术经验，形成专家系统。

4) 高度一体化。CNC系统与加工过程作为一个整体，实现机电声光综合控制，测量造型、加工一体化，加工、实时检测与修正一体化，机床主体设计与数控系统设计一体化。

5) 网络化。实现多种通信协议，既满足单机需要，又能满足FMS（柔性制造系统)、CIMS（计算机集成制造系统）对基层设备的要求。配置网络接口，通过Internet可实现远程监视和控制加工，进行远程检测和诊断，使维修变得简单。建立分布式网络化制造系统，便于形成“全球制造”。

6) 智能化。CNC系统将是一个高度智能化的系统，具体是指系统应在局部或全部实现加工过程的自适应、自诊断和自调整；多媒体人机接口使用户操作简单，智能编程使编程更加直观，可使用自然语言编程；加工数据的自生成及智能数据库；智能监控；采用专家系统降低对操作者的要求。

3. 数控机床的构成及工作原理

(1) 数控机床的构成　CNC（Computerized Numerical Control）是计算机数控系统的缩写，它是在NC（数控系统）的基础上发展起来的，现代数控机床主要由CNC数控系统和机床主体组成。此外，数控机床还有许多辅助装置：自动换刀装置（Automatic Tool Changer，ATC)、自动工作台交换装置（Automatic Pallet Changer，APC)、自动对刀装置、自动排屑装置，以及电、液、气、冷却、润滑、防护等装置。数控机床一般由加工程序、输入输出设备、CNC装置（或称为CNC单元)、伺服单元、驱动装置（或称为执行机构)、可编程序控制器PLC及电气控制装置、辅助装置、机床本体及测量装置组成，如图1-2所示。

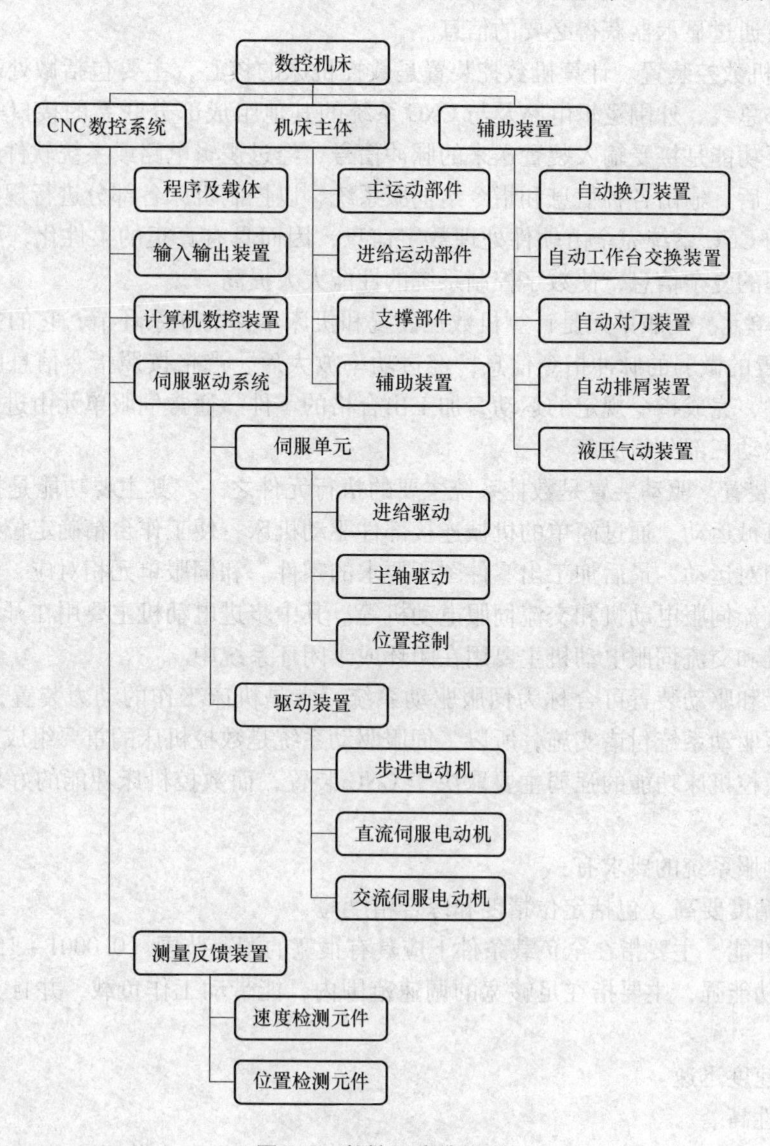

图1-2　数控机床的构成

1）程序及载体。数控机床与普通机床的最大区别是数控机床不需要工作人员直接去操作机床，而是按照输入的工件加工程序进行控制加工的。工件加工程序中，包括机床上刀具与工件的相对运动轨迹、工艺参数（进给量、主轴转速等）和辅助运动等加工所需的全部数据信息。加工程序可以存储在控制介质上（如：穿孔纸带、软带、磁盘等）。

2）输入/输出设备。输入/输出装置是用户与CNC系统的接口。存储在信息载体上的加工程序（数控代码）需通过输入装置送给CNC装置，数控机床的典型输入设备有纸带阅读机、软盘驱动器及键盘（MDI方式）等，除上述以外，还可以用RS232串行通信接口的方式输入。

数控系统一般配有 CRT 显示器或点阵式液晶显示器，显示的信息较丰富，并能显示图形。操作人员通过显示器获得必要的信息。

3）计算机数控装置。计算机数控装置是数控机床的核心，主要包括微处理器（CPU）、存储器、局部总线、外围逻辑电路及与 CNC 系统的其他组成部分联系的接口等。计算机数控装置的主要功能是接受输入装置送来的脉冲信号，经过逻辑电路或系统软件进行译码、运算和逻辑处理后，输出各种信息和指令给伺服系统，以控制机床各部分进行规定的动作。由于数控机床的 CNC 系统完全由软件处理数字信息，因而具有真正的柔性化，可处理逻辑电路等难以处理的复杂信息，使数字控制系统的性能大大提高。

4）伺服单元。伺服单元是计算机数控装置和机床本体的联系环节，它的主要功能是把来自 CNC 装置的微弱的脉冲指令信息，经过功率放大后，严格按照指令信息的要求驱动机床的运动部件，完成指令规定的运动，加工出合格的零件。通常伺服单元由进给驱动、主轴驱动和位置驱动三部分组成。

5）驱动装置。驱动装置是数控系统主要的执行元件之一。其主要功能是把经放大的指令信号变为机械运动，通过简单的机械连接部件驱动机床，使工作台精确定位或按规定的轨迹作严格的相对运动，最后加工出零件图所要求的零件。和伺服单元相对应，驱动装置有步进电动机、直流伺服电动机和交流伺服电动机等。其中步进电动机主要用在开环系统中，直流伺服电动机和交流伺服电动机主要用在闭环或半闭环系统中。

伺服单元和驱动装置可合称为伺服驱动系统，它是机床工作的动力装置，CNC 装置的指令要靠伺服驱动系统付诸实施，所以，伺服驱动系统是数控机床的重要组成部分。从某种意义上说，数控机床功能的强弱主要取决于 CNC 装置，而数控机床性能的好坏主要取决于伺服驱动系统。

通常对伺服系统的要求有：

① 工作精度要高（包括定位精度和综合精度）。

② 调速性能，主要指在全负载条件下应具有很宽的调速范围（0.0001 ~ 15m/min）。

③ 负载功能强，主要指在足够宽的调速范围内，能带动工作负载，并且具有一定的负载刚度。

④ 响应速度迅速。

⑤ 稳定性高。

6）测量反馈装置。测量反馈装置也称为反馈元件，通常安装在机床的工作台或丝杠上。其主要作用是将数控机床各坐标轴的位移指令检测值反馈到机床的数控装置中，供计算机数控装置与指令值比较产生误差信号，以控制机床向消除该误差的方向移动，相当于普通机床的刻度盘和人的眼睛。

按有无检测装置和测量装置的安装位置不同，计算机数控系统可分为开环数控系统、闭环数控系统和半闭环数控系统。开环数控系统的控制精度主要取决于步进电动机和丝杠的精度，闭环数控系统的控制精度主要取决于检测装置的精度。因此，测量装置是高性能数控机床的重要组成部分。此外，由测量装置和显示环节构成的数显装置，可以在线显示机床移动部件的坐标值，大大提高工作效率和加工精度。

常用检测元件有速度检测元件和位置检测元件：速度检测（实现速度闭环）主要包括采用与电动机轴同轴安装的测速发电机（输出电压与转速成正比）或光电编码器（通过检

测所发脉冲的周期来完成数字化的速度检测）；位置检测（实现位移闭环）包括直接测量和间接测量两种。如果对机床工作台的直线位移采用直线型检测元件（如磁珊、光栅、激光测量仪等），称为直接测量，主要用在全闭环控制；如果机床工作台的位移是通过回转型检测元件测量伺服电动机或滚轴丝杠的回转角间接得到的，称为间接测量，主要用在半闭环控制中。

7）机床本体。机床的主体主要包括主轴、进给机构等完成切削加工的主运动部件；工作台、刀架等进给运动部件和床身、立柱等支撑部件，还有冷却、润滑、转位、夹紧、换刀机械手等辅助装置。CNC机床由于切削用量大、连续加工发热量大等因素对加工精度有一定影响，加上在加工过程中是自动控制，不能像在普通机床上由人工进行调整、补偿，所以其设计要求比普通机床更严格，制造要求更精密，采用了许多新的提高刚性、减小热变形、提高精度等方面的措施。其特点主要有：

① 刚度、抗振性高和热变形小。

② 简化机械传动结构，缩短传动链。

③ 采用效率高，无间隙，低摩擦的传动（滚轴丝杠副）。

8）辅助装置。辅助控制装置的主要作用是接收数控装置输出的主运动换向、变速、起停、刀具的选择和交换，以及其他辅助装置等指令信息，经过必要的编译、逻辑判断和运算，经功率放大后直接驱动相应的部件以完成指令规定的动作。常用的辅助装置有：自动换刀装置、自动工作台交换装置、自动对刀装置、自动排屑装置、液压气动装置等。

（2）数控机床的工作原理　数控机床是数字控制技术与机床相结合的产物，它是一种利用信息技术进行自动加工的机床。数控机床与普通机床相比较，其工作原理的不同之处就在于数控机床是按数字形式给出的指令进行加工的。数控机床加工零件，首先要将被加工零件的样图及工艺信息数字化，用规定的代码和程序格式编写加工程序，然后将所编程序指令输入到机床的数控装置中。数控装置再将程序进行翻译、运算后，向机床各个坐标的伺服机构和辅助控制装置发出信号，驱动机床各个运动部件完成所需的辅助运动，最后加工出合格零件，如图1-3所示。

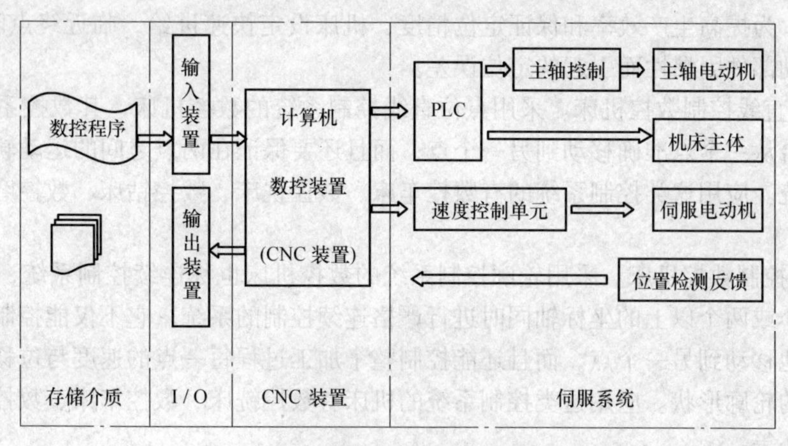

图1-3　CNC系统图

(3) 数控机床的工作过程　人们按照零件加工的技术要求和工艺要求，编写零件的加工程序，然后将加工程序输入到数控装置，通过数控装置控制机床各部件完成各种动作(包括主轴运动，进给运动，更换刀具，工件的夹紧与松开，冷却、润滑泵的开与关)，使刀具、工件和其他辅助装置严格按照加工程序规定的顺序、轨迹和参数进行工作，从而加工出符合零件图要求的零件。

数控机床的工作过程如图 1-4 所示，数控机床加工零件的工作过程分以下几个步骤实现。

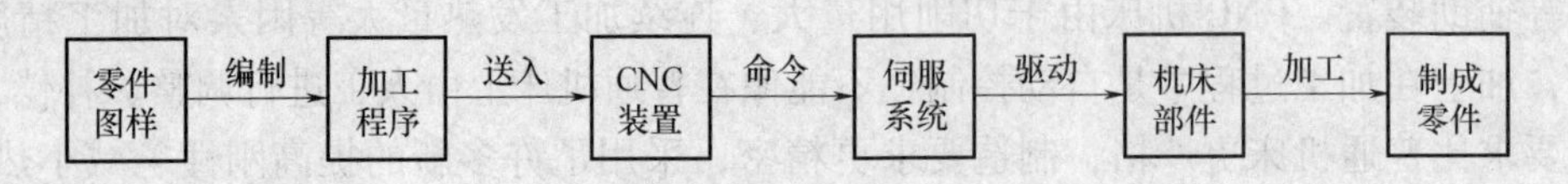

图 1-4　数控机床的工作过程

4. 数控机床的分类

(1) 按加工工艺方法分类

1) 金属切削类数控机床。金属切削类数控机床是指采用车、铣、刨、磨、钻等各种切削工艺，实现切除余量的数控机床，它又可被分为以下两类：

① 普通型数控机床。如数控车床、数控铣床、数控磨床等。

② 加工中心。其主要特点是具有自动换刀机构的刀具库，工件经一次装夹后，通过自动更换各种刀具，在同一台机床上对工件各加工面连续进行铣（车）键、铰孔、钻孔、攻螺纹等多种工序的加工，如（镗/铣类）加工中心、车削中心、钻削中心等。

2) 特种加工类数控机床。如数控电火花线切割机床、数控电火花成型机床、数控等离子弧切割机床、数控火焰切割机床及数控激光加工机床等。

3) 金属成形类数控机床。如数控压力机、数控剪板机和数控折弯机等。

4) 非加工设备。如数控多坐标测量机、自动绘图机及工业机器人等。

(2) 按控制运动的方式分类

1) 点位控制数控机床。点位控制运动指刀具相对工件的点定位，一般对刀具运动轨迹无特殊要求，为提高生产效率和保证定位精度，机床设定快速进给，临近终点时自动降速，从而减少运动部件因惯性而引起的定位误差。

2) 点位直线控制数控机床。采用点位直线控制系统的数控机床，其数控系统不仅控制刀具或工作台从一个点准确移动到另一个点，而且还要保证在两点之间的运动轨迹是一条直线的控制系统。应用这类控制系统的有数控车床、数控铣床、数控钻床、数控磨床、数控镗床等。

3) 轮廓控制数控机床。采用轮廓控制系统的数控机床也称连续控制系统，是指数控系统能够对两个或两个以上的坐标轴同时进行严格连续控制的系统。它不仅能控制移动部件从一个点准确地移动到另一个点，而且还能控制整个加工过程每一点的速度与位移量，将零件加工成一定的轮廓形状。应用这类控制系统的机床有数控铣床、数控车床、数控齿轮加工机床和加工中心等。

(3) 按驱动装置的特点分类

1) 开环控制数控机床。这类数控机床的控制系统没有位置检测元件，伺服驱动部件通常为反应式步进电动机或混合式伺服步进电动机。数控系统每发出一个进给指令，经驱动电路功率放大后，驱动步进电动机旋转一个角度，再经过齿轮减速装置带动丝杠旋转，通过丝杠螺母机构转换为移动部件的直线位移。此类数控机床的信息流是单向的，即进给脉冲发出去后，实际移动值不再反馈回来，所以称为开环控制数控机床。开环控制系统的数控机床结构简单，成本较低。但是，系统对移动部件的实际位移量不能进行监测和误差校正，因此，开环控制系统仅适用于加工精度要求不很高的中小型数控机床，特别是简易经济型数控机床，图1-5所示为开环控制系统。

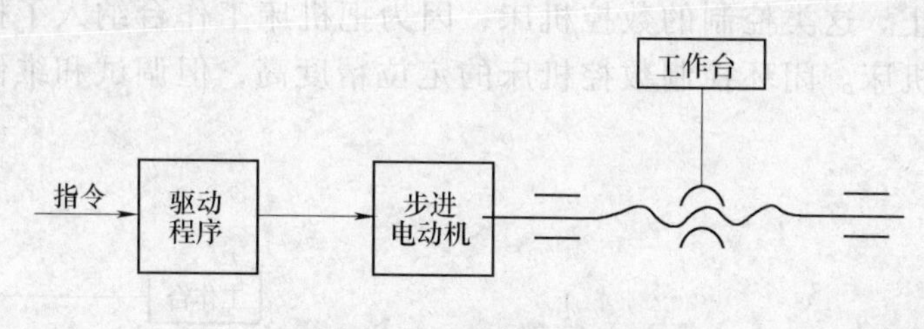

图1-5 开环控制系统

2）半闭环控制数控机床。半闭环控制数控机床是在伺服电动机的输出轴或传动丝杠上装有角度检测装置（如光电编码器等），通过检测丝杠的转角间接地检测移动部件的实际位移，然后反馈到数控装置中去，并对误差进行修正。图1-6所示为半闭环控制数控机床的系统框图，通过测速装置可间接检测出伺服电动机的转速，从而推算出工作台的实际位移量，将此值与指令值进行比较，用差值来实现控制。由于工作台没有包括在控制回路中，因而称为半闭环控制数控机床。半闭环数控系统的调试比较方便，并且具有很好的稳定性，目前大多将角度检测装置和伺服电动机设计成一体，使结构更加紧凑。

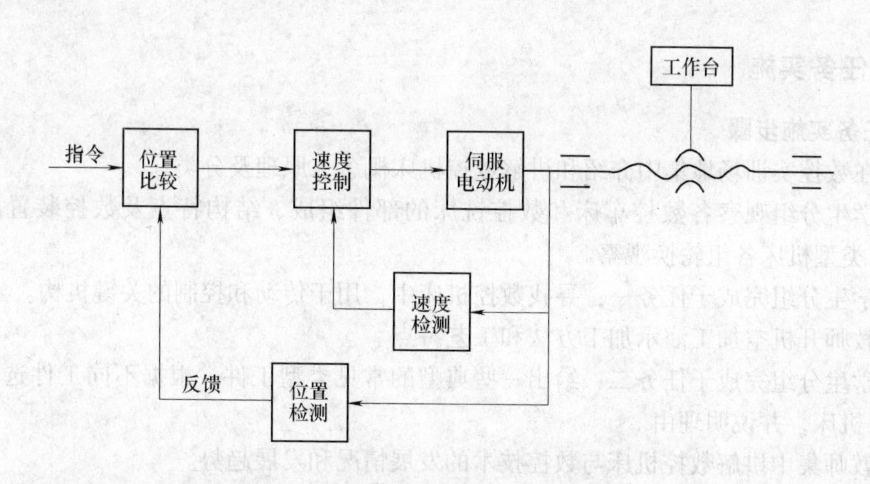

图1-6 半闭环控制数控机床的系统框图

3）闭环控制数控机床。闭环控制数控机床是在机床移动部件上直接安装直线位移检测装置，直接对工作台的实际位移进行检测，将测量的实际位移值反馈到数控装置中，与输入的指令位移值进行比较，用差值对机床进行控制，使移动部件按照实际需要的位移量运动，最终实现移动部件的精确运动和定位。从理论上讲，闭环系统的运动精度主要取决于检测装置的检测精度，也与传动链的误差无关，因此其控制精度高。

图 1-7 所示为闭环控制数控机床的系统框图，当位移指令值发送到位置比较电路时，若工作台没有移动，则没有反馈量，指令值使得伺服电动机转动，通过速度传感器将速度反馈信号送到速度控制电路，通过直线位移传感器将工作台实际位移量反馈回去，在位置比较电路中与位移指令值相比较，用比较后得到的差值进行位置控制，直至差值为零为止。这类控制的数控机床，因为把机床工作台纳入了控制环节，故称为闭环控制数控机床。闭环控制数控机床的定位精度高，但调试和维修都较困难，系统复杂，成本高。

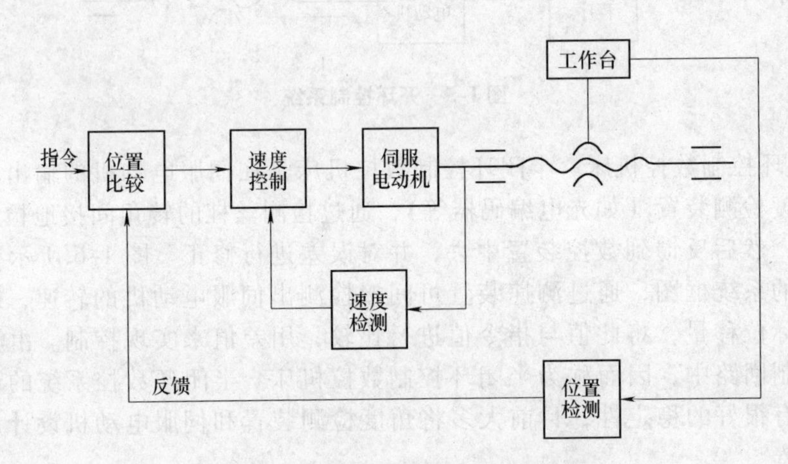

图 1-7 闭环控制数控机床的系统框图

1.1.3 任务实施

1. 任务实施步骤

1）在数控实训场地集中介绍和讲解数控机床概念、原理及分类。

2）学生分组观察各数控车床和数控铣床的部件组成、结构特点及数控装置面板的位置，不同类型机床各组轮换观察。

3）学生分组完成子任务一：寻找数控机床中，用于传动和控制的关键机构。

4）教师开机空加工演示加工方法和工艺特点。

5）学生分组完成子任务二：给出一些典型的常见类型工件，根据不同工件选择适用的数控加工机床，并说明理由。

6）教师集中讲解数控机床与数控技术的发展情况和发展趋势。

7）学生分组完成子任务三：说一说你认为目前我国数控机床应该向着哪个方向发展。

8）教师集中讲评学生答案，并对本次课做出总结。

2. 考核与评价

实训任务						
班级		姓名（学号）		组号		
序号	内容、要求及评分标准		配分	自评	互评	教师评分
1	能够配合老师，在老师指导下观察各种数控机床部件结构和加工方式		15			
2	完成子任务一		20			
3	完成子任务二		20			
4	完成子任务三		20			
5	学生之间能够相关协作和讨论，积极互动		15			
6	能够就数控发展方向问题提出自己的见解和想法		10			
完成日期		总得分				

1.1.4 任务小结

通过本任务的学习，使学生了解数控机床及其概念；了解数控机床的基本组成、工作原理及应用范围；理解数控机床的分类；对数控机床有一个初步的认识。

1.1.5 任务拓展

1）你认为现在普通机床还有用吗，一般用在什么情况。

2）你知道中国目前有哪些生产数控机床的厂家。

3）你知道目前我国常用的数控系统有哪些，中国自主的数控系统有哪几个。

1.1.6 任务工单

项目名称				
任务名称				
专业班级			小组编号	
组员学号姓名				
任务目标	知识目标			
	能力目标			

（续）

<table>
<tr><td>需要完成的子任务</td><td colspan="3">（1）寻找数控机床中，用于传动和控制的关键机构

（2）给出一些典型的常见类型工件，根据不同工件选择适用的数控加工机床，并说明理由

（3）说一说你认为目前我国数控机床应该向着哪个方向发展</td></tr>
<tr><td>项目实施过程中遇到的问题及解决方法</td><td colspan="3"></td></tr>
<tr><td>学习收获</td><td colspan="3"></td></tr>
<tr><td rowspan="6">评价（详见考核表）</td><td colspan="3">个人评价 10% + 小组评价 20% + 教师评价 50% + 贡献系数 20%</td></tr>
<tr><td>姓名</td><td>各项得分</td><td>综合得分</td></tr>
<tr><td></td><td></td><td></td></tr>
<tr><td></td><td></td><td></td></tr>
<tr><td></td><td></td><td></td></tr>
<tr><td></td><td></td><td></td></tr>
</table>

任务2 数控机床坐标系统的判定

1.2.1 任务综述

学习任务	初步了解数控机床	参考学时：2
需完成的子任务	1. 在下图所示的两台数控机床上标明机床坐标系及其原点 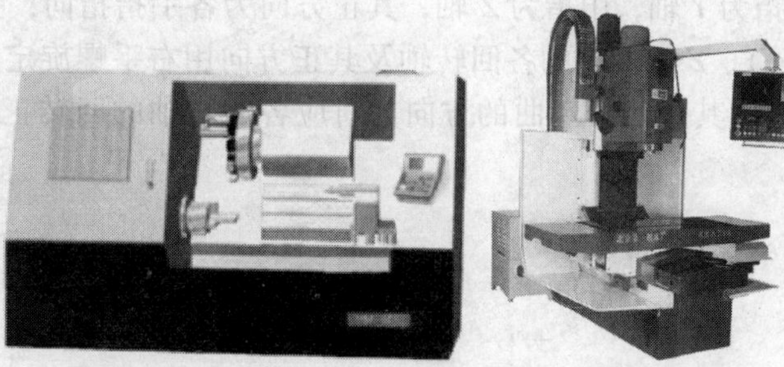 2. 在教师指导下完成数控机床回零及主轴和工作台的移动 3. 明确机床进行回零操作是使刀具运动到哪个点 4. 明确机床在何种情况下要进行回零操作	
重点与难点	数控机床坐标系及其方向的判定	
学习目标	知识目标：理解数控机床坐标系、工件坐标系以及刀具坐标系 能力目标：对数控机床坐标系具有判别能力	
所需教学设备	数控机床、刀具、量具、常见加工零件、多媒体课件、计算机等	
教学方法	项目驱动、任务导向法；实地观察与演示，小组研讨；教学做一体化	

1.2.2 任务信息

1. 数控机床坐标系

在数控机床上加工零件，刀具与工件的相对运动是以数值控制的形式来实现的。因此，必须建立相应的坐标系，才能明确刀具与工件的相对位置。数控机床坐标系包括坐标原点、坐标轴和运动方向。数控机床各坐标轴是按标准 GB/T 19660—2005《工业自动化系统与集成 机床数值控制坐标系和运动命名》确定的。

工件在数控机床上加工的工艺内容多，工序集中，所以每一个数控编程员和数控机床的操作者，都必须对数控机床坐标系有一个完整且正确的理解。否则，程序编制将发生错误，操作机床时也会发生事故。要想确定坐标系，首先要确定坐标原点的位置，这样坐标系才能确定下来。为了简化数控编程和使数控系统规范化，国际标准化组织（ISO）对数控机床规定了标准坐标系。

2. 机床坐标系的相关规定及原则

(1) 右手直角坐标系　以机床原点为坐标原点建立起来的右手直角坐标系（即右手迪卡儿坐标系），称为机床坐标系。机床坐标系是机床上固有的，用来确定工件坐标系的基本坐标系。国际标准中规定，机床坐标系采用右手直角坐标系，基本坐标轴为 X、Y、Z 轴，它们与机床的主要导轨相平行，绕 X、Y 和 Z 轴回转的回转轴分别为 A、B 和 C 轴。

基本坐标轴 X、Y、Z 的关系及其正方向用右手直角定则来判定，如图 1-8 所示。拇指为 X 轴，食指为 Y 轴，中指为 Z 轴，其正方向为各手指指向，并分别用 $+X$、$+Y$、$+Z$ 来表示。绕 X、Y、Z 轴回转的各回转轴及其正方向用右手螺旋定则来判定，拇指指向 X、Y、Z 轴的正方向，其余四指弯曲的方向为对应各回转轴的回转正方向，并分别用 $+A$、$+B$、$+C$ 来表示。

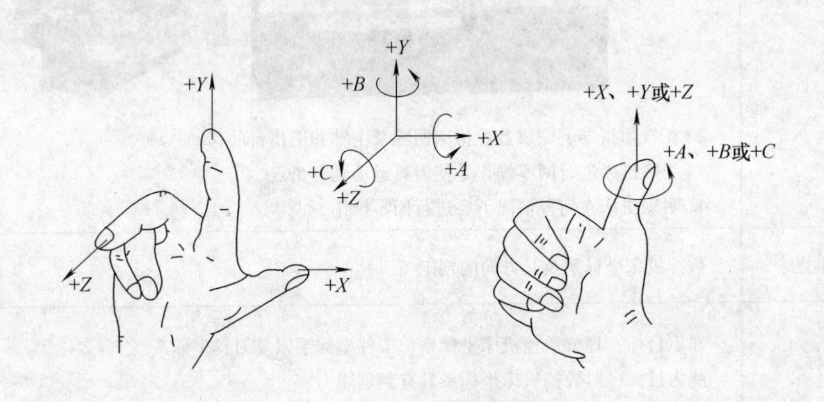

图 1-8　右手直角坐标系正方向判定

(2) 刀具移动与工件移动　机床坐标系是机床移动部件进给运动的基准。由于进给运动可以是刀具相对于固定的工件移动（如数控车床），也可以是工件相对于固定的刀具移动（如数控铣床），所以统一规定：不论机床的具体结构是工件固定、刀具移动，还是工件移动、刀具固定，在确定机床坐标系时，一律看做刀具相对于固定工件的运动，且（X、Y、Z、A、B、C 表示刀具移动时的坐标轴，X'、Y'、Z'、A'、B'、C'……表示工件移动时的坐标轴。采用这样的规定，就可以使编程人员在不知道是刀具移近工件还是工件移近刀具的情况下，根据零件图就能确定机床的加工操作。

(3) 移动的正方向　规定使刀具与工件距离增大的方向为移动的正方向。

3. 坐标轴判定的方法及步骤

(1) 先确定 Z 轴　在标准中规定平行于机床主轴（传递切削力）的坐标轴为 Z 轴，并取当刀具远离工件时的方向为正方向（$+Z$）。当机床有多个主轴时，则可选择一个垂直于工件装夹面的主轴为主要主轴，Z 轴则平行于主要主轴。对于没有主轴的机床，则规定垂直于工件装夹面的坐标轴为 Z 轴。如立式铣床，主轴箱的上、下移动方向或主轴本身的上、下移动方向即可定为 Z 轴，且向上为 Z 轴正方向。若主轴不能上下动作，则工作台向下运动的方向为 Z 轴的正方向，如图 1-9、图 1-10 所示。

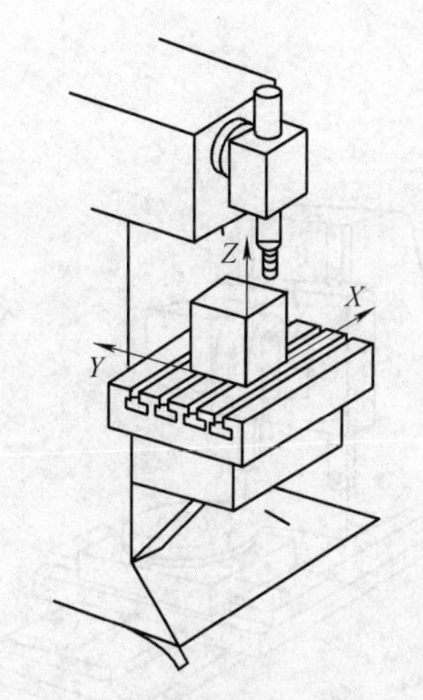

图1-9　立式铣床的机床坐标系

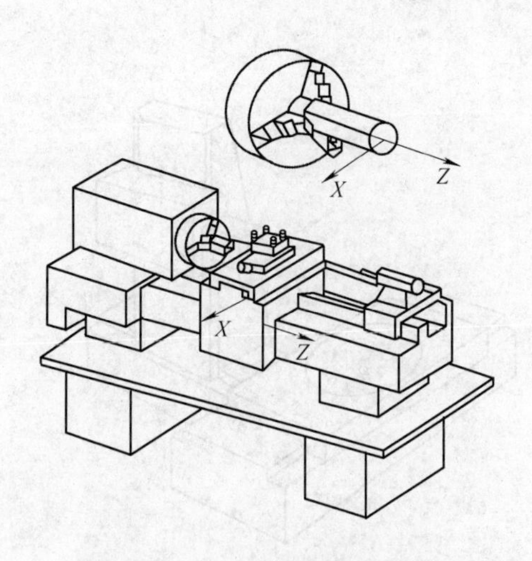

图1-10　卧式车床的机床坐标系

（2）再确定 X 轴　X 轴为水平方向，且垂直于 Z 轴并平行于工件装夹面。对于工件做旋转运动的机床（如车床、外圆磨床），取平行于横向导轨的方向（即工件径向）为刀具移动的 X 轴坐标方向。对于刀具做旋转运动的机床，当 Z 轴为水平时（如卧式铣床、镗床），沿主轴后端向工件方向看，向右的方向为 X 轴的正方向；当 Z 轴为垂直时（如立式铣床、钻床），则从主轴向床身立柱方向看，X 轴的正方向指向右边。对于没有回转轴或没有回转工件的机床（如牛头刨床），X 轴的正方向平行于主要切削方向，且以该方向为正方向。

（3）最后确定 Y 轴　在确定了 X、Z 轴的正方向后，可按右手直角定则确定 Y 轴及其方向。即在 Z-X 平面内，从 $+Z$ 转到 $+X$ 时，右旋螺纹应沿 $+Y$ 方向前进。常见机床的坐标方向如图1-11～图1-16所示，图中表示的方向为实际运动部件的移动方向。

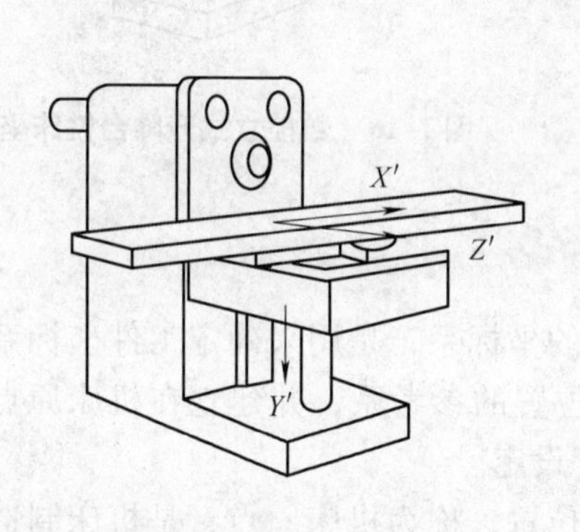

图1-11　数控卧式升降台铣床坐标系

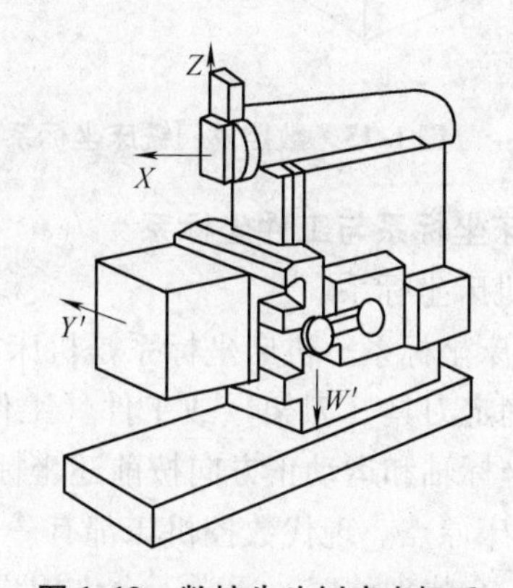

图1-12　数控牛头刨床坐标系

图中的 A、B、C 表示轴线平行于 X、Y、Z 轴的回转运动，其正方向是按右手螺旋定则确定的前进方向。除平行于机床坐标系轴的运动为主要直线运动之外，若有第二直线运动平行于它们，可分别指定为 U、V、W，若还有第三直线运动，则可分别指定为 P、Q、R。如果在主要回转运动 A、B、C 存在的同时，还有平行于或不平行于 A、B、C 的次要的回转运动，可命名为 D 或 E。

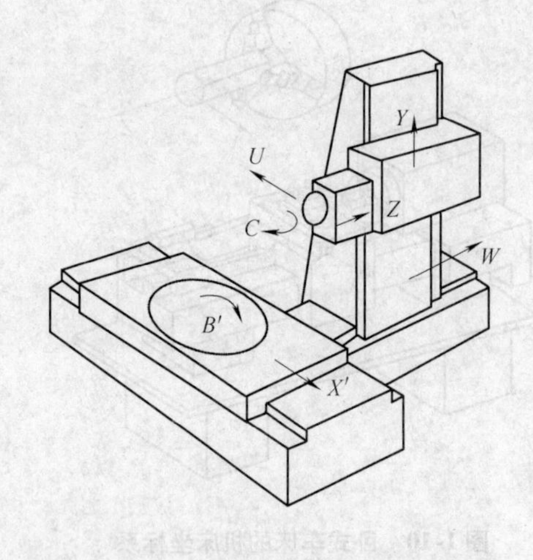

图 1-13 数控卧式镗铣床坐标系

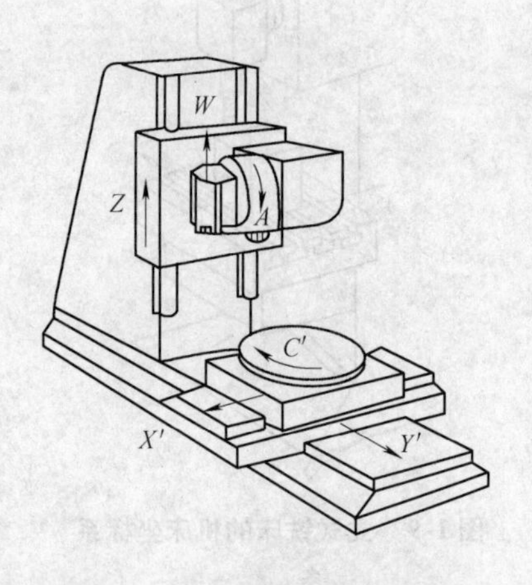

图 1-14 五坐标数控铣床坐标系

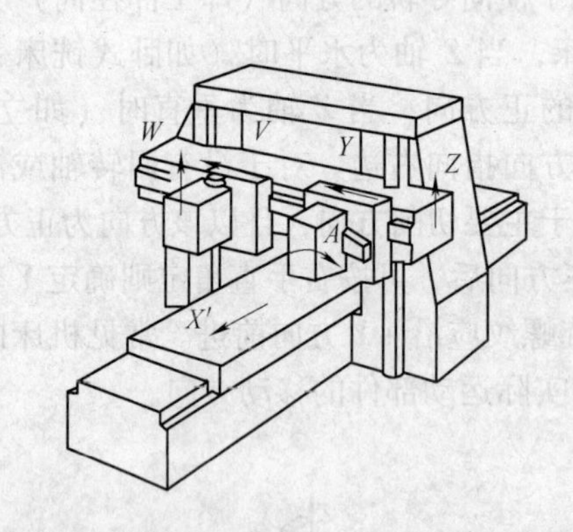

图 1-15 数控龙门铣床坐标系

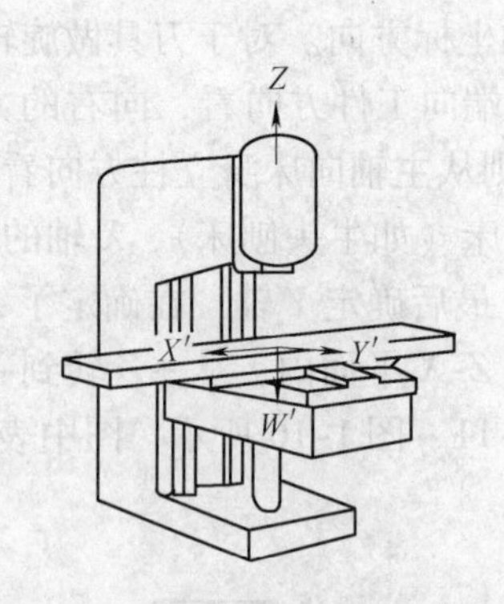

图 1-16 数控立式升降台铣床坐标系

4. 机床坐标系与工件坐标系

（1）机床坐标系

1）机床坐标系。机床坐标系是机床上固有的坐标系，是用来确定工件坐标系的基本坐标系，是确定刀具（刀架）或工件（工作台）位置的参考系，并建立在机床原点上。机床坐标系各坐标轴和运动正方向按前述坐标系规定设定。

2）机床原点。现代数控机床都有一个基准位置，称为机床原点，是机床制造商设置在机床上的一个物理位置，通常不允许用户改变。其作用是使机床与控制系统同步，建立测量机床运动坐标的起始点。机床原点在机床装配、调试时就已确定下来，是工件坐标系、机床参考点的基准点。数控车床的机床原点一般设在卡盘前端面的中心，如图 1-17 所示。数控铣床的机床原点，各生产厂不一致，有的设在机床工作台的中心，有的设在主轴位于正极限位置的一基准点上，如图 1-18 所示。

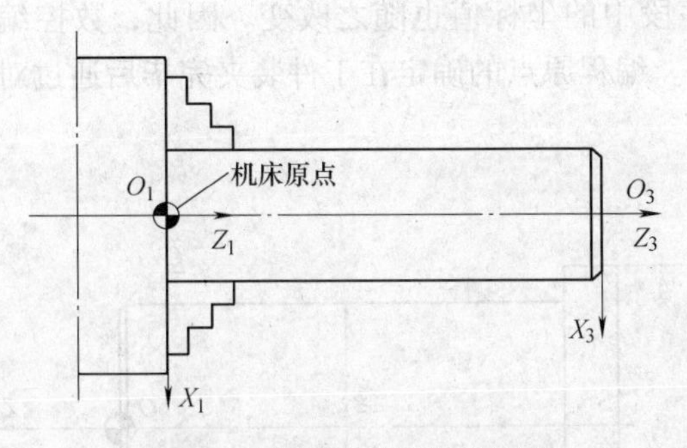

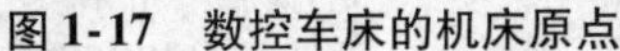
图 1-17　数控车床的机床原点

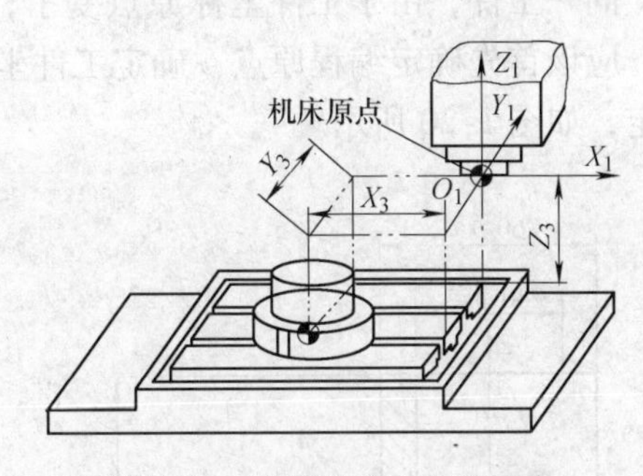

图 1-18　数控铣床的机床原点

3）机床参考点。与机床原点相对应的还有一个机床参考点，它也是机床上的一个固定点，通常不同于机床原点。一般来说，机床参考点的位置是由机床制造厂家在每个进给轴上，用限位开关精确调整好的，坐标值已输入数控系统中，因此参考点对机床原点的坐标是一个已知数。通常在数控铣床上机床原点和机床参考点是重合的，而在数控车床上机床参考点是离机床原点最远的极限点。一般而言，数控机床开机时，必须先确定机床原点，而确定机床原点的运动就是刀架返回参考点的操作，这样通过确认参考点，就确定了机床原点。只有机床参考点被确认后，刀具（或工作台）移动才有基准，才可建立机床坐标系，如图 1-19所示。

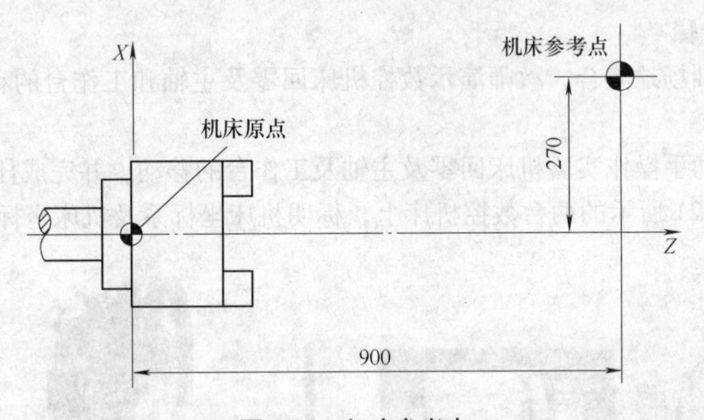

图 1-19　机床参考点

（2）工件坐标系　工件坐标系也称编程坐标系。工件图样给出以后，首先应找出图样上的设计基准点，其他各项尺寸均是以此点为基准进行标注，该基准点称为工件坐标原点。以工件坐标原点，建立的右手直角坐标系，称为工件坐标系。

工件坐标系是用来确定工件几何形体上各要素的位置而设置的坐标系，工件坐标原点的位置，是由编程人员在编制程序时根据工件的特点选定的，所以也称编程原点。

数控车床加工零件的工件坐标原点，一般选择在 Z 轴的中心线上，是以工件右端面与 Z 轴的交点作为工件坐标原点的工件坐标系。数控铣床加工零件的工件坐标原点，应选在零件图的尺寸基准上：对于对称零件，工件坐标原点应设在对称中心上；对于一般零件，工件坐标原点设在工件外轮廓的某一角上，这样便于坐标值的计算。对于 Z 轴方向的工件坐标原点，一般设在工件表面，并尽量选在精度较高的工件表面。

同一工件，由于工件坐标原点变了，程序段中的坐标值也随之改变。因此，数控编程时，应该首先确定编程原点，确定工件坐标系。编程原点的确定在工件装夹完毕后通过对刀确定，如图 1-20 所示。

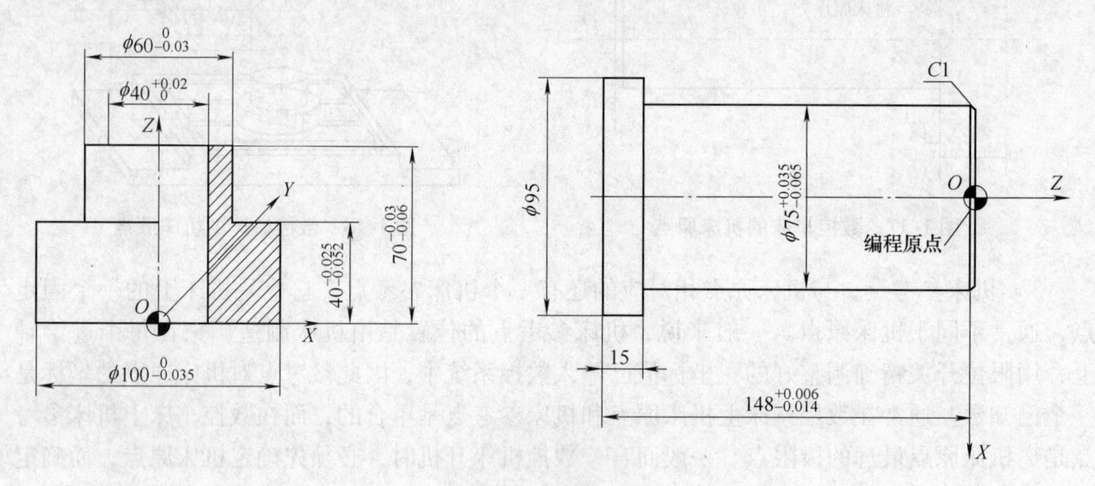

图 1-20　工件坐标系

1.2.3　任务实施

1. 任务实施步骤

1）在数控实训场地集合，教师演示数控机床回零及主轴和工作台的移动等，学生分组观察。

2）学生分组动手操作实验机床回零及主轴及工作台的移动，并完成任务。

举例：在图 1-21 所示的两台数控机床上，标明机床坐标系及机床坐标原点。

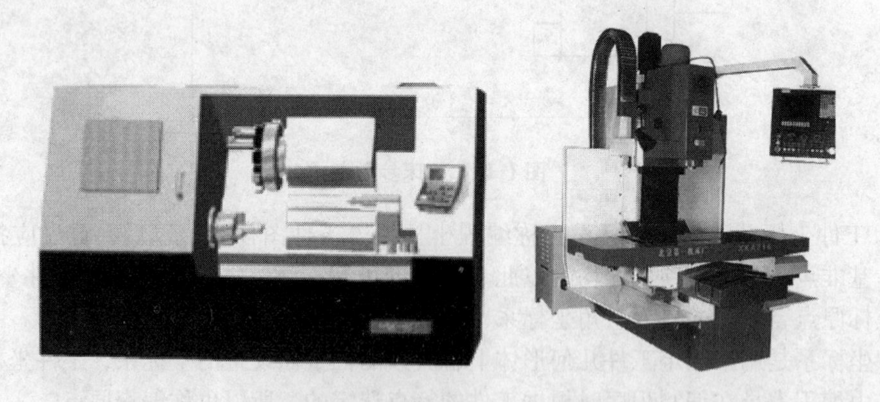

图 1-21　标注机床坐标系及机床坐标原点

3）教师布置任务。

① 明确机床进行回零操作是使刀具运动到哪个点。

② 明确机床在何种情况下要进行回零操作。

4）教师集中讲解数控机床坐标系的相关概念。

5）学生完成任务

6）教师集中讲评学生答案，并对本次课做出总结。

2. 考核与评价

实训任务					
班级		姓名（学号）		组号	
序号	内容、要求及评分标准	配分	自评	互评	教师评分
1	能够配合老师，在老师指导下了解各种数控机床的机床坐标系	10			
2	完成子任务1	20			
3	完成子任务2	20			
4	完成子任务3	20			
5	完成子任务4	20			
6	学生之间能够相关协作和讨论，积极互动	10			
完成日期		总得分			

1.2.4 任务小结

通过本任务学习，使学生掌握各坐标轴的命名以及正方向的判断方法，了解机床坐标系和工件坐标系的相关知识，为今后编程打下良好基础。

1.2.5 任务拓展

1）你认为机床原点和机床参考点是什么关系？

2）请描述对刀的过程，并解释对刀的作用。

1.2.6 任务工单

项目名称			
任务名称			
专业班级		小组编号	
组员学号姓名			
任务目标	知识目标		
	能力目标		

（续）

<table>
<tr><td rowspan="1">需要完成的子任务</td><td colspan="3">1. 在下图所示的两台数控机床上标明机床坐标系及其原点
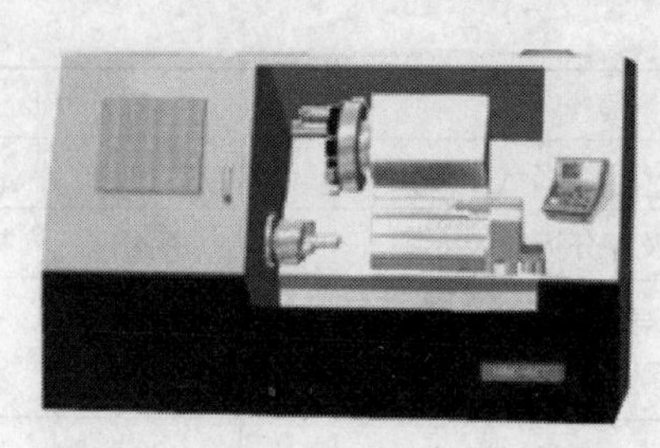 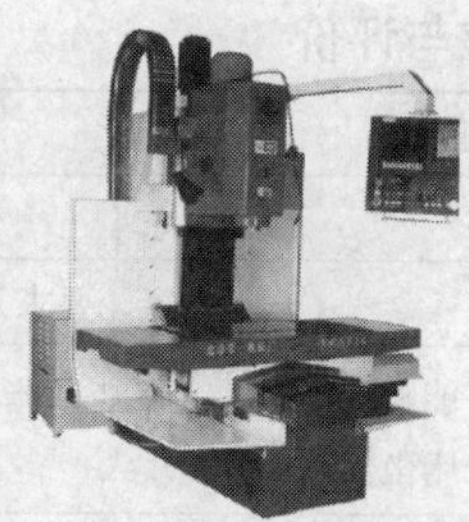
2. 回答机床进行回零操作是使刀具运动到哪个点
3. 回答机床在何种情况下要进行回零操作
4. 掌握数控机床回零各操作要点</td></tr>
<tr><td>项目实施过程中遇到的问题及解决方法</td><td colspan="3"></td></tr>
<tr><td>学习收获</td><td colspan="3"></td></tr>
<tr><td rowspan="6">评价（详见考核表）</td><td colspan="3">个人评价 10% + 小组评价 20% + 教师评价 50% + 贡献系数 20%</td></tr>
<tr><td>姓名</td><td>各项得分</td><td>综合得分</td></tr>
<tr><td></td><td></td><td></td></tr>
<tr><td></td><td></td><td></td></tr>
<tr><td></td><td></td><td></td></tr>
<tr><td></td><td></td><td></td></tr>
</table>

任务3 数控加工工艺处理

1.3.1 任务综述

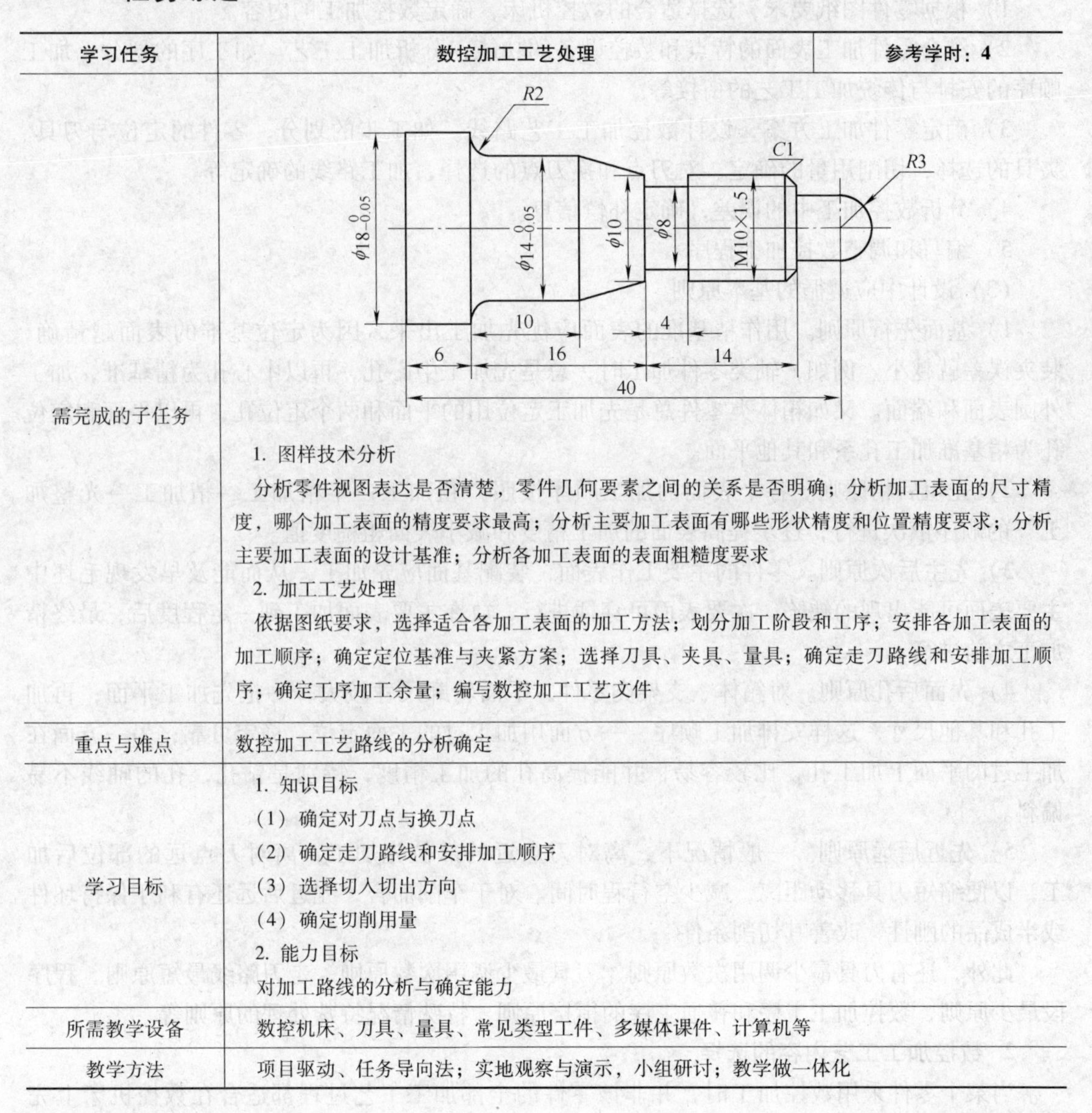

学习任务	数控加工工艺处理　　　　参考学时：4
需完成的子任务	（零件图：$R2$，$C1$，$R3$，$\phi18_{-0.05}^{0}$，$\phi14_{-0.05}^{0}$，$\phi10$，$\phi8$，M10×1.5，10，4，6，16，14，40） 1. 图样技术分析 分析零件视图表达是否清楚，零件几何要素之间的关系是否明确；分析加工表面的尺寸精度，哪个加工表面的精度要求最高；分析主要加工表面有哪些形状精度和位置精度要求；分析主要加工表面的设计基准；分析各加工表面的表面粗糙度要求 2. 加工工艺处理 依据图纸要求，选择适合各加工表面的加工方法；划分加工阶段和工序；安排各加工表面的加工顺序；确定定位基准与夹紧方案；选择刀具、夹具、量具；确定走刀路线和安排加工顺序；确定工序加工余量；编写数控加工工艺文件
重点与难点	数控加工工艺路线的分析确定
学习目标	1. 知识目标 （1）确定对刀点与换刀点 （2）确定走刀路线和安排加工顺序 （3）选择切入切出方向 （4）确定切削用量 2. 能力目标 对加工路线的分析与确定能力
所需教学设备	数控机床、刀具、量具、常见类型工件、多媒体课件、计算机等
教学方法	项目驱动、任务导向法；实地观察与演示，小组研讨；教学做一体化

1.3.2 任务信息

1. 数控加工工艺概述

（1）数控加工工艺特点　所谓数控加工工艺，是指在数控机床上加工零件的一种工艺方法。数控加工工艺的特点主要表现在以下两方面：工序的内容复杂；工步的安排详细。

（2）数控加工工艺分析步骤　在数控机床上加工零件，首先要根据零件的尺寸和结构特点进行工艺分析，拟定加工方案，选择合适的夹具和刀具，确定合理的切削用量；然后将全部的工艺过程、工艺参数等编制程序，输入数控系统。加工精度的高低和质量的好坏，与工艺处理有着密切的关系。因此程序编制前的工艺分析与设计是一项十分重要的工作。一般数控加工工艺主要包括以下内容：

1）根据零件图纸要求，选择适合的数控机床，确定数控加工的内容。

2）结合零件加工表面的特点和数控设备的功能，分析加工工艺。如工序的划分、加工顺序的安排与传统加工工艺的衔接等。

3）确定零件加工方案，设计数控加工工艺路线。如工步的划分，零件的定位与刀具、夹具的选择，切削用量的确定，对刀点和换刀点的选择，加工路线的确定等。

4）分析数控加工中的误差，确定补偿信息。

5）编写和调整数控加工程序。

（3）设计中应遵循的基本原则

1）基面先行原则。用作精基准的表面应优先加工出来，因为定位基准的表面越精确，装夹误差就越小。例如，轴类零件加工时，总是先加工中心孔，再以中心孔为精基准，加工外圆表面和端面。又如箱体类零件总是先加工定位用的平面和两个定位孔，再以平面和定位孔为精基准加工孔系和其他平面。

2）先粗后精原则。各个表面的加工顺序按照“粗加工→半精加工→精加工→光整加工”的顺序依次进行，逐步提高表面的加工精度和减小表面粗糙度值。

3）先主后次原则。零件的主要工作表面，装配基面应先加工，从而能及早发现毛坯中主要表面可能出现的缺陷。次要表面可穿插进行，放在主要表面加工到一定程度后，最终精加工之前进行。

4）先面后孔原则。对箱体、支架类零件，平面轮廓尺寸较大，一把先加工平面，再加工孔和其他尺寸，这样安排加工顺序，一方面用加工过的平面定位，稳定可靠；另一方面在加工过的平面上加工孔，比较容易，并能提高孔的加工精度，特别是钻孔，孔的轴线不易偏斜。

5）先近后远原则。一般情况下，离对刀点近的部位先加工，离对刀点远的部位后加工，以便缩短刀具移动距离，减少空行程时间。对于车削而言，先近后远还有利于保持坯件或半成品的刚性，改善其切削条件。

此外，还有刀具最少调用次数原则、刀具最少调用次数原则、走刀路线最短原则、程序段最少原则、数控加工工序和普通工序的衔接原则、特殊情况特殊处理的原则等。

2. 数控加工工艺内容的选择

当某个零件采用数控加工时，并非该零件的全部加工工艺过程都适合在数控机床上完成，往往只是其中的一部分。因此，必须对零件图样进行仔细的工艺分析，选择那些最适合、最需要数控加工的内容和工序。选择时应结合实际生产情况，充分发挥数控机床的特长，合理安排两类机床的结合，贯彻工艺流程“渐精”的原则。

工序由粗渐精，对多工序零件合理安排工序集中和工序分散复合加工，数控加工一般可按下列顺序考虑：普通机床无法加工的内容应作为优先选择内容；普通机床难加工，质量也难以保证的内容应作为重点选择内容；普通机床加工效率低，工人手工操作劳动强度大的内容，可在数控机床尚有加工能力的基础上进行选择。

通常，上述内容采用数控机床加工后，在加工质量、生产效率与综合经济效益等方面都会得到明显的提高。相比之下，下列一些加工内容则不宜选择数控加工：

1）需要用较长时间占机调整的加工内容。

2）加工余量极不稳定，且数控机床上又无法自动调整零件坐标位置的加工内容。

3）不能在一次安装中加工完成的零星分散部位，采用数控加工很不方便，效果不明显，可以安排普通机床补充加工。

此外，在选择数控加工内容时，还要考虑生产批量、生产周期、工序间周转情况等因素，要尽量合理使用数控机床，使产品质量、生产率及综合经济效益等指标都明显提高，要防止将数控机床降格为普通机床使用。

3. 数控加工工艺性分析

（1）尺寸标注应适应数控加工的特点　在数控加工零件图上，应以同一基准引注尺寸或直接给出坐标尺寸，如图1-22所示。这种标注方法既便于编程，也便于尺寸之间的相互协调，在保持设计基准、工艺基准、检测基准与编程原点设置的一致性方面带来很大方便。由于数控加工精度和重复定位精度都很高，不会因产生较大的积累误差而破坏使用特性，因此可将局部的分散标注法改为同一基准引注尺寸或直接给出坐标尺寸的标注法。

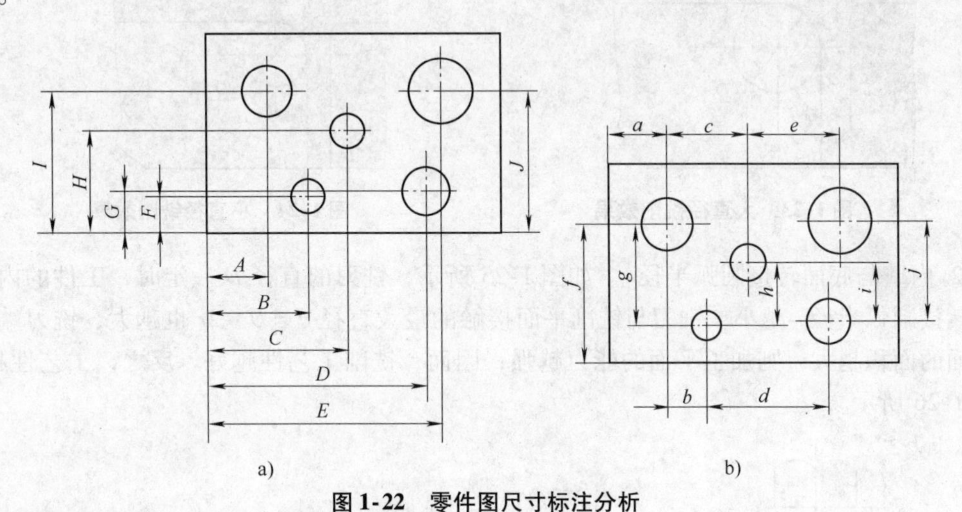

图1-22　零件图尺寸标注分析

a）同基准标注　b）分散标注

分析被加工零件的设计图纸，根据标注的尺寸公差和几何公差等相关信息，将加工表面区分为重要表面和次要表面，并找出其设计基准，进而遵循基准选择的原则，确定加工零件的定位基准，分析零件的毛坯是否便于定位和装夹，夹紧方式和夹紧点的选取是否会妨碍刀具的运动，夹紧变形是否对加工质量有影响，为工件定位、安装和夹具设计提供依据。

（2）零件的结构工艺应符合数控加工的特点　零件的结构工艺性是指所设计的零件在能满足使用要求的前提下，尽量考虑制造的可行性和经济性。良好的结构工艺性可以使零件加工容易，节省工时和材料。

1）统一内外尺寸。零件的内腔和外形最好采用统一的几何类型和尺寸，这样可以减少刀具规格和换刀次数，使编程方便，生产效益提高。

2）统一内壁圆弧尺寸。加工轮廓上内壁圆弧尺寸往往限制刀具的尺寸。

① 内壁转接圆弧半径 R。如图 1-23 所示，当工件的被加工轮廓高度 H 较小，内壁转接圆弧半径 R 较大时，则可采用刀具切削刃长度 L 较小，直径 D 较大的铣刀加工。这样，底面 A 的走刀次数较少，表面质量好，因此，工艺性较好。反之如图 1-24 所示，则铣削工艺性较差。

通常，当 $R < 0.2H$ 时，则工艺性较差。

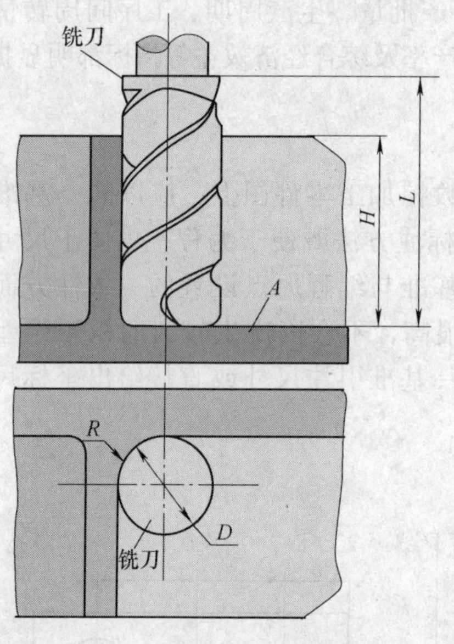

图 1-23 大直径铣削效果

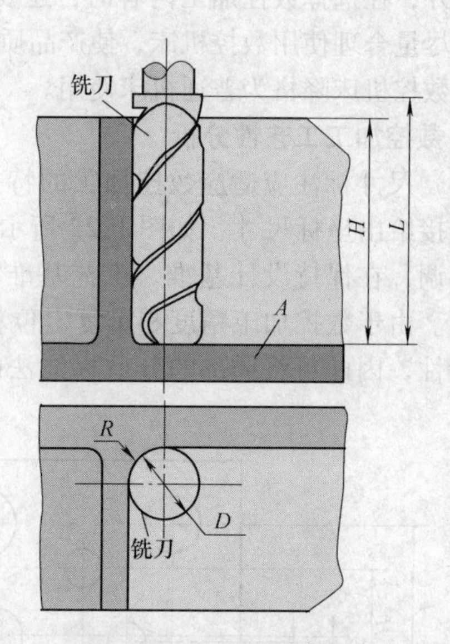

图 1-24 小直径铣削效果

② 内壁与底面转接圆弧半径 r。如图 1-25 所示，铣刀的直径 D 一定时，工件的内壁与底面转接圆弧半径 r 越小，铣刀与铣削平面接触的最大直径 $d = D - 2r$ 也越大，铣刀端刃铣削平面的面积越大，则加工平面的能力越强，因而，铣削工艺性越好。反之，工艺性越差，如图 1-26 所示。

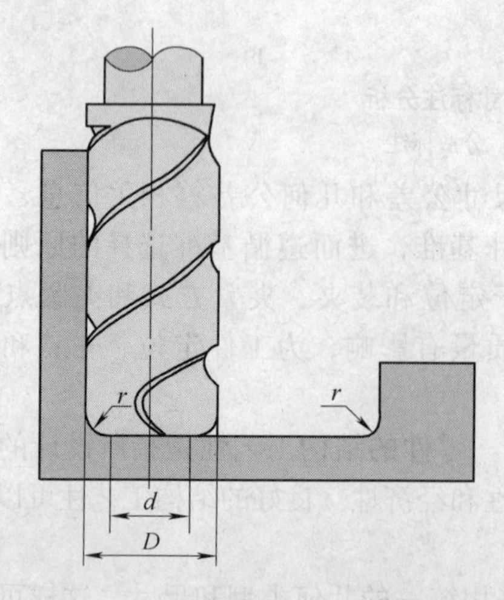

图 1-25 过渡圆弧小，工艺性好

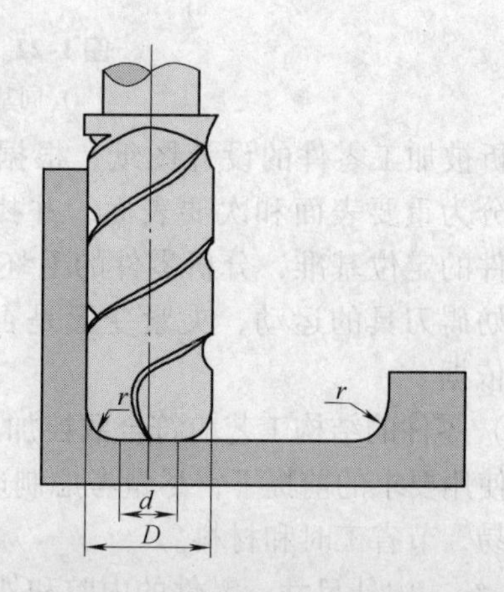

图 1-26 过渡圆弧大，工艺性差

当底面铣削面积大，转接圆弧半径 r 也较大时，只能先用一把 r 较小的铣刀加工，再用符合要求的 r 的刀具加工，分两次完成切削。

总之，一个零件上内壁转接圆弧半径尺寸的大小和一致性，影响着加工能力、加工质量和换刀次数等。因此，转接圆弧半径尺寸大小要力求合理，半径尺寸尽可能一致，至少要力求半径尺寸分组靠拢，以改善铣削工艺性。

3）保证基准统一原则。有些工件需要在铣削完成一面后，再重新安装铣削另一面，由于数控铣削时，不能使用通用铣床加工时常用的试切方法来接刀，因此，最好采用统一基准定位。

（3）分析零件的变形情况　铣削工件在加工时的变形，将影响加工质量。这时，可采用常规方法如粗、精加工分开及对称去余量法等，也可采用热处理的方法，如对钢件进行调质处理，对铸铝件进行退火处理等。加工薄板时，切削力及薄板的弹性退让极易产生切削面的振动，使薄板厚度尺寸公差和表面粗糙度难以保证，这时应考虑合适的工件装夹方式。

总之，加工工艺取决于产品零件的结构形状、尺寸和技术要求等。在表 1-1 中给出了改进零件结构提高工艺性的一些实例。

表 1-1　改进零件结构提高工艺性的一些实例

提高工艺性的方法	结构		结果
	改进前	改进后	
改进内壁形状	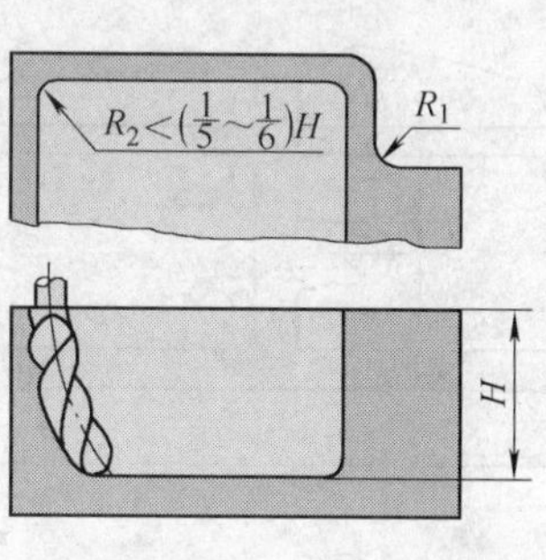 $R_2<(\frac{1}{5}\sim\frac{1}{6})H$　R_1　H	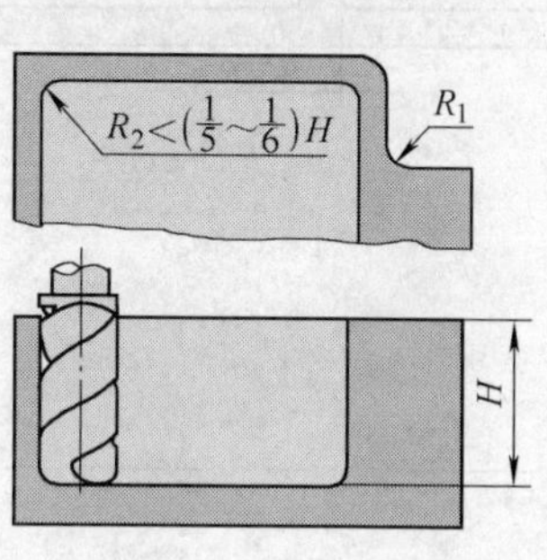 $R_2<(\frac{1}{5}\sim\frac{1}{6})H$　R_1　H	可采用较高刚性刀具
同一圆弧尺寸	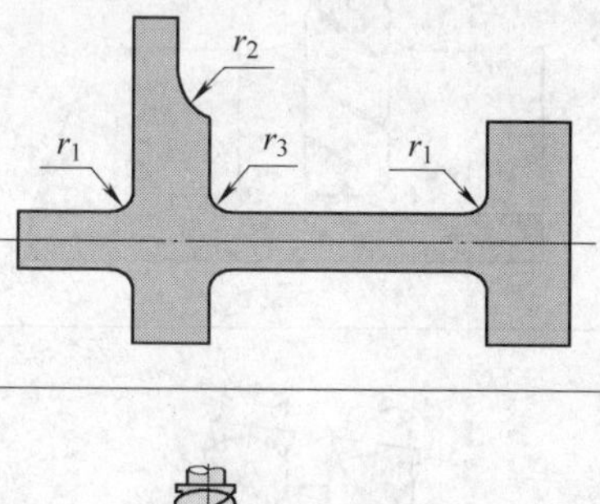 r_2　r_1　r_3　r_1	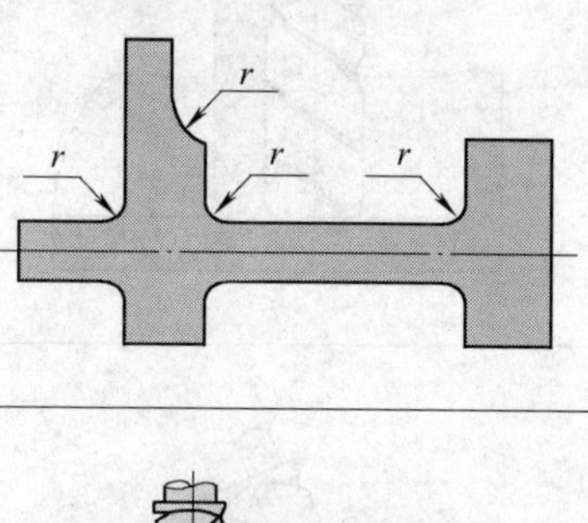 r　r　r　r	减少刀具数和更换刀具次数，减少辅助时间
选择合适的圆弧半径 R 和 r	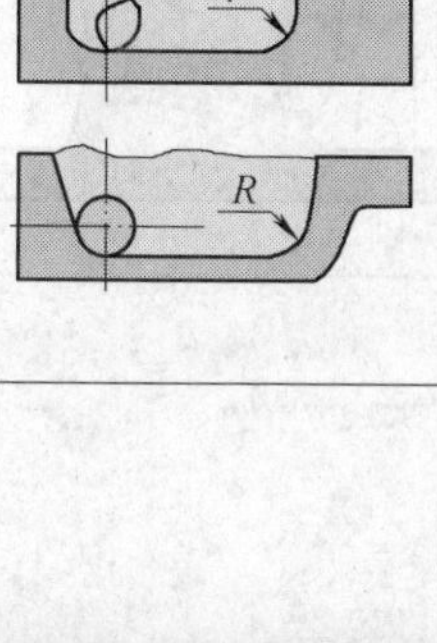 r　R	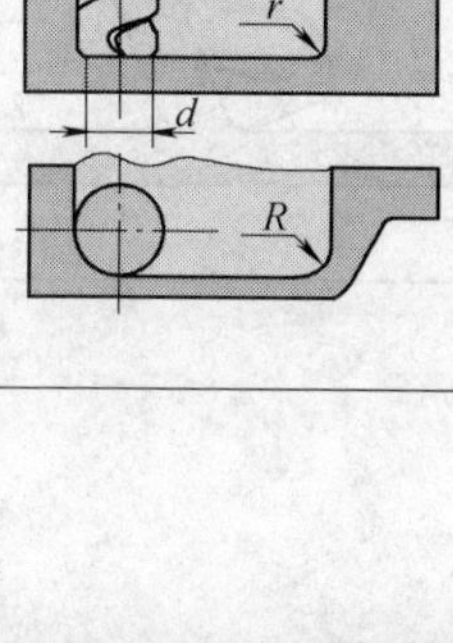 r　d　R	提高生产效率

（续）

提高工艺性的方法	结构		结果
	改进前	改进后	
用两面对称结构	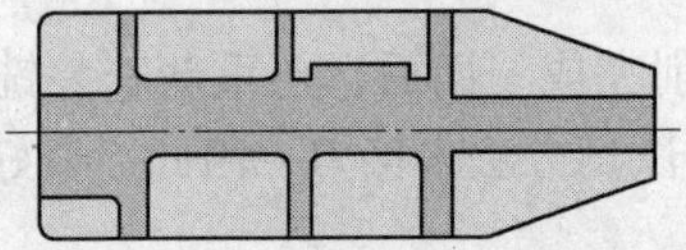	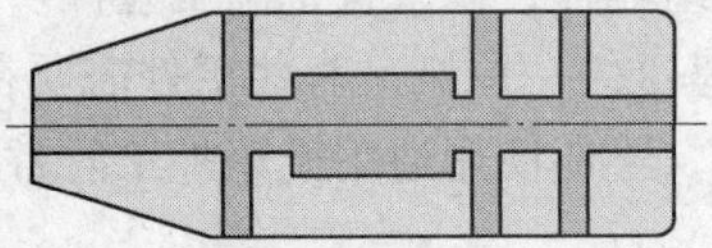	减少编程时间，简化程序
合理改进凸台分布	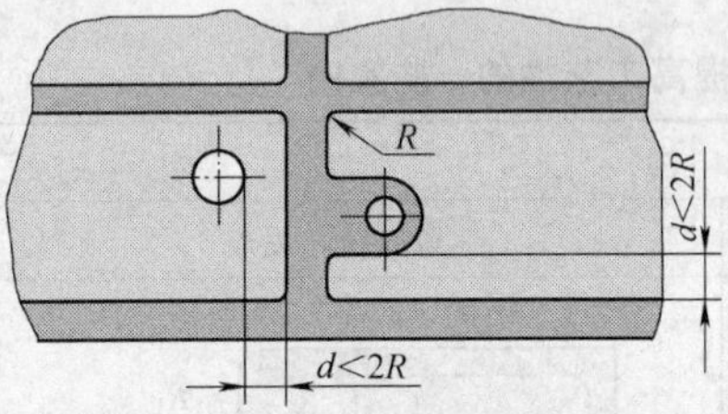 R $d<2R$ $d<2R$	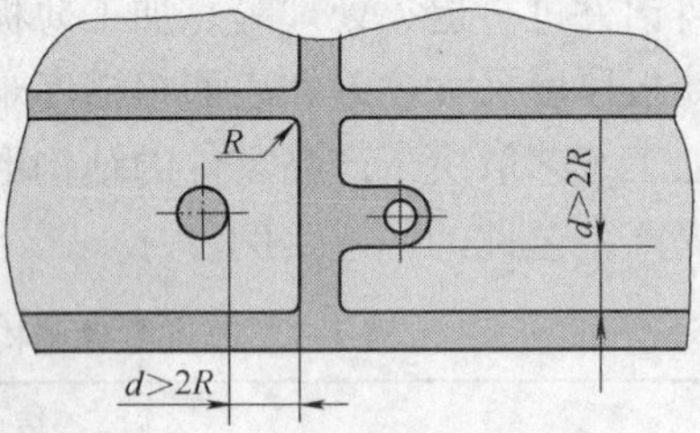 R $d>2R$ $d>2R$ R $d>2R$	减少加工劳动量
改进结构形状	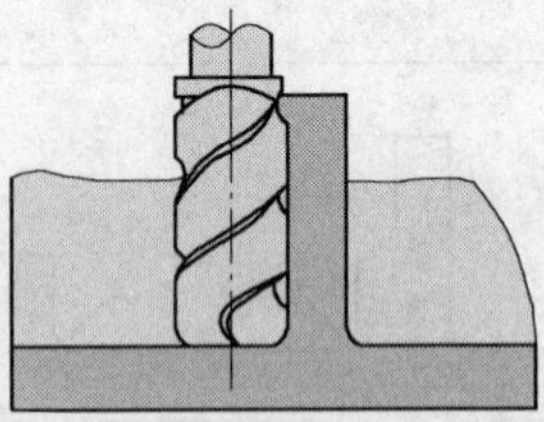	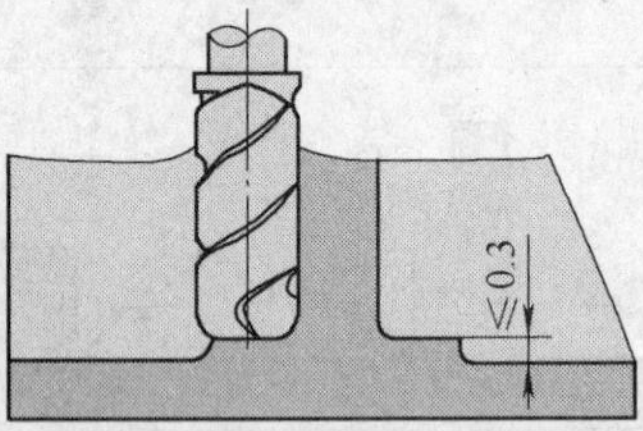 ≤0.3	减少加工劳动量
	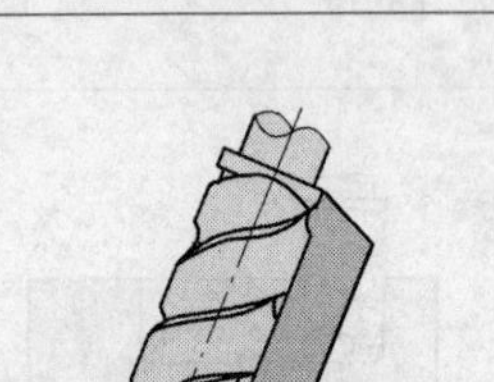	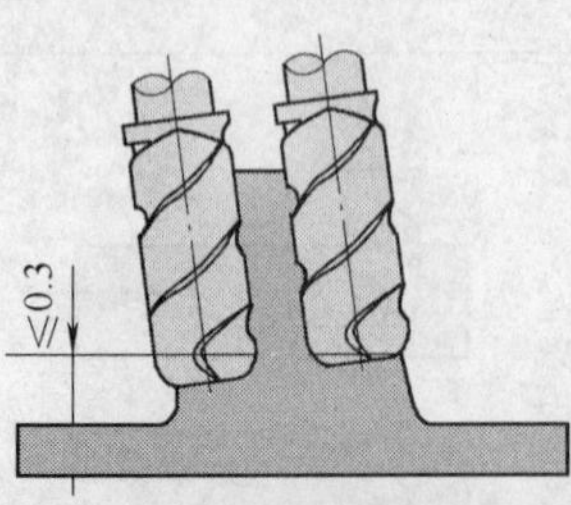 ≤0.3	减少加工劳动量

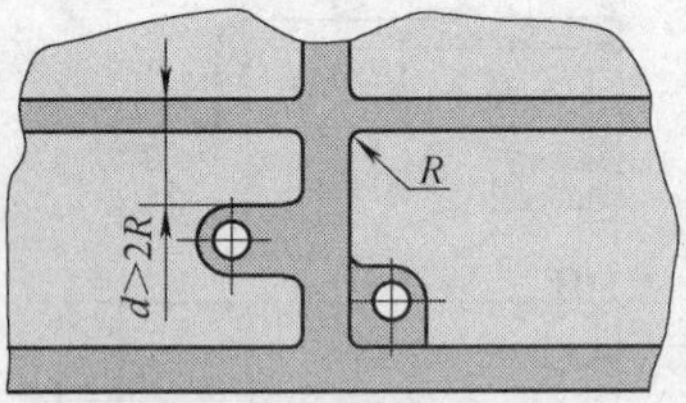

（续）

提高工艺性的方法	结构		结果
	改进前	改进后	
改进尺寸比例	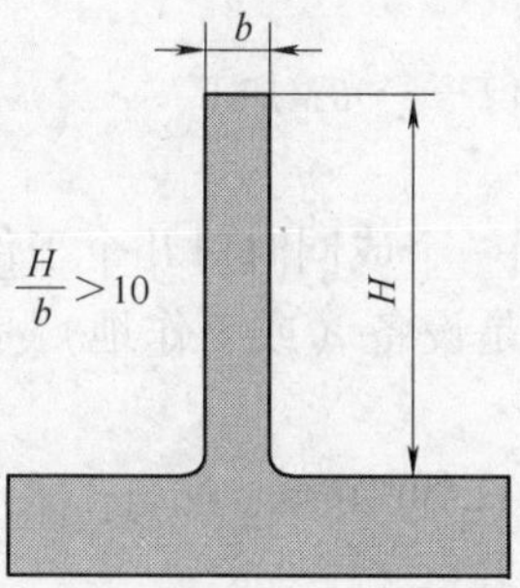 $\frac{H}{b}>10$	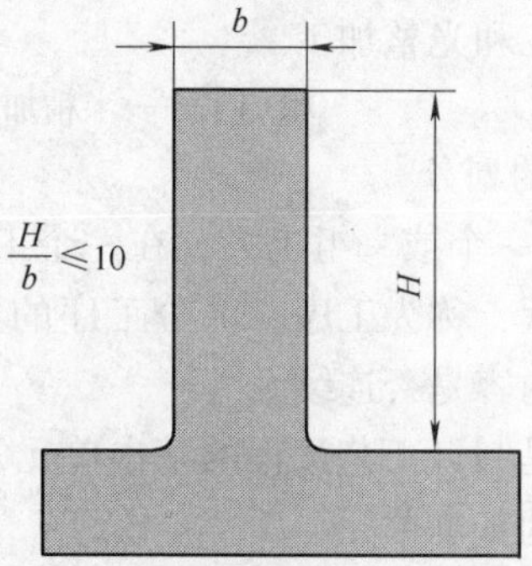 $\frac{H}{b}\leqslant 10$	可用较高刚度刀具加工，提高生产率
在加工与不加工表面之间加入过渡	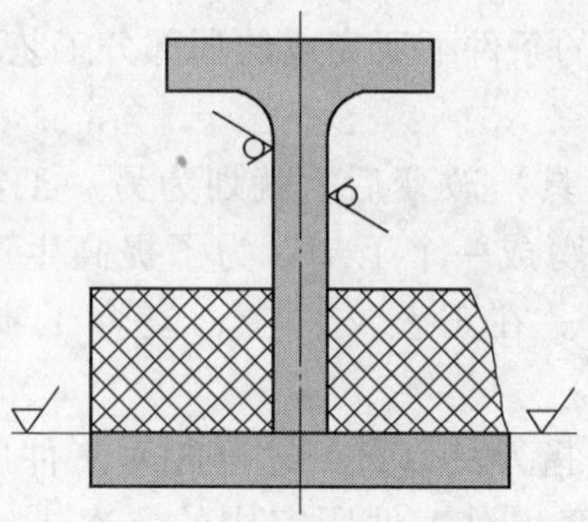	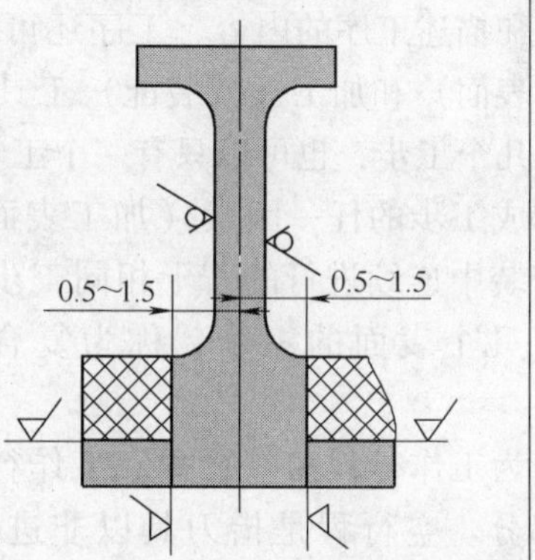 0.5～1.5　0.5～1.5	减少加工劳动量
改进零件几何形状	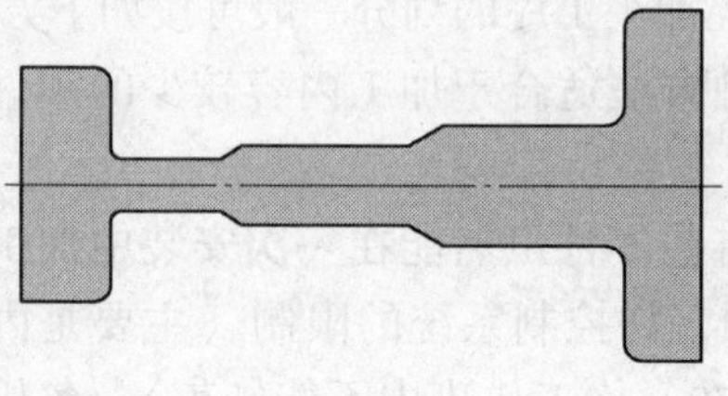	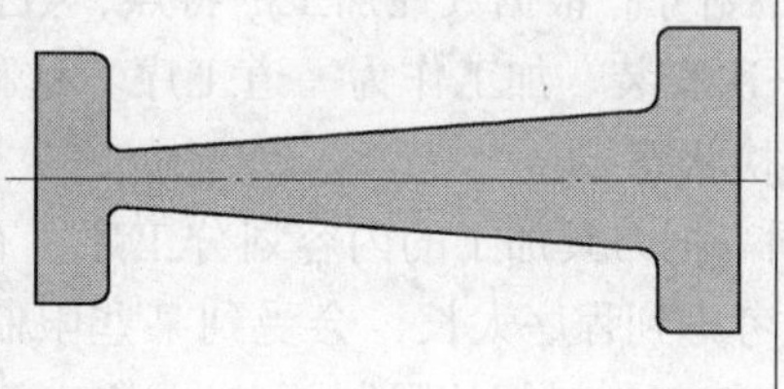	斜面肋代替阶梯肋，节约材料

(4) 加工方法的选择与加工方案的确定

1）加工方法的选择。加工方法的选择原则是保证加工表面的加工精度和表面粗糙度的要求。由于获得同一级精度及表面粗糙度的加工方法一般有许多，因而在实际选择时，要结合零件的形状、尺寸大小和热处理要求等全面考虑。

2）加工方案的确定。零件上比较精密表面的加工，常常是通过粗加工、半精加工和精加工逐步达到的。对这些表面仅仅根据质量要求选择相应的最终加工方法是不够的，还应正确地确定从毛坯到最终成形的加工方案。

确定加工方案时，首先应根据主要表面的精度和表面粗糙度的要求，初步确定为达到这些要求所需要的加工方法。例如，对于孔径不大的公差等级 IT7 级的孔，最终加工方法取精铰时，则精铰孔前通常要经过钻孔、扩孔和粗铰孔等加工。

4. 数控加工工艺路线设计

（1）加工阶段的划分　划分加工阶段的目的，在于以下几个方面：保证加工质量、合理使用设备、便于及时发现毛坯缺陷、便于安排热处理工序。加工阶段一般分为粗加工、半精加工、精加工和光整加工。

粗加工⟶半精加工⟶精加工⟶光整加工

（2）工序的划分

1）工序。一个或一组工人，在一个工作地对同一个或同时对几个工件所连续完成的那一部分工艺过程，称为工序。区分工序的主要依据是设备（或工作地）是否变动和完成的那一部分工艺内容是否连续。

工序不仅是制订工艺过程的基本单元，也是制订时间定额、配备工人、安排作业计划和进行质量检验的基本单元。

2）工步和行程。在一个工序内，往往需要采用不同的工具对不同的表面进行加工，为了便于分析和描述工序的内容，工序还可以进一步划分工步。工步是指在加工表面（或装配时的连续表面）和加工（或装配）工具不变的条件下所完成的那部分工艺过程。一个工序可以包括几个工步，也可以只有一个工步。

一般构成工步的任一因素（加工表面或刀具）改变后，就划为另一工步。但对于那些在依次安装中连续进行的若干相同工步，可写成一个工步。为了提高生产率，用几把刀同时加工几个表面的工步，称为复合工步。在工艺文件上，复合工步应视为一个工步。

行程分为工作行程和空行程。工作行程是指刀具以进给速度相对工件所完成一次进给的工步部分。空行程是指刀具以非进给速度相对工件所完成的一次进给运动的工步部分。

3）工序划分。根据数控加工的特点，数控加工工序的划分一般可按如下方法进行：

① 以一次安装、加工作为一道工序。这种方法适合于加工内容较少的零件，加工完后就能达到待检状态。

② 以同一把刀具加工的内容划分工序。有些零件虽然能在一次安装中加工出很多待加工表面，但考虑到程序太长，会受到某些限制，如控制系统的限制（主要是内存容量的限制）、机床连续工作时间的限制（如一道工序在一格工作班内不能结束）、各机床负荷率平衡等。此外，程序太长会增加出错与检索的困难，因此程序不能太长。但长程序分工序加工会增加工装的制造难度，因此，要综合考虑一道工序的内容。

③ 以加工部位划分工序。数控加工时，由于零件的结构和形状各不相同，各表面的技术要求也不一样，加工时所采用的定位方式就会各有差异。一般在加工外表面时，以内表面定位；加工内表面时，以外表面定位。具体加工时，要根据具体定位方式的不同划分不同的工序。实际中，数控加工工序要根据具体零件的结构特点和技术要求等情况综合考虑。

④ 以粗、精加工划分工序。数控加工过程中，通常要根据零件的加工精度、刚度和变形等因素来划分加工工序。为减少热变形和切削力变形对工件的形状、位置精度、尺寸精度和表面粗糙度的影响，应将粗加工和精加工分开进行。对于单个零件要先粗加工、半精加

工，然后精加工；对轴类或盘类零件，将各处先粗加工，留少量余量精加工，来保证表面质量的要求；对一些箱体工件，为保证孔的加工精度，应先加工表面而后加工孔。通常在一次装夹过程中，不允许将零件某一部分表面粗精加工完毕后，再加工零件的其他表面，这样可能会在对新的表面进行大切削量加工过程中，因切削力太大而引起已精加工完成的表面变形。

粗精加工之间最好能隔一段时间，这样可以使粗加工后零件的变形能得到充分恢复，再进行精加工，以提高零件的加工精度。

总之，在划分工序时，一定要根据零件的结构与工艺性、机床的功能、零件数控加工内容的多少、安装次数及本企业生产组织状况灵活掌握。零件宜采用工序集中原则还是采用工序分散原则，也要根据实际情况合理确定。

（3）确定走刀路线　走刀路线是指数控加工过程中刀具（刀位点）相对于被加工工件的运行轨迹，它不但包括了工步的内容，也反映出工步的顺序。确定走刀路线的原则为：

1）应能保证零件的加工精度和表面质量要求。

① 合理选择切入切出方向。确定刀具的进、退刀（切入、切出）路线时，刀具的切入或切出点应沿零件轮廓的切线方向，不应沿零件轮廓的法向切入切出，以免在切入切出处产生刀具的刻痕而影响表面质量，保证零件轮廓曲线平滑过渡，如图1-27所示。

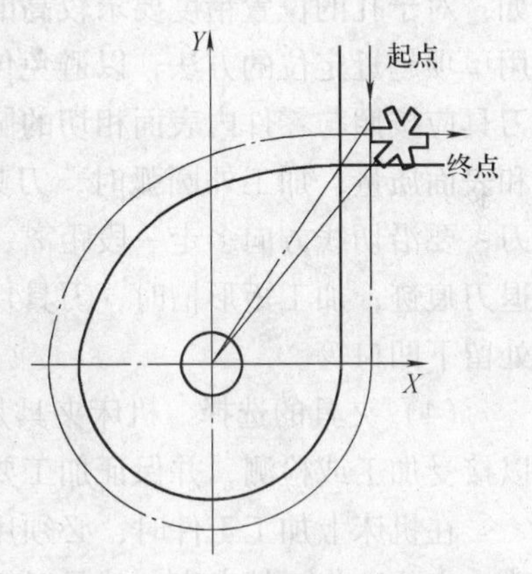

图1-27　切入切出方向的选择

② 避免在工件轮廓面上垂直上、下刀而划伤工件表面。

③ 尽量减少在轮廓加工过程中的暂停（切削力突然变化造成弹性变形），避免留下刀痕。

④ 最终轮廓一次走刀完成。为保证工件轮廓表面加工后的粗糙度要求，最终轮廓应安排在最后一次走刀中连续加工出来。最终轮廓的加工如图1-28所示。

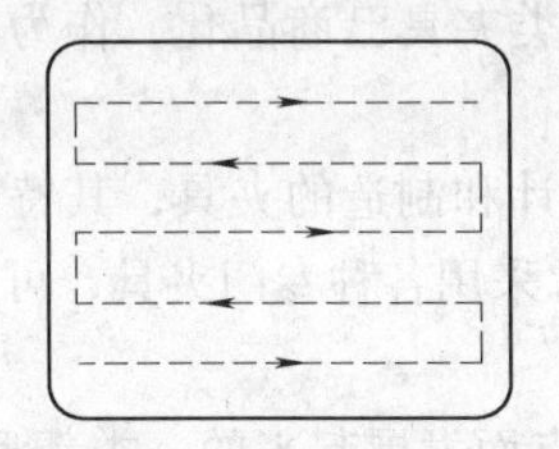
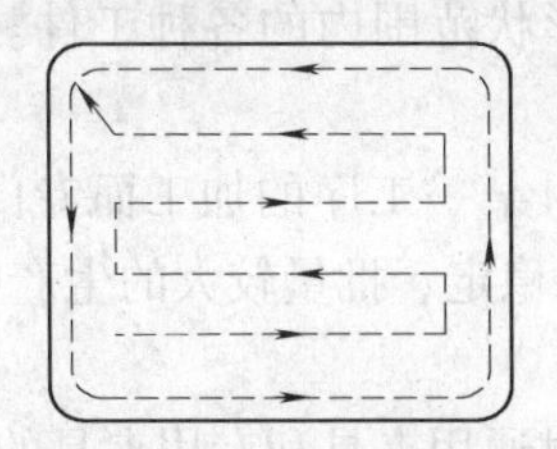
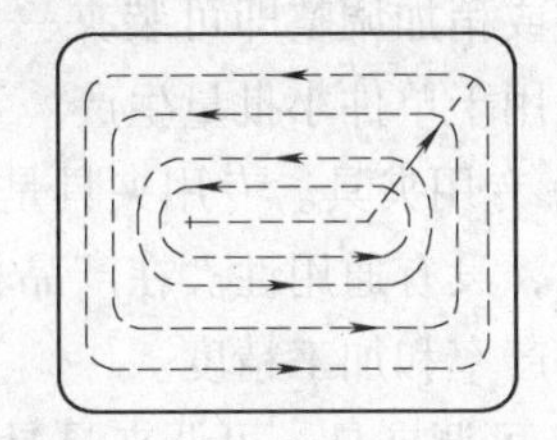

图1-28　最终轮廓的加工

⑤ 选择使工件在加工后变形小的路线。对横截面积小的细长零件或薄板零件应采用分几次走刀加工到最后尺寸，或对称去除余量法安排走刀路线。安排工步时，应先安排对工件刚性破坏较小的工步。

2）应尽量缩短走刀路线，减少刀具空行程时间或切削进给时间，提高生产率。走刀路线的确定如图1-29所示。

3）应使数值计算简单，程序段数量少，以减少编程工作量。

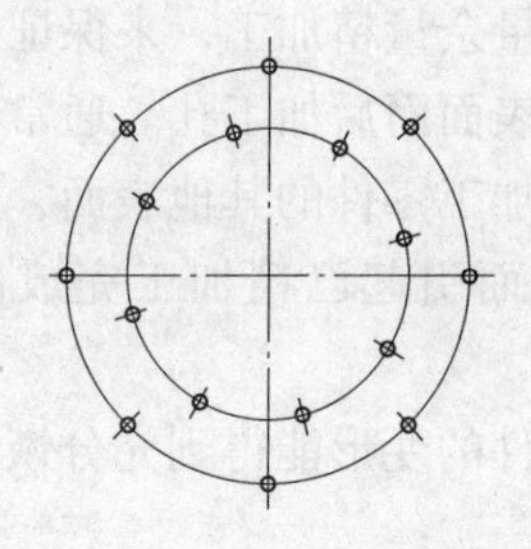
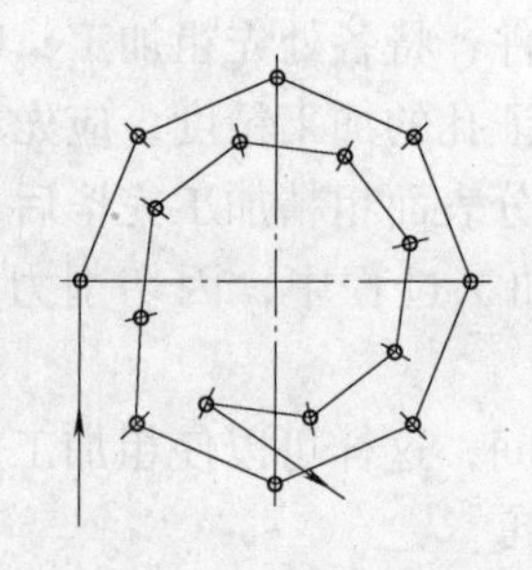
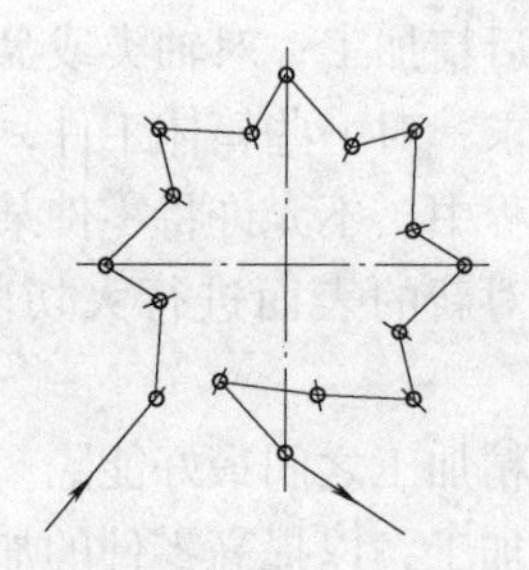

图1-29 走刀路线的确定

在实际应用中，往往要根据具体的进给情况灵活应用以上原则选择合适的走刀路线。比如：对于孔的位置精度要求较高的零件，孔加工的路线一定要注意孔的定位基准一致，即采用单项趋近定位的方法，以避免传动系统反向间隙误差对定位精度的影响；加工内圆弧时，刀具应按照与零件内表面相切的圆弧轨迹进刀和退刀，这样可以提高圆弧内表面的加工精度和表面质量；加工外圆弧时，刀具要沿切线方向进刀，加工完毕后，不要在切点处直接退刀，要沿切线方向多走一段距离，以免取消刀具补偿时，刀具与工件相碰，或在切点处留下退刀痕迹；加工矩形槽时，刀具切入或切出时，应远离矩形拐角，防止因刀具补偿时在拐角处留下凹口等。

（4）夹具的选择　机床夹具是在机械制造过程中，用来固定加工对象，使其位置正确，以接受加工或检测，并保证加工要求的机床附加装置，简称为夹具。

在机床上加工工件时，必须用夹具在机床上确定工件相对于刀具的正确位置，这一过程称为定位。将工件夹牢，就是对工件施加作用力，使之在已经定好的位置上将工件可靠地夹紧，这一过程称为夹紧。从定位到夹紧的全过程，称为装夹，机床夹具的主要功能就是完成工件的装夹工作。

1）机床夹具的分类。常用的夹具有通用夹具、专用夹具、可调夹具和组合夹具等。

① 通用夹具。通用夹具是指结构、尺寸已规格化，且具有一定通用性的夹具。如自定心卡盘、单动卡盘、平口虎钳、万能分度头、中心架、电磁吸盘等。其特点是适用性强、不需调整或稍加调整即可装夹一定形状范围内的各种工件。这类夹具已商品化，作为机床附件，适用于单件小批量生产。

② 专用夹具。专用夹具是针对某一工序的加工而专门设计和制造的夹具，其特点是针对性强，没有通用性。在产品相对稳定、批量较大的生产中常采用各种专门夹具，可获得较高的生产率和加工精度。

③ 可调夹具。可调夹具是针对通用夹具和专用夹具的缺点而发展起来的一类新型夹具，对不同类型和尺寸的工件，只需调整或更换原来夹具上的个别定位元件和夹紧元件便可使用。可调夹具一般又分为通用可调夹具和成组夹具两种。

④ 成组夹具。成组夹具是在成组加工技术基础上发展起来的一类夹具，它是根据成组加工工艺原则，针对一组形状相近的零件专门设计的，也是具有通用基础件和可更换调整元件组成的夹具。

⑤ 组合夹具。组合夹具是一种模块化的夹具并已商品化，标准的模块元件具有较高精度和耐磨性，可组装成各种夹具。夹具使用结束即可拆卸，留待组装新的夹具。由于使用组

合夹具可缩短生产准备周期，元件能重复多次使用，并具有可减少专用夹具数量等优点，因此组合夹具多用于单件、中小批多品种生产和数控加工中，是一种较为经济的选择。

2）机床夹具的组成。虽然机床夹具种类很多，但它们的工作原理是相同的，一般夹具由以下几个部分组成，这些组成部分相互独立又相互联系。

① 定位支承元件的作用是确定工件在夹具中的正确位置并支承工件，其定位精度直接影响工件加工的精度。

② 夹紧装置用来夹紧工件，其上夹紧元件的作用是将工件压紧夹牢，并保证在加工过程中工件的正确位置不变。

③ 连接定向元件用于将夹具与机床连接，并确定夹具对机床主轴、工作台或导轨的相互位置。

④ 对刀元件或导向元件的作用是保证工件加工表面与刀具之间的正确位置，用于确定刀具在加工前正确位置的元件称为对刀元件。

⑤ 夹具体是夹具的基本骨架，用来配置、安装各夹具元件，使之组成一个整体。常用的夹具体为铸铁结构、锻造结构、焊接结构和装配结构，形状有回转体形和底座等形状。

根据加工需要，有些夹具上还设有分度装置、靠模装置、上下料装置、根据顶出机构、电动扳手和平衡块等，以及标准化的其他连接元件。

3）常用夹具介绍

① 车床夹具

a. 自定心卡盘：它的三个卡爪是同步运动的，能自动定心，工件装夹后一般不需找正，装夹工件方便、省时，但夹紧力不太大，所以仅适用于装夹外形规则的中、小型工件。

b. 单动卡盘：由于单动卡盘的四个卡爪各自独立运动，因此工件装夹时必须将加工部分的旋转中心找正到与车床主轴旋转中心重合后才可车削。适用于装夹大型或形状不规则的工件。

c. 拨动顶尖：为了缩短装夹时间，可采用内、外拨动顶尖。这种顶尖的锥面上的齿能嵌入工件，拨动工件旋转。圆锥角一般采用60°，硬度为58～60HRC。外拨动顶尖用于装夹套类工件，它能在一次装夹中加工外圆；内拨动顶尖用于装夹轴类工件。

② 铣床夹具

a. 组合夹具：适用于小批量生产或研制时的中、小型工件在数控铣床上进行铣加工。

b. 专用铣削夹具：特别为某一项或类似的几项设计制造的夹具，一般在批量生产或研制中没有其他选择时采用。

c. 多工位夹具：可以同时装夹多个工件，可减少换刀次数，也便于一面加工，一面装卸工件，有利于缩短准备时间，提高生产率，较适宜于中批量生产。

d. 气动或液压夹具：适用于生产批量较大，采用其他夹具特别费工、费力的工件。这类夹具能减轻工人的劳动强度和提高生产率，但其机构较复杂，造价往往较高，而且制造周期长。

e. 真空夹具：适用于有较大定位平面或具有较大可密封面积的工件。有的数控铣床自身带有通用真空夹具，工件利用定位销定位，通过夹具体上的环形密封槽中的密封条与夹具密封。起动真空泵，使夹具定位面上的沟槽成为真空，工件在大气压力的作用下被夹紧在夹具上。

除上述几种夹具外，数控铣削加工中也经常采用机用平口虎钳、分度头和自定心卡盘等通用夹具。

③ 加工中心机床夹具。加工中心是一种功能较全的数控加工机床，在加工中心上，夹具的任务不仅是装夹工件，而且还要以各个方向的定位面为参考基准，确定工件编程的零点。在加工中心上加工的零件一般都比较复杂，零件在一次装夹中，要完成多道工序，同时需要多种刀具，这就要求夹具既能承受大切削力，又要满足定位精度的要求。加工中心的自动换刀功能又决定了在加工过程中不能使用支架、位置检测及对刀等夹具元件。加工中心的高柔性，要求其夹具比普通机床结构紧凑简单，夹紧动作迅速准确，尽量减少辅助时间，操作方便、省力、安全，而且要保证足够的刚性，还要灵活多变。根据加工中心机床的特点和加工要求，目前常用的夹具结构类型有专用夹具、组合夹具、可调整夹具和成组夹具。

4）确定定位夹紧方案。数控加工时，确定定位夹紧方案的基本原则与普通机床相同，都要根据具体情况合理选择定位基准和夹紧方案。在确定定位基准与夹紧方案时应注意以下几点：

① 力求设计基准、工艺基准和编程计算的基准统一。

② 尽量减少工件的装夹次数和辅助时间，即尽可能在工件的一次装夹中加工出全部待加工表面。

③ 避免采用占机人工调整时间长的装夹方案，以充分发挥数控机床的效能。

④ 对于加工中心，工件在工作台上的安放位置要兼顾各个工位的加工，要考虑刀具长度及其刚性对加工质量的影响。

⑤ 夹紧力的作用点应落在工件刚性较好的部位。

⑥ 夹具要开敞，保证装卸工件方便，其定位、夹紧机构元件不能影响加工时刀具的走刀（如产生碰撞等）。

（5）零件的安装　数控机床上零件的安装方法与普通机床一样，要合理选择定位基准和夹紧方案。安装时要力求设计、工艺与编程计算的基准统一，这样有利于编程时数值计算的简便性和精确性。同时还要尽量减少装夹次数，尽可能在一次定位装夹后，加工出全部待加工表面。

（6）刀具的选择

1）数控刀具的种类。我们所说的数控刀具主要是指数控车床、数控铣床、加工中心等数控机床上所使用的刀具。从现实情况看，对数控机床刀具应从广义的角度来理解“刀具”的含义。随着数控机床结构、功能的不断发展，现在数控机床所使用的刀具，不是普通机床所采用的那种“一机一刀”的模式，而是多种不同类型的刀具同时在数控机床的主轴上或刀盘上轮换使用，可以达到自动换刀的目的。因此，对“刀具”的含义应理解为“数控工具系统”。

① 从结构上，数控刀具可分整体式刀具、镶嵌式刀具、减振式刀具、内冷式刀具及特殊刀具等。

② 从制造所采用的材料上可分为高速钢刀具、硬质合金刀具、陶瓷刀具、立方氮化硼刀具及聚晶金刚石等刀具。目前，数控机床用得最普遍的是硬质合金刀具。

③ 从切削工艺上可分为车削刀具、孔加工刀具、镗削刀具、铣削刀具、工具系统及特

殊刀具等。

a. 车削刀具可用于加工外圆、内孔、外螺纹、内螺纹，切槽、切端面、切端面环槽、切断等。如图 1-30 所示。

数控车床一般使用标准的机夹可转位刀具，这种刀具的刀片和刀体都有标准，刀片材料采用硬质合金、涂层硬质合金及高速钢。机夹可转位刀具在夹固不重磨刀片时，通常采用螺钉、螺钉压板、杠销或楔块等结构。

b. 孔加工刀具用于加工小孔、短孔、深孔、螺纹、不通孔等，如图 1-31 所示。

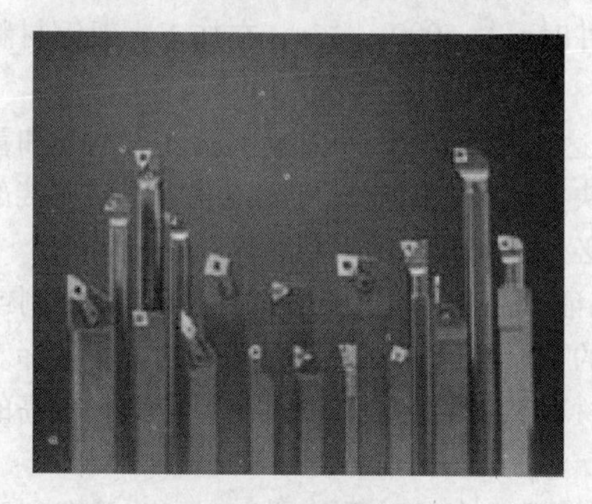

图 1-30　车削刀具

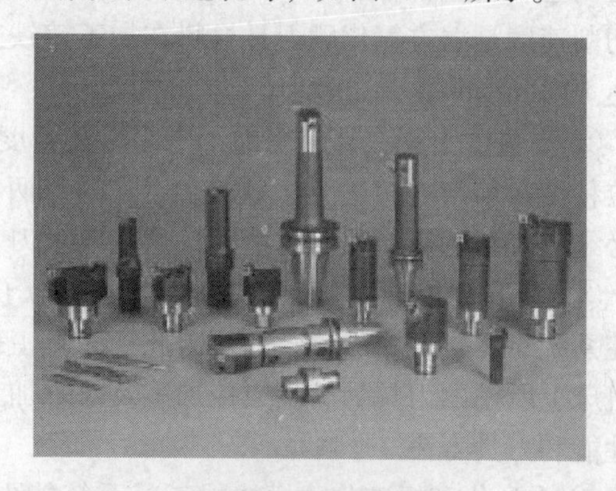

图 1-31　孔加工刀具

孔加工刀具可用于数控车床、车削中心，又可用于数控镗铣床和加工中心。因此它的结构和连接形式有多种，有直柄、直柄螺钉紧固、锥柄、螺纹连接、模块式连接（圆锥或圆柱连接）等多种。

c. 镗削刀具分为粗镗、精镗等刀具。

镗刀从结构上可分为整体式镗刀柄、模块式镗刀柄和镗头类，从加工工艺要求上可分为粗镗刀和精镗刀。

d. 铣削刀具分为面铣、立铣、三面刃铣等刀具，如图 1-32 所示。

e. 工具系统。由于模块刀具的发展，数控刀具已形成了三大系统，即车削刀具系统、钻削刀具系统和镗铣刀具系统，如图 1-33 所示。

图 1-32　铣削加工刀具

图 1-33　工具系统

f. 特殊型刀具。特殊型刀具有带柄自紧夹头、强力弹簧夹头刀柄、可逆式（自动反向）攻螺纹夹头刀柄、增速夹头刀柄、复合刀具和接杆类等。

2）数控刀具的特点。为适应数控机床加工的高精度、高效率、加工工序的高度集中以及零件装夹次数少等要求，数控机床对所用的刀具有许多性能上的要求，只有达到这些要求才能使数控机床真正发挥效率。一般在数控机床上所使用的刀具，应具有以下特点：

① 高效率。由于所使用的机床设备价格昂贵，为了提高价格效率，机床向高速度、高刚度和大功率等方向发展。一般数控车床和车削中心的主轴转速都在8000r/min以上，加工中心的主轴转速都在15000～20000r/min，有些还有40000r/min和60000r/min的。铣削的目标切削速度是立方氮化硼刀具材料在加工铸铁工件时可达5000m/min，在加工一般钢材料时可达1000m/min。

② 高精度。现在高精密加工中心，其精度可达4～5μm，因而刀具的精度、刚度和重复定位精度必须与之相适应。另外，刀具的刀柄与快换夹头之间或与机床锥孔之间的连接部分也必须有较高的制造和定位精度，这就要求刀具必须具备较高的形状精度。

③ 高可靠性和高寿命。在数控机床上为了保证产品质量，对刀具实行强迫换刀制或由数控系统对刀具寿命进行管理。因此，刀具工作的可靠性已上升为选择刀具的关键指标。数控机床上所用的刀具为满足数控加工及对难加工材料加工的要求，刀具材料应具有较高的切削性能和刀具寿命。

④ 系列化和标准化。模块式工具系统能更好地适应多品种零件的生产，并且有利于工具的生产、使用和管理，能有效地减少使用工厂的工具储备。配备完善的、先进的系列化、标准化工具系统是用好数控机床的重要的一环。

⑤ 建立刀具管理系统。在加工中心和柔性制造系统出现后，刀具管理变得相当复杂。刀具数量大，要对全部刀具进行自动识别、记忆其规格尺寸、存放位置、已切削时间和剩余切削时间等，还要管理刀具的更换、运送、刀具的刃磨和尺寸预调等。

3）数控刀具的材料。在金属切削加工中，刀具材料（主要指刀具切削部分的材料）的切削性能直接影响着生产效率、工件的加工精度和质量、刀具消耗和加工成本。对于切削加工而言，数控机床的一次性投资是很高的，而这些先进设备的效率能否发挥出来，很大程度上取决于刀具材料及其性能。随着制造技术的发展，出现了大量新的刀具材料，对提高切削加工的效率起着决定性的作用。因此，刀具材料是现代加工中的一个非常重要的环节。

数控机床刀具从制造所采用的刀具材料，大体上可以分为五大类型：高速钢刀具、硬质合金刀具、陶瓷刀具、立方氮化硼刀具及聚晶金刚石刀具等。目前数控机床使用得最普遍的刀具是硬质合金刀具。

① 高速钢（High Speed Steel）刀具。高速钢是一种含钨（W）、钼（Mo）、铬（Cr）等合金元素较多的工具钢，它具有较好的力学性能和良好的工艺性，有较高的热稳定性和较高的强度、韧性、硬度和耐磨性，可以承受较大的切削力和冲击。该材料制造工艺简单，容易磨成锋利的切削刃，可锻造。它是制造钻头、成形刀具、拉刀、齿轮刀具等的主要材料。

② 硬质合金（Cemented Carbide）刀具。由难熔金属化合物（如WC、TiC）和金属粘结剂经粉末冶金法制成，具有高耐磨性和高耐热性，但抗弯强度较低、冲击韧性较差。硬质合金被广泛用作刀具材料，如大多数的车刀、面铣刀及深孔钻、铰刀、拉刀、齿轮刀等，但很少用于制造整体刀具。

③ 其他新型刀具材料

a. 涂层刀具：是在韧性较好的刀具基体表面，涂上一层耐磨性高的难熔金属化合物而得到的刀具材料。常用的涂层有 TiN、TiC 和 Al_2O_3，涂层刀具具有硬度高、高温强度好、使用寿命长等特性，化学稳定性也很好，但冲击韧性很低，一般用于高速连续切削中，例如铸铁的高速加工，还可用于冲击负荷下的粗加工，切削效率显著提高。

b. 立方氮化硼刀具：硬度和耐磨性仅次于金刚石，但热稳定性好，主要用于加工高硬度的淬硬钢、冷硬铸铁、高温合金等难加工材料。

c. 聚晶金刚石刀具：硬度高、耐磨性好，但耐热性差，强度低，脆性大，与铁亲和力强，用于高速精细车削、镗削有色金属及其合金和非金属材料，不宜加工黑色金属。

4）数控机床常用刀具

① 数控车床常用刀具。车刀是数控车床上用于切削加工的一种刀具，主要用于加工各种回转表面（内外圆柱面、圆锥面及成形回转表面）和回转体的端面及螺纹等。

车刀按用途分为外圆车刀、偏刀、端面车刀、内圆车刀、螺纹车刀、成形车刀、切断刀等多种形式，常用车刀种类及用途如图 1-34 所示。外圆车刀用于加工外圆柱面和外圆锥面，它分为直头和弯头两种。弯头车刀通用性较好，可以车削外圆、端面和倒棱。外圆车刀又可分为粗车刀、精车刀和宽刃光刀。外圆车刀按进给方向又分为左偏刀和右偏刀。

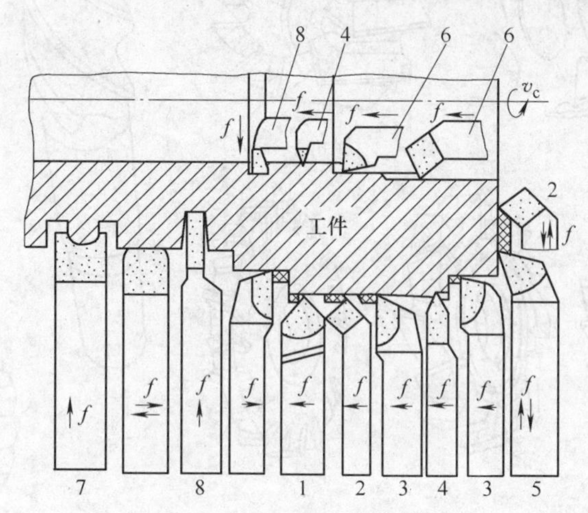

图 1-34　车刀的种类及用途

1—直头车刀　2—弯头车刀　3—90°偏刀　4—螺纹车刀　5—端面车刀
6—内圆车刀　7—成形车刀　8—切断刀

车刀在结构上可分为整体车刀、焊接车刀和机械夹固式车刀。整体车刀主要是整体高速钢车刀，截面为正方形或矩形，使用时可根据不同用途进行刃磨。整体车刀所用刀具材料较多，一般只用作切槽、切断刀使用。焊接车刀是将硬质合金刀片用焊接的方法固定在普通碳钢刀体上，它的优点是结构简单、紧凑、刚性好、使用灵活、制造方便，缺点是由于焊接产生的应力会降低硬质合金刀片的使用性能，有的甚至会产生裂纹。机械夹固车刀简称机夹车刀，根据使用情况不同又分为机夹重磨车刀和机夹可转位车刀。

机夹可转位车刀是将可转位硬质合金刀片用机械的方法夹持在刀杆上形成的车刀，一般由刀片、刀垫、刀片夹固机构和刀体组成。可转位车刀的刀片夹固机构应满足夹紧可靠、装卸方便、定位精确等要求。

② 加工中心常用刀具。加工中心可完成铣削、镗削、钻孔、扩孔、铰孔及攻螺纹等。

a. 孔加工刀具。孔加工刀具一般可以分为两大类：一类是从实体材料中加工出孔的刀具，如麻花钻、扁钻、中心钻和深孔钻等；另一类是对工件上已有孔进行再加工的刀具，如扩孔钻、铰刀及镗刀等。在选择孔加工刀具时，首先要根据实时情况，尽可能选择大的刀杆直径，接近镗孔直径；刀臂要尽可能选择短的刀臂，以增强其刚性；主偏角大于75°且接近90°。在刀片的选择上，选择无涂层的刀片品种（切削刃圆弧小）和小的刀尖半径，且精加工采用正切削刃刀片和刀具，粗加工采用负切削刃刀片和刀具。镗较深的不通孔时，采用压缩空气（气冷）或切削液（排屑和冷却）。在加工中心上钻孔，钻孔深度为直径的5倍左右的深孔加工容易折断钻头，可采用固定循环程序，多次自动进退，以利于冷却和排屑。

b. 铣削刀具。铣刀是一种应用广泛的多刃回转刀具，其种类如图1-35所示。其种类很多，按用途分为用于加工平面的圆柱平面铣刀、面铣刀等；加工沟槽用的立铣刀、T形铣刀和角度铣刀等；加工成形表面的凸半圆铣刀和凹半圆铣刀及加工其他复杂成形表面用的铣刀。

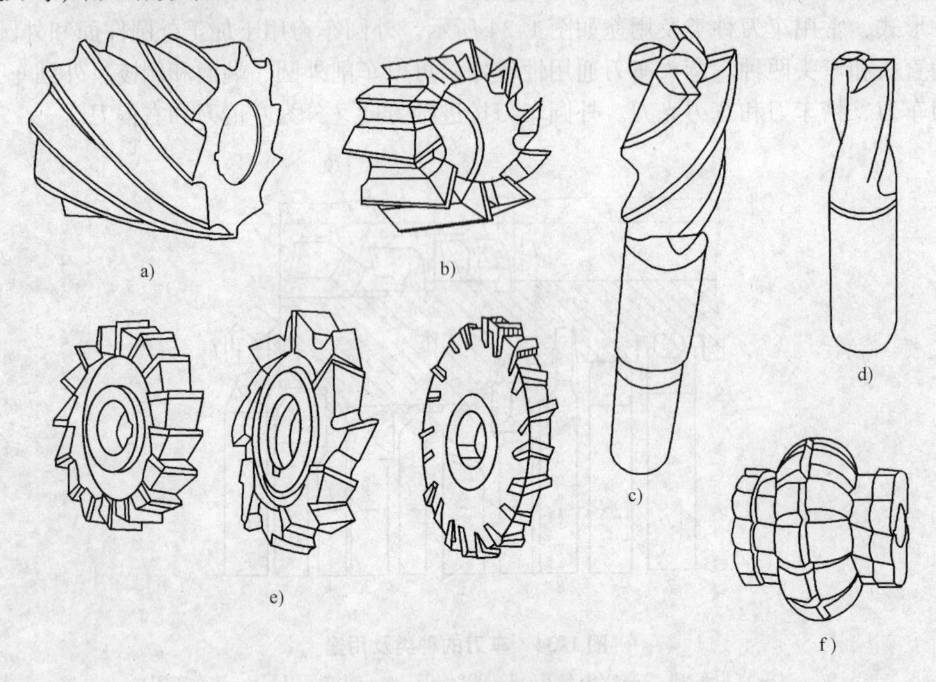

图1-35 铣刀种类

a）圆柱铣刀 b）面铣刀 c）立铣刀 d）键槽铣刀 e）三面刃铣刀 f）成形铣刀

面铣刀的圆周表面和端面上都有切削刃，端部切削刃为副切削刃。面铣刀多制成套式镶齿结构和刀片机夹可转位结构，刀齿材料为高速钢或硬质合金，刀体为40Cr。

立铣刀是数控机床上用得最多的一种铣刀，该类刀具的圆柱表面和端面上都有切削刃，它们可同时进行切削，也可单独进行切削。结构有整体式和机夹式之分，高速钢和硬质合金是铣刀工作部分的常用材料。

模具铣刀由立铣刀发展而成，可分为圆锥形立铣刀、圆柱形球头立铣刀和圆锥形球头立铣刀三种。其柄部有直柄、削平型直柄和莫氏锥柄，它的结构特点是球头或端面上布满切削刃，圆周刃与球头刃圆弧连接，可以作径向和轴向进给，其工作部分用高速钢或硬质合金制造。

在选用铣刀时，应尽可能采用可转位式硬质合金刀片铣刀。对于高速钢立铣刀，多用于加工凸台和凹槽，最好不要用于加工毛坯面，因为毛坯面有硬化层和夹砂现象，会加速刀具的磨损。对于加工余量较小，并且要求表面粗糙度值较小时，应采用立方氮化硼（CBN）刀片面铣刀或陶瓷刀片面铣刀。镶硬质合金立铣刀可用于加工凹槽、窗口面、凸台面和毛坯表面。镶硬质合金的多头铣刀（俗称玉米铣刀）可以进行强力切削，铣削毛坯表面和用于孔的粗加工。加工精度要求较高的凹槽时，可采用直径比槽宽小一些的立铣刀，先铣槽的中间部分，然后利用刀具的半径补偿功能铣削槽的两边，直到达到精度要求为止。

5）选择刀具时应考虑的因素。刀具的选择是数控加工工艺中重要内容之一，合理选用刀具，既能提高加工效率，又能提高产品质量。刀具选择应考虑的主要因素有：

① 被加工工件的材料、性能：如金属、非金属，其硬度、刚度、塑性及耐磨性等。

② 加工工艺类别：车、钻、铣、镗或粗加工、半精加工、精加工和超精加工等。

③ 加工信息：工件的几何形状、加工余量、零件的技术经济指标。

④ 刀具能承受的切削用量：背吃刀量、进给量（进给速度）、切削速度。

⑤ 辅助因素：如操作间断时间、振动、电力波动或突然中断、是否使用切削液等。

在选择刀具时，要注意对工件的结构及工艺性认真分析，结合工件材料、毛坯余量及刀具加工部位综合考虑。在确定好以后，要把刀具规格、专用刀具代号及该刀具所要加工的内容列表记录下来，供编程时使用。

（7）对刀点与换刀点的选择

1）对刀点。对刀点是用来确定刀具与工件相对位置的点，是确定工件坐标系与机床坐标系关系的点。在数控机床上加工零件时，对刀点是刀具相对于零件运动的起点，因为数控加工程序是从这一点开始执行的，所以对刀点也称为起刀点。对刀就是将刀位点置于对刀点上，以便建立工件坐标系。

对刀点可以设置在加工零件上，也可以设置在夹具上，为了提高零件的加工精度，对刀点应尽量设置在零件的设计基准或工艺基准上。实际操作机床时，可通过手工对刀操作把刀具的刀位点放到对刀点上，即“刀位点”与“对刀点”的重合。

2）换刀点。加工过程中需要换刀时，应规定换刀点。所谓“换刀点”是指刀架转动换刀时的位置，换刀点应设在工件或夹具的外部，以换刀时不碰工件及其他部件为准。

3）刀位点。刀位点是指车刀、镗刀的刀尖，钻头的钻尖，立铣刀、端面铣刀刀头底面的中心，以及球头铣刀的球头中心。常见刀具的刀位点如图1-36所示。对刀时，应使刀位点与对刀点重合。

（8）确定切削用量 切削用量的确定是数控加工工艺中的重要内容，它不仅影响数控机床的加工效率，而且直接影响加工质量。数控编程时，编程人员必须确定每道工序的切削用量，并以指令的形式写入程序中。切削用量包括主轴转速、吃刀量、切削速度及进给量或进给速度等。对于不同的加工方法，需要选用不同的切削用量。数控加工中选择切削用量时，就是在保证加工质量和刀具使用寿命的前提下，充分发挥机床和刀具的性能，提高切削效率，降低加工成本。

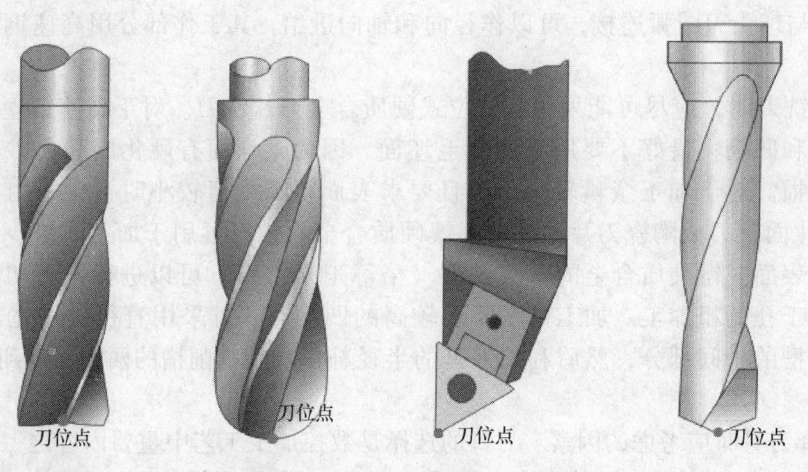

图 1-36　常见刀具的刀位点

合理选择切削用量的原则：粗加工时，一般以提高生产率为主，但也应考虑经济性和加工成本；半精加工和精加工时，应在保证加工质量的前提下，兼顾切削效率、经济性和加工成本。具体数值应根据机床说明书和切削用量手册，并结合经验而定。

1）主轴转速的确定。主轴转速应根据机床与刀具允许的切削速度，也可用计算法或查表法来选取。切削速度确定之后，可用下式计算主轴转速

$$n = \frac{1000v_c}{\pi d}$$

式中　v_c——切削速度，单位为 m/min，由刀具的寿命决定；

n——主轴转速，单位为 r/min；

d——工件直径或刀具的直径，单位为 mm。

对于有级变速的机床，计算的主轴转速 n 最后要根据机床说明书选取机床现有的或较接近的转速。

2）进给速度的确定。进给速度是指在单位时间内，刀具沿着进给方向移动的距离。数控机床切削用量中进给速度的选择，主要根据零件的加工精度、表面粗糙度要求及刀具、工件的材料性质选取。最大进给速度受机床、刀具及工件系统的刚度和进给系统的性能限制。确定原则：当工件的质量要求能够得到保证时，为提高生产效率，可选择较高的进给速度（100～200mm/min）；在切断、加工深孔或用高速钢刀具加工时，宜选择较低的进给速度（20～60mm/min）；当加工精度和表面粗糙度要求高时，进给速度应选小些（20～40mm/min）；刀具空行程时，特别是远距离“回零”时，可以设定该机床数控系统设定的最高进给速度。

进给速度可通过机床控制面板上的修调开关进行人工调整，但是最大进给速度要受到设备刚度和进给系统性能等的限制。

3）吃刀量的确定。吃刀量应根据加工余量确定。具体讲主要受机床、刀具和工件系统的刚度的制约，在系统刚度允许的条件下，尽量选择较大的吃刀量。粗加工时，在不影响加工精度的条件下，可使吃刀量等于零件的加工余量，这样可以减少走刀次数，提高生产效率。为了保证加工表面质量，可留少量精加工余量，一般为 0.2～0.4mm。

1.3.3 任务实施

1. 任务实施步骤

（1）图纸技术分析　教师布置任务，展示图纸。学生根据教师所给零件图纸进行分析，分组讨论以下问题。

分析零件视图表达是否清楚、零件几何要素之间的关系是否明确；分析加工表面的尺寸精度，哪个加工表面的精度要求最高；分析主要加工表面有哪些形状精度和位置精度要求；分析主要加工表面的设计基准；分析各加工表面的表面粗糙度要求；分析零件有无及其他要求；确定零件的毛坯种类。

（2）加工工艺处理　教师集中讲解数控加工工艺知识。学生根据所学知识继续对图纸进行分析，并完成以下任务。

选择各加工表面的加工方法；划分加工阶段和工序；安排各加工表面的加工顺序；确定定位基准与夹紧方案；选择刀具、夹具、量具；确定进给路线和安排工步顺序；确定工序加工余量；编写数控加工工艺文件。

教师按学生的思维和意图进行加工实验，对错误的地方进行更正和讲解。学生分组讨论并完成实训工单。教师集中讲评学生答案，并对本次课做出总结。

2. 考核与评价

实训任务					
班级	姓名（学号）		组号		
序号	内容及要求及评分标准	配分	自评	互评	教师评分
1	能够配合老师，在老师指导下学习相关知识	20			
2	能够积极思考分析和总结合适的加工路线	20			
3	完成子任务一	20			
4	完成子任务二	30			
5	学生之间能够相互协作和讨论，积极互动	10			
完成日期	总得分				

1.3.4 任务小结

通过本任务的学习，使学生了解数控加工工艺的特点，学会根据工件进行工艺性能分析及工艺路线设计。掌握工序的划分，刀具、夹具的选择及主要切削用量的确定。

1.3.5 任务拓展

1. 游标卡尺

游标卡尺（简称卡尺）是工业生产中最通用的量具之一，它是利用游标原理对两测量面相对移动分隔的距离进行读数的测量器具。游标卡尺具有结构简单、使用方便、精度中等和测量的尺寸范围大等特点，可以用它来测量零件的外径、内径、长度、宽度、厚度、深度和孔距等，应用范围很广。

（1）分类　根据卡尺结构的不同可分为单面游标卡尺、双面游标卡尺和三用游标卡尺等。

单面游标卡尺的测量范围可分为0～200mm、0～300mm、0～500mm和0～1000mm等。单面游标卡尺带有内外量爪，可以测量内侧尺寸和外侧尺寸，如图1-37所示。使用这种游标卡尺的内外测量爪测量工件内外径尺寸时，卡尺的读数值应加上内外测量爪的厚度尺寸，才能得出工件的实际尺寸。

双面游标卡尺的测量范围分为0～200mm和0～300mm两种，这种游标卡尺的上量爪为刀口外测量爪，下量爪为内外测量爪，可测内外尺寸，如图1-38所示。使用下测量爪测量工件内径尺寸时，卡尺的读数值加上内测量爪的厚度，才能得出工件的实际尺寸。

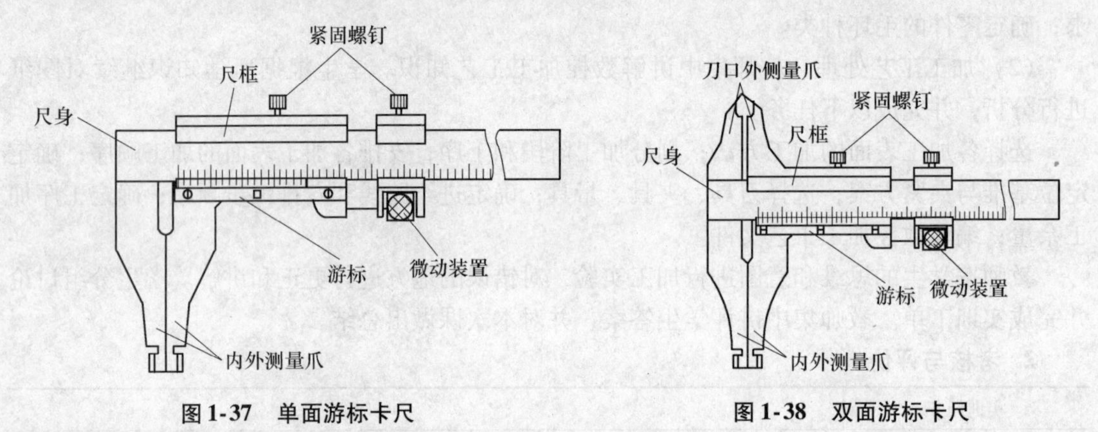

图1-37 单面游标卡尺　　图1-38 双面游标卡尺

三用游标卡尺的测量范围分为0～125mm和0～150mm两种，这种游标卡尺的内侧量爪带刀口形，用于测量内尺寸；外侧量爪带平面和刀口形的测量面，用于测量外尺寸。尺身背面带有深度尺，用于测量深度和高度，如图1-39所示。

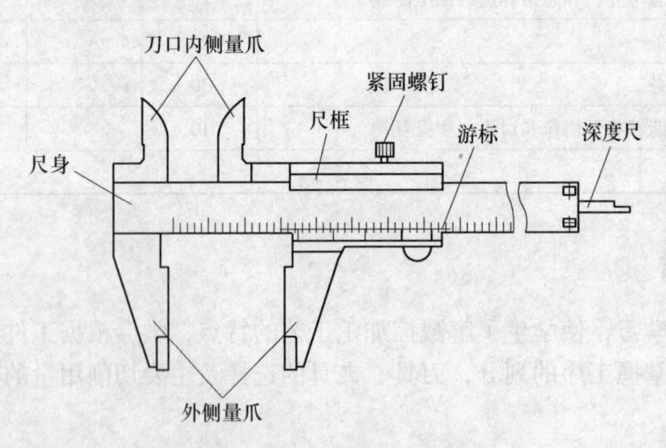

图1-39 三用游标卡尺

（2）游标卡尺读数原理与读数方法　为了掌握游标卡尺的正确使用方法，必须学会准确读数和正确操作。游标卡尺的读数装置，由尺身和游标两部分组成，当尺框上的活动测量爪与尺身上的固定测量爪贴合时，尺框上游标的“0”刻线（简称游标零线）与尺身的“0”刻线对齐，此时测量爪之间的距离为零。测量时，需要尺框向右移动到某一位置，这时活动测量爪与固定测量爪之间的距离，就是被测尺寸，如图1-40所示。假如游标零线与尺身上表示30mm的刻线正好对齐，则说明被测尺寸是30mm；如果游标零线在尺身上指示的数值比30mm大一点，应该怎样读数呢？这时，被测尺寸的整数部分为30mm，如上所述可从游标零线左边的尺身刻线上读出来，而比1mm小的小数部分则是借助游标读出来的（图中●所指刻线，为0.7mm），被测尺寸是二者之和30.7mm，这是游标测量器具的共同特点。由此可见，游标卡尺的读数，关键在于小数部分的读数。

游标的小数部分读数方法是首先看游标的哪一条线与尺身刻线对齐，然后把游标这条线的顺序数乘以分度值，就得出游标的读数，即游标的读数 = 分度值 × 游标对齐刻线的顺序数。

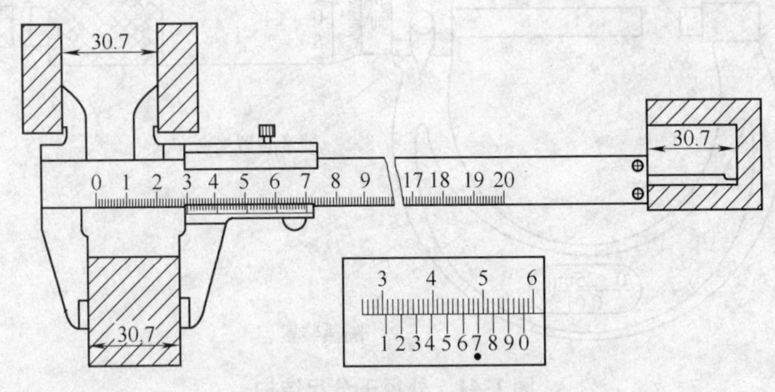

图1-40 游标卡尺测量尺寸

游标卡尺读数时可分三步：

1）先读整数——看游标零线的左边，尺身上最靠近的一条刻线的数值，读出被测尺寸的整数部分。

2）再读小数——看游标零线的右边，数出游标第几条刻线与尺身的数值刻线对齐，读出被测尺寸的小数部分（即分度值乘其对齐刻线的顺序数）。

3）得出被测尺寸——把上面两次读数的整数部分和小数部分相加，就是卡尺所测的尺寸。

（3）使用卡尺时的注意事项

1）要经常注意清洁量爪测量面。

2）要检查各部件的相互作用，如尺框和微动装置移动灵活，紧固螺钉能否起作用。

3）校对零位，使卡尺两量爪紧密贴合并无明显的光隙，主尺零线与游标尺零线应对齐。

4）测量结束要把卡尺平放，尤其是大尺寸的卡尺更应该注意，否则尺身会弯曲变形。

5）带深度尺的游标卡尺，用完后，要把测量爪合拢，否则较细的深度尺露在外边，容易变形甚至折断。

6）卡尺使用完毕，要擦净上油，放到卡尺盒内，注意不要锈蚀或弄脏。

2. 千分尺

千分尺属于测微量具之一，是利用螺旋微动装置测量读数的，其测量精度比游标卡尺更高，准确度为0.01mm。按用途可分为外径千分尺、内径千分尺和螺纹千分尺等，通常所说的千分尺是指外径千分尺，其主要优点是有测力装置，保证了测力大小的稳定。由于微分螺杆的精度受到制造上的限制，为减少螺距累积误差的影响，所以微分螺杆移动量一般为25mm，螺距为0.5mm。

（1）千分尺结构　千分尺由尺架、测微读数装置和测力装置等组成，如图1-41所示。其测量范围分0～25mm和25～50mm等，每一种测量范围的规格均为25mm，直至递增到300mm。而大于300mm的千分尺，有的是递增25mm，也有的是更换测砧来实现大尺寸测量要求的。

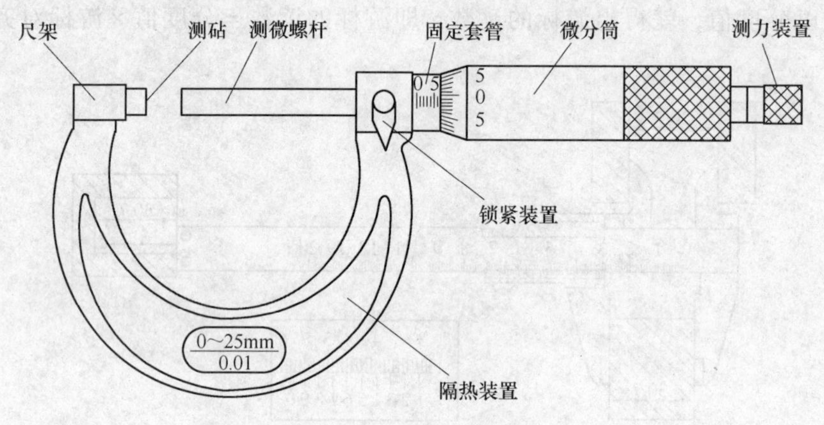

图1-41　外径千分尺结构

（2）千分尺工作原理和读数方法

1）千分尺的工作原理。用千分尺测量零件的尺寸，就是把被测量的零件置于千分尺的两个测砧面之间，所以两测砧面之间的距离就是零件的测量尺寸。外径千分尺的工作原理就是应用螺旋读数机构，当测微螺杆在螺纹轴套中旋转时，由于螺旋线的作用，测微螺杆就有轴向移动，使两测砧面之间的距离发生变化。如测微螺杆按顺时针的方向旋转一周，两测砧面之间的距离就缩小一个螺距。同理，若按逆时针方向旋转一周，两测砧面之间的距离就增大一个螺距。常用千分尺测微螺杆的螺距为0.5mm，因此，当测微螺杆顺时针的方向旋转一周，两测砧面之间的距离就缩小0.5mm。当测微螺杆顺时针的方向旋转不到一周时，缩小的距离就小于一个螺距，它的具体数值可从与测微螺杆结成一体的微分筒的圆周刻度上读出。微分筒的圆周上刻有50个等分线，当微分筒转一周时，测微螺杆就推进或后退0.5mm，微分筒转过它本身圆周刻度的一小格时，两测砧面之间转动的距离为

$$\frac{0.5\text{mm}}{50}=0.01\text{mm}$$

由此可知，千分尺上的螺旋读数机构，可以正确读出0.01mm，也就是千分尺的分度值为0.01mm。

2）千分尺的读数方法。千分尺的读数机构由固定套筒和微分筒组成，在千分尺的固定套筒上刻有轴向中线，作为微分筒读数的基准线。另外，为了计算测微螺杆旋转的整数转，在固定套筒中线的上下两侧，刻有两排刻线，刻线间距为1mm，上下两排相互错开0.5mm。这样，螺杆轴向位移的小数部分就可以从活动套筒上的刻度读出。可见，圆周刻度线用来读出0.5mm以下至0.01mm的小数值（0.01mm以下的值可凭经验估出）。

千分尺的具体读数方法可分为以下三步：

① 读出固定套筒上露出的刻线尺寸，一定要注意不能遗漏应读出的0.5mm的刻线值。

② 读出微分筒上的尺寸，要看清微分筒圆周上哪一格与固定套筒的中线基准对齐，将格数乘以0.01mm即得出微分筒上的尺寸。

③ 将上面两个数相加，即为千分尺测得的尺寸。

如图1-42所示，读套筒上侧刻度为3，下刻度在3之后，也就是说3+0.5=3.5，然后读套管刻度与25对齐，就是25×0.01=0.25，全部加起来就是3.75mm。

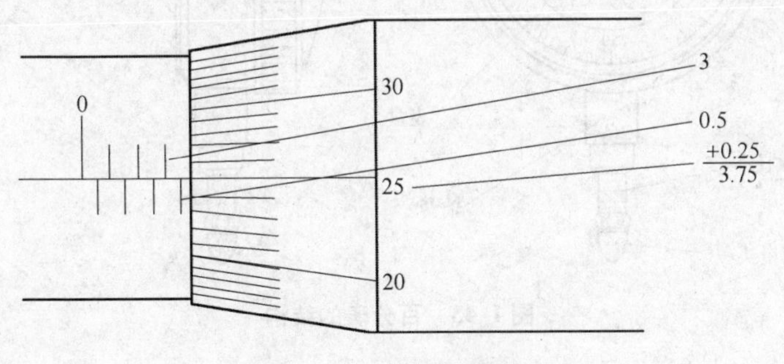

图1-42　千分尺的读数

（3）使用千分尺时的注意事项

1）使用前必须用校对杆校对“零”位。

2）不能测量超出测量范围的被测尺寸。

3）手应握在隔热垫处，测量器具与被测件必须等温，以减少温度对测量精度的影响。

4）测量读数时要特别注意0.5mm精度的读取，可估计读数到0.001mm。

5）要注意减少测量力对测量精度的影响，当测量面与被测零件表面将要接触时，必须使用测力装置。

3. 百分表

百分表是指示式量具，主要用于校正零件或夹具的安装位置，检验零件的形状精度和位置精度。它是一种精度较高的比较量具，只能测出相对数值，不能测出绝对数值。

（1）百分表的结构　百分表的结构如图1-43所示，一般由指针、表盘、测量头、测量杆等组成。百分表内部的齿轮传动机构，使测量杆直线移动1mm时，指针正好回转一圈。

（2）百分表的工作原理和读数方法　带有测量头的测量杆，相对刻度圆盘进行平行直线运动，并把直线运动转变为回转运动传送到主指针上，主指针会把测杆的运动量显示到圆形表盘上。

主指针回转一圈等于测杆的1mm，主指针可以读到0.01mm。刻度盘上的转数指针，以主指针的一回旋（1mm）为一个刻度。

盘式指示器的指针随量轴的移动而改变，因此测定只需读指针所指的刻度，图1-44为百分表的读数方法，首先将测量头接触到下端，把指针调到“0”位置，然后把测量头调到上端，读指针所指示的刻度即可。一个分度值是0.01mm的百分表，若主指针指到10，台阶高差就是0.1mm。

（3）使用百分表时的注意事项

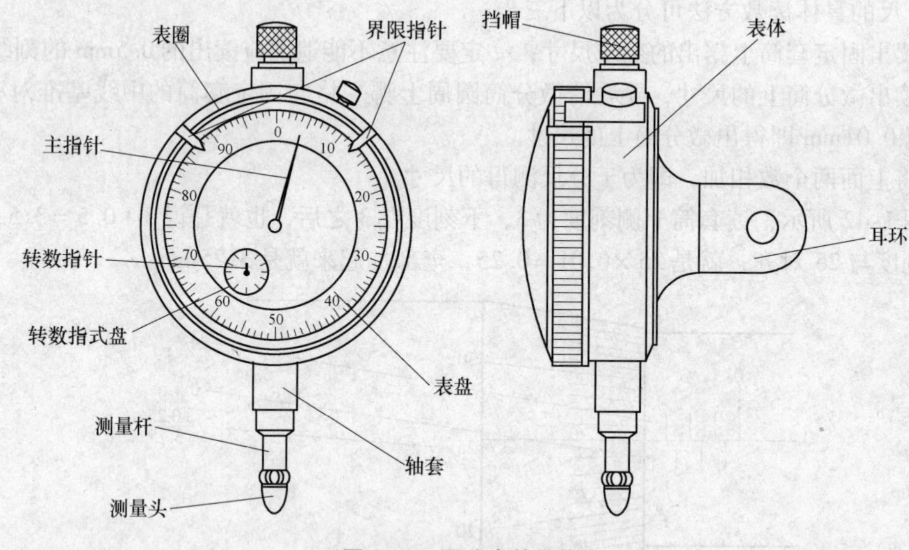

图 1-43　百分表的结构

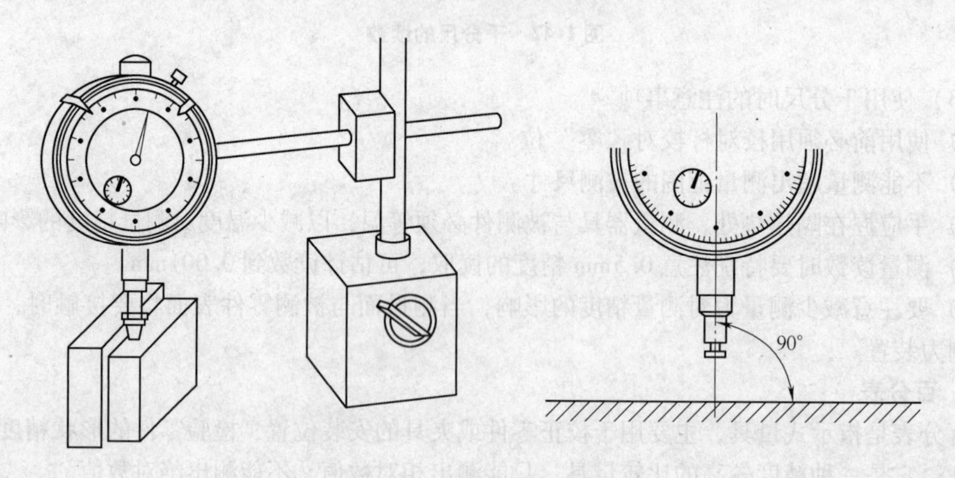

图 1-44　百分表的读数方法

1）使用前，应检查测量杆活动的灵活性。轻轻推动测量杆时，测量杆在套筒内的移动要灵活，没有任何卡滞现象，每次手松开后，指针能回到原来的刻度位置。

2）使用时，必须把百分表固定在可靠的夹持架上，切不可贪图省事，随便夹在不稳固的地方，否则容易造成测量结果不准确，或摔坏百分表。

3）测量时，不要使测量杆的行程超过它的测量范围，不要使表头突然撞到工件上，也不要用百分表测量表面粗糙或有显著凸凹不平的工件。

4）测量平面时，百分表的测量杆要与平面垂直，测量圆柱形工件时，测量杆要与工件的中心线垂直，否则，将使测量杆活动不灵或测量结果不准确。

5）为方便读数，在测量前一般都让主指针回到刻度盘的零位。

6）百分表不用时，应使测量杆处于自由状态，以免使表内弹簧失效。

1.3.6 任务工单

<table>
<tr><td>项目名称</td><td colspan="3"></td></tr>
<tr><td>任务名称</td><td colspan="3"></td></tr>
<tr><td>专业班级小组编号</td><td colspan="3"></td></tr>
<tr><td>组员学号姓名</td><td colspan="3"></td></tr>
<tr><td rowspan="6">任务目标</td><td rowspan="3">知识目标</td><td colspan="2"></td></tr>
<tr><td colspan="2"></td></tr>
<tr><td colspan="2"></td></tr>
<tr><td rowspan="3">能力目标</td><td colspan="2"></td></tr>
<tr><td colspan="2"></td></tr>
<tr><td colspan="2"></td></tr>
<tr><td>需要完成的子任务</td><td colspan="3"> 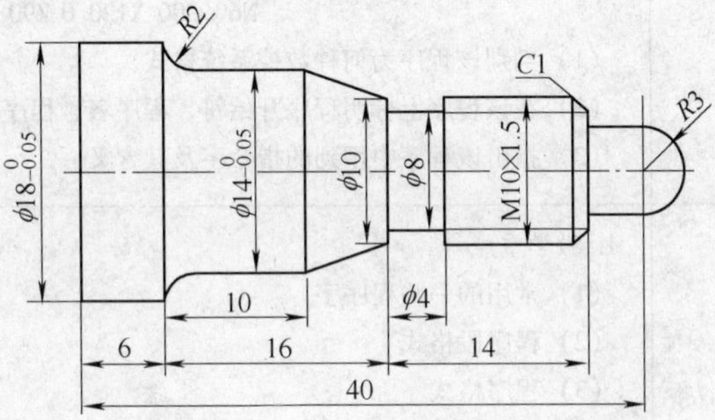1. 图样技术分析
分析零件视图表达是否清楚，零件几何要素之间的关系是否明确；分析加工表面的尺寸精度，哪个加工表面的精度要求最高；分析主要加工表面有哪些形状精度和位置精度要求；分析主要加工表面的设计基准；分析各加工表面的表面粗糙度要求
2. 加工工艺处理
依据图纸要求，选择适合各加工表面的加工方法；划分加工阶段和工序；安排各加工表面的加工顺序；确定定位基准与夹紧方案；选择刀具、夹具、量具；确定进给路线和安排工步顺序；确定工序加工余量；编写数控加工工艺文件</td></tr>
<tr><td>项目实施过程中遇到的问题及解决方法</td><td colspan="3"></td></tr>
<tr><td>学习收获</td><td colspan="3"></td></tr>
<tr><td rowspan="4">评价（详见考核表）</td><td colspan="3">个人评价 10% + 小组评价 20% + 教师评价 50% + 贡献系数 20%</td></tr>
<tr><td>姓名</td><td>各项得分</td><td>综合得分</td></tr>
<tr><td></td><td></td><td></td></tr>
<tr><td></td><td></td><td></td></tr>
</table>

任务4　数控程序格式的应用

1.4.1　任务综述

<table>
<tr><th>学习任务</th><th>数控程序格式的应用</th><th>参考学时：2</th></tr>
<tr><td>需完成的子任务</td><td colspan="2">%
O0001；
N10 M03 S800；
N20 T0101；
N30 G00 X16.0 Z5.0；
N40 G01 Z－10.0 F0.1；
N50 X24.0；
N60 G00 X120.0 Z90.0；N70 M30；
（1）判别该程序为何种数控系统格式
（2）在该程序上标明程序开始符、程序名、程序段、程序结束指令、程序结束符等标志
（3）指出该程序中用到的指令字及其含义</td></tr>
<tr><td>重点与难点</td><td colspan="2">1. 教学重点
（1）常用的一些程序字
（2）程序段格式
（3）程序格式
2. 教学难点
常见数控系统的格式</td></tr>
<tr><td>学习目标</td><td colspan="2">1. 知识目标：
（1）常用数控系统的格式及特点
（2）数控编程的定义、步骤及方法
（3）程序字概念及常用的一些程序字
（4）程序段格式
（5）程序格式。
2. 能力目标：
（1）对常用数控系统及系统格式的认知和辨识能力
（2）对常用数控代码的含义和作用的认知能力
（3）书写程序段格式和程序格式的基本能力</td></tr>
<tr><td>所需教学设备</td><td colspan="2">数控机床、多媒体课件、计算机等</td></tr>
<tr><td>教学方法</td><td colspan="2">项目驱动、任务导向法；实地观察与演示，小组研讨；教学做一体化</td></tr>
</table>

1.4.2　任务信息

数控机床是一种高效的自动化加工设备，它严格按照加工程序控制，自动地对被加工工件进行加工。我们把从数控系统外部输入的直接用于加工的代码集合称为数控加工程序，简称为数控程序，它是机床数控系统的应用软件。

数控系统的种类繁多，它们使用的数控程序语言规则和格式也不尽相同，本书就以 ISO 国际标准为主，来介绍加工程序的编制方法。当针对某一台数控机床编制加工程序时，应该严格按机床编程手册中的规定进行程序编制。

1. 数控编程的步骤和内容

数控机床加工零件与普通机床不同，它是将零件加工的工艺顺序、运动轨迹与方向、位移量、工艺参数及辅助动作，按规定代码和格式，事先编制成加工程序，然后输入数控系统，从而控制数控机床自动进行各工序的加工，完成整个零件的加工任务。

在编制数控加工程序时，首先要对图纸规定的技术要求、零件的几何形状、尺寸及工艺要求进行分析，确定加工方法和加工路线，再进行数学计算，获得刀位数据。其次要了解所用数控机床的规格、性能、数控系统及其程序指令格式。最后按数控系统规定的代码和程序格式，将工件的尺寸、刀位数据、加工路线、切削参数及辅助功能等编制成加工程序。数控编程的步骤和内容如图 1-45 所示。

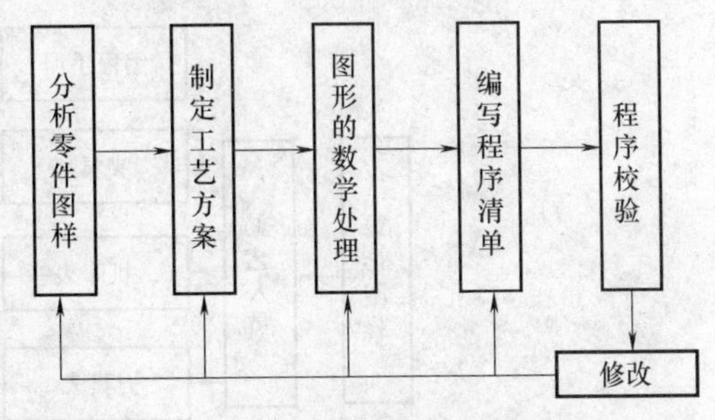

图 1-45 数控编程的步骤和内容

（1）零件图纸分析 首先根据图纸的技术要求，分析所要加工零件的形状、尺寸与精度、材料与热处理技术要求，确定毛坯形式是否适合在数控机床上加工，或适合在哪种类型的数控机床上加工，选择合适的数控机床。

（2）确定加工工艺过程 通过对图纸的全面分析，拟定零件的加工方案，充分发挥数控机床的功能，提高数控机床使用的合理性与经济性，拟定工件的装夹方案。在大多数情况下，选用通用性夹具，减少工件的定位和夹紧时间，缩短生产准备周期。

选择合理的加工顺序和走刀路线，保证零件的加工精度和加工过程的安全性，避免发生刀具与非加工表面的干涉。合理选择刀具及其切削参数，充分发挥机床及刀具的加工能力，减少换刀的次数，缩短走刀的路线，提高生产效率。

（3）图形的数学处理 数值计算就是根据零件的几何尺寸、工艺路线及设定的工件坐标系，计算出零件在加工时刀具中心的运动轨迹。对于带有刀具补偿功能的数控系统，只需计算出零件轮廓相邻几何元素的交点的坐标值，得出各几何元素的起点、终点和圆弧的圆心坐标值。如果数控系统无刀具补偿功能，还应计算刀具中心运动的轨迹。对于形状比较复杂的零件（如非圆曲线、非面构成的零件），需要用直线段或圆弧段逼近，根据要求的精度计算出节点坐标值，这种情况一般要用计算机来完成数值计算的工作。

（4）编写零件的加工程序清单 根据计算出来的刀具运动轨迹坐标值和已确定的工艺参数及辅助动作，结合数控系统规定的功能指令代码和程序段格式，逐段编写零件加工程序单。将编写好的程序单，记录在控制介质上，通过手工输入或通信传输的方式，输入到机床的数控系统。

（5）程序校验与首件试切 程序必须经校验和首件试切，才能正式使用。利用数控机床的空运行功能，观察刀具的运动轨迹和坐标显示值的变化，校验数控程序。在有 CRT 图形模拟功能的数控机床上，可通过显示进给轨迹或模拟刀具对工件的切削过程，对程序进行检验。不过，这些校验方法只能检验出运动轨迹是否正确，不能检验加工零件的加工精度和表面质量。因此，要进行首件试切，根据试切情况，分析产生误差的原因，采取尺寸补偿措施，修改加工程序。

2. 数控编程的方法

数控机床程序编制的方法有两种：手工编程和自动编程。

（1）手工编程　手工编程是指编制工件加工程序的各个步骤，即从零件图样分析、工艺处理、数值计算、编写程序单、键盘输入程序直至程序校验等各步骤均由人工完成，称为手工编程。如图1-46，手工编程适用于点位加工或几何形状不太复杂的零件，即二维或不太复杂的三维加工、程序编制坐标计算较为简单、程序段不多、程序编制易于实现的场合。

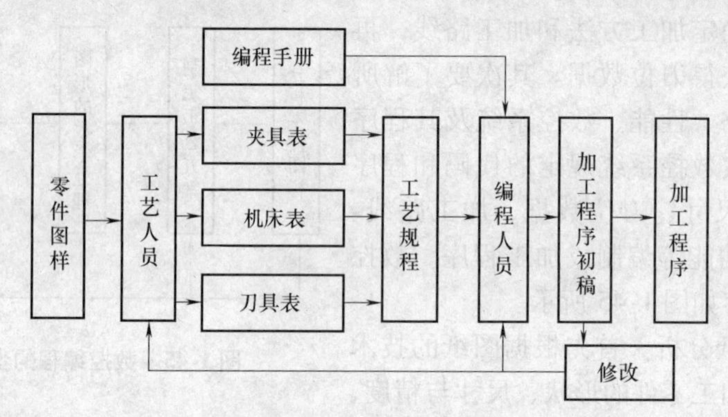

图1-46　手工编程的步骤

对于几何形状复杂，尤其是需用三轴以上联动加工的空间曲面组成的零件，编程时数值计算繁琐，所需时间长，且易出错，程序校验困难，用手工编程难以完成。为了缩短生产周期，提高数控机床的利用率，有效地解决各种模具及复杂零件的加工问题，手工编程已不能满足要求，必须想办法提高编程效率，即采用计算机辅助编程。

（2）自动编程　自动编程也称计算机辅助编程，利用通用的微机及专用的自动编程软件，以人机对话方式，确定加工对象和加工条件，自动进行运算并生成指令的编程过程。这种方法适用于加工曲线轮廓、三维曲面等复杂型面的编程。

典型的自动编程有两种：APT软件编程和CAD/CAM软件编程。APT是自动编程工具（Automatically Programmed Tool）的简称，是一种对工件、刀具的几何形状及刀具运动等进行定义所使用的一种接近英语的符号语言。编程人员根据零件图样的要求，按照APT语言格式，编写出零件加工的源程序，输入计算机，由计算机自动进行数值计算、后置处理，生成数控系统能识别的数控加工程序。

CAD/CAM是计算机辅助设计与制造（Computer Aided Design/Manufacturing）的缩写。是一种将零件的几何图形信息自动转换为数控加工程序的自动编程技术。它通常是以待加工零件的CAD模型为基础，调用数控编程模块，采用人机交互方式在屏幕上动态地显示出刀具的加工轨迹。典型的CAD/CAM软件有Master CAM、Pro/Engineer、UG等。

3. 数控程序格式

每种数控系统，根据系统本身的特点及编程需要，都有一定的程序格式。对于不同的机床，其程序的格式也不同，因此编程人员必须严格按照机床说明书的规定进行编程。

一个完整的程序由程序号、程序内容和程序结束三部分组成。

```
O0002;                              //程序号
N0001 G91 G00 G17 S300 M03;
N0002 G41 X30.0 D01;
N0003 X2.0 Y1.0;
N0004 Z-98.0;                       //程序内容
N0005 G01 Z-12.0 F100;
…
N0011 G40 Z-12.0 F100;
N0012 M30;                          //程序结束
```

（1）程序号　程序号即为程序的开始部分，为了区分数控系统中存储的程序，每个程序都要进行编号。在编号前面要用程序编号地址符进行编号指令，后面跟若干位数字表示程序编号。如在 FANUC 数控系统中，一般采用英文字母“O”作为程序编号地址，而其他数控系统则分别采用“P”“L”“%”及“:”等不同形式。

（2）程序内容　程序内容部分是整个程序的核心，它由许多程序段组成，每个程序段由一个或多个指令构成，表示数控机床要完成的全部动作。

1）程序段号。N0001——程序段号。其中 N 表示程序段号；0001 表示程序段的编号。一般最多可跟 4 位数，数字最前面的 0 可省略不写。程序段号的主要作用是便于程序的校对和检索修改，还可用于程序的转移。在程序段号前面还可以输入斜线“/”，当数控机床控制面板上的程序跳步功能有效时，有该符号的程序段，在程序的执行过程中会跳过不执行。

2）程序段格式。程序的内容由若干程序段组成，每个程序段由一个或多个指令字组成。指令字表示一个信息单元，具体指明机床要完成的指定动作。每个指令字又由字母（地址符）、数字、符号组成。

3）指令字。G91——指令字。其中 G 表示地址符，91 是数字。指令字通常由地址符、数字和符号三部分组成，具体功能是由地址符决定的。指令字的排列顺序要求不严格，数字的位数可多可少。ISO 代码中地址符及其含义见表 1-2。

表 1-2　ISO 代码中地址符及其含义

功　能	地址符号	含　义
程序号	O，P，%	程序编号，子程序号的指定
程序段号	N	程序段顺序号
准备功能	G	机床动作方式指令
坐标字	X，Y，Z	坐标轴的移动指令
	A，B，C，U，V，W	附加轴的移动指令
	I，J，K	圆心坐标地址
进给速度	F	进给速度指令
主轴功能	S	主轴转速指令
刀具功能	T	刀具编号指令
辅助功能	M	机床的开/关指令
	B	工作台回转（分度）指令

（续）

功　能	地 址 符 号	含　义
补偿功能	H，D	补偿指令
暂停功能	P，X	暂停时间或程序中某功能开始时使用的顺序号
重复次数	L	子程序及固定循环的重复次数指令
圆弧半径	R	固定循环中定距离或圆弧半径的指定

程序段格式是指一个程序段中指令字、字符和数据的书写规则，现在最常采用字_地址程序段格式。

字_地址程序段格式是由顺序号、指令字和程序段结束符组成，编排格式如下：

N_ G_ X_ Y_ Z_ I_ J_ K_ P_ Q_ R_ A_ B_ C_ F_ S_ T_ M_ LF

需要说明的是，在上述程序段中的各种指令字，并非在加工程序的每个程序段中都必须具有，而是根据各程序段中的具体内容来编写相应的指令。

例如：N40　G01　X45.0　Y－38.0　F120.00　S850　T06　M03；

（3）程序结束

1）程序结束。以程序结束指令 M02 或 M30 作为整个程序结束的符号，用来结束程序。

2）“；”程序段结束符。在 ISO（国际标准化组织）标准中用“LF”或“NL”表示，在 EIA（美国电子工业协会）标准中用“CR”表示，有些数控系统的程序段结束符用“；”或“＊”表示，也有些数控系统的程序段不设结束符，直接回车即可。

（4）注意事项

1）坐标字是由坐标地址符及数字组成，且按一定的顺序进行排列，其中数字的格式和含义如下：

X50.
X50.0　} 都可以表示沿 X 轴移动 50mm
X50000

2）进给功能 F 是由主轴地址符 F 及数字组成，数字为所选速度，其单位为“mm/min”或“mm/r”。

3）刀具功能 T 是由地址符 T 和数字组成，用以指定刀具的号码。

4）准备功能（简称 G 功能）和辅助功能（简称 M 功能）是程序中的核心指令字，其功能是描述数控机床加工过程的动作。如加工种类、主轴的起停、转向、切削液的开关、刀具的更换、运动部件的夹紧与松开等等，具体指定方式见下一个问题。

4. 常用指令字功能及含义

（1）准备功能字（G 功能字）　G 功能是指让数控机床做某种操作的指令，用地址符 G 和两位数字来表示，从 G00～G99。G 代码按照功能的不同分为模态代码（又称为续效代码）和非模态代码。模态 G 代码是指程序段中一旦指定了 G 功能字，在此之后的程序段地址也一直有效，直到被另一个 G 功能字替代或撤销为止；非模态代码被限定在指定的程序段中有效。G 代码含义见表 1-3。

表1-3 G代码含义

代　码 (1)	模态 (2)	非模态 (3)	功　能 (4)	代　码 (1)	模态 (2)	非模态 (3)	功　能 (4)
G00	a		点定位	G50	#（d）	#	刀具偏置0/-
G01	a		直线插补	G51	#（d）	#	刀具偏置+/0
G02	a		顺时针方向圆弧插补	G52	#（d）	#	刀具偏置-/0
G03	a		逆时针方向圆弧插补	G53	f		直线偏移，注销
G04		*	暂停	G54	f		直线偏移X
G05	#	#	不指定	G55	f		直线偏移Y
G06	a		抛物线插补	G56	f		直线偏移Z
G07	#	#	不指定	G57	f		直线偏移X、Y
G08		*	加速	G58	f		直线偏移X、Z
G09		*	减速	G59	f		直线偏移Y、Z
G10～G16	#	#	不指定	G60	h		准确定位1（精）
G17	c		XY平面选择	G61	h		准确定位2（粗）
G18	c		ZX平面选择	G62	h		快速定位（粗）
G19	c		YZ平面选择	G63		*	攻螺纹
G20～G32	#	#	不指定	G64～G67	#	#	不指定
G33	a		螺纹切削，等螺距	G68	#（d）	#	刀具偏置，内角
G34	a		螺纹切削，增螺距	G69	#（d）	#	刀具偏置，外角
G35	a		螺纹切削，减螺距	G70～G79	#	#	不指定
G36～G39	#	#	永不指定	G80	e		固定循环注销
G40	d		刀具补偿/刀具偏置注销	G81～G89	e		固定循环
G41	d		刀具补偿－左	G90	j		绝对尺寸
G42	d		刀具补偿－右	G91	j		增量尺寸
G43	#（d）	#	刀具偏置－正	G92		*	预置寄存
G44	#（d）	#	刀具偏置－负	G93	k		时间倒数，进给率
G45	#（d）	#	刀具偏置+/+	G94	k		每分钟进给
G46	#（d）	#	刀具偏置+/-	G95	k		主轴每转进给
G47	#（d）	#	刀具偏置-/-	G96	I		恒线速度
G48	#（d）	#	刀具偏置-/+	G97	I		每分钟转数（主轴）
G49	#（d）	#	刀具偏置0/+	G98～G99	#	#	不指定

注：1. #号表示如选作特殊用途，必须在程序格式中说明。

2. 如在直线切削控制中没有刀具补偿，则G43～G52可指定作其他用途。

3. 在表中左栏括号中的字母（d）表示可以被同栏中没有括号的字母d注销或代替，也可被有括号的字母（d）所注销或代替。

4. G45～G52的功能可用于机床上任意两个预定的坐标。

5. 控制机上没有G53～G59、G63功能时，可以指定作其他用途。

6. *号表示功能仅在所出现的程序段内有效。

（2）辅助功能字（M功能字）　辅助功能指令也称辅助功能字，用地址符M表示，所以又称为M指令或M代码。它是用来指定数控机床加工时的辅助动作，如主轴的启停、正反转，切削液的通、断，刀具的更换，滑座或有关部件的夹紧与放松等，也称开关功能。M指令由字母 M 和其后的两位数字组成，从 M00 到 M99。辅助功能 M 代码及其功能见表 1-4。

表 1-4　辅助功能 M 代码及其功能

代　码	功　能	与程序段指令的先后顺序	功能的持续性	代　码	功　能	与程序段指令的先后顺序	功能的持续性
M00	程序停止	0	*	M36	进给范围 1	1	
M01	计划停止	0	*	M37	进给范围 2	1	
M02	程序结束	0	*	M38	主轴速度范围 1	1	
M03	主轴顺时针旋转	1		M39	主轴速度范围 2	1	
M04	主轴逆时针旋转	1		M40 ~ M45	需要时作齿轮换挡，此外不指定	#	#
M05	主轴停止	0		M46 ~ M47	不指定	#	#
M06	换刀	#	*	M48	注销 M49	0	
M07	2 号切削液开	1		M49	进给率修正旁路	1	
M08	1 号切削液开	1		M50	3 号切削液开	1	
M09	切削液关	0		M51	4 号切削液开	1	
M10	夹紧	#		M52 ~ M54	不指定	#	#
M11	松开	#		M55	刀具直线位移，位置 1	1	
M12	不指定	#	#	M56	刀具直线位移，位置 2	1	
M13	主轴顺时针旋转，切削液开	1		M57 ~ M59	不指定	#	#
M14	主轴逆时针旋转，切削液开	1		M60	更换工件	0	*
M15	正向运动	1	*	M61	工件直线位移，位置 1	1	
M16	负向运动	1	*	M62	工件直线位移，位置 2	1	
M17 ~ M18	不指定	#	#	M63 ~ M70	不指定	#	#
M19	主轴定向停止	0		M71	工件角度位移，位置 1	1	
M20 ~ M29	永不指定	#	#	M72	工件角度位移，位置 2	1	
M30	纸带结束	0	*	M73 ~ M89	不指定	#	#
M31	互锁解除	#	*	M90 ~ M99	永不指定	#	#
M32 ~ M35	不指定	#	#				

注：1. “*”符号表示功能仅在所出现的程序段内有效。没有“*”符号表示功能一直保持到被同组的代码注销或代替。

2. “0”符号表示该指令在程序段指令运动完成之后才起作用；“1”符号表示该指令与程序段指令运动同时开始起作用。

3. “#”符号表示如选择特殊用途，必须在程序格式解释中说明。

M 指令也有两种：模态和非模态，同时还规定了 M 功能在一个程序段中起作用的时间。如 M03、M04 主轴换向指令与程序段中运动指令同时开始起作用；与程序有关的指令 M01、M02 等在程序段运动指令执行完后才开始起作用。M 指令因生产厂家及机床的不同而不同，但与标准规定出入不大。

（3）进给功能字 F　进给功能字用来表示刀具运动时的进给速度，由地址符 F 和后面若干位数字构成。数字的单位取决于数控系统所采用的进给速度的指定方法。对于车床，F 可分为每分钟进给和主轴每转进给两种，对于其他数控机床，一般只用每分钟进给。F指令在螺纹切削程序段中常用来指令螺纹的导程。

（4）主轴功能字S　主轴功能字的地址符是S，又称为S功能或S指令，用于指定主轴转速，单位为r/min。对于具有恒线速度功能的数控车床，程序中的S指令用来指定车削加工的线速度数。由地址码S和在其后面的若干位数字组成。

（5）刀具功能字T　刀具功能字的地址符是T，又称为T功能或T指令，用于指定加工时所用刀具的编号。对于数控车床，其后的数字还兼作指定刀具长度补偿和刀尖半径补偿用。由地址符T和若干位数字组成。刀具功能字的数字是指定刀号和刀具补偿号。数字的位数由所用数控系统决定。

1.4.3　任务实施

1. 任务实施步骤

1）教师给出简单程序段，让学生观察整个程序的结构及特点。

2）教师集中讲解数控程序的结构、特点；程序字与程序段的概念；以及常用程序字等。

3）学生分组到各机床观察，由教师演示不同数控系统下程序格式的输入方式，重点观察不同的程序格式。

4）学生集中，教师布置任务。

① 判别该程序为何种数控系统格式。

② 在程序上标明程序开始符、程序名、程序段、程序结束指令、程序结束符等标志。

③ 指出该程序中用到的指令字及其含义。

5）学生分组完成任务。

6）教师集中讲评学生答案，并对本次课做出总结。

2. 考核与评价

实训任务					
班级	姓名（学号）		组号		
序号	内容及要求及评分标准	配分	自评	互评	教师评分
1	能够配合老师，在老师指导下观察和了解各种数控系统程序和格式	15			
2	完成子任务一	20			
3	完成子任务二	20			
4	完成子任务三	20			
5	学生之间能够相关协作和讨论，积极互动	15			
6	能够举一反三，联想到不同的编程方式，并能够及时总结	10			
完成日期		总得分			

1.4.4　任务小结

通过本任务的学习，使学生掌握数控程序的格式和要求。了解数控程序的特点、基本组成要素及常见的数控加工指令字含义。观看现有加工零件的加工内容及复杂程度，引出编程的方法和手段。

1.4.5 任务拓展

1）你认为 FANUC 数控系统与 SIEMENS 数控系统在程序格式方面最大的区别在哪里？

2）华中数控系统与广州数控系统在程序格式方面最大的区别在哪里？

3）你知道华中数控系统程序格式与国外哪个数控系统的程序格式相类似，为什么？

1.4.6 任务工单

<table>
<tr><td>项目名称</td><td colspan="3"></td></tr>
<tr><td>任务名称</td><td colspan="3"></td></tr>
<tr><td>专业班级</td><td></td><td>小组编号</td><td></td></tr>
<tr><td>组员学号姓名</td><td colspan="3"></td></tr>
<tr><td rowspan="7">任务目标</td><td rowspan="4">知识目标</td><td colspan="2"></td></tr>
<tr><td colspan="2"></td></tr>
<tr><td colspan="2"></td></tr>
<tr><td colspan="2"></td></tr>
<tr><td rowspan="3">能力目标</td><td colspan="2"></td></tr>
<tr><td colspan="2"></td></tr>
<tr><td colspan="2"></td></tr>
<tr><td>需要完成的子任务</td><td colspan="3">%
O0001；
N10 M03 S800；
N20 T0101；
N30 G00 X16.0 Z5.0；
N40 G01 Z-10.0 F0.1；
N50 X24.0；
N60 G00 X120.0 Z90.0；
N70 M30；
1）判别该程序为何种数控系统格式。
2）在该程序上标明程序开始符、程序名、程序段、程序结束指令、程序结束符等标志。
3）指出该程序中用到的指令字及其含义。</td></tr>
<tr><td>项目实施过程中遇到的问题及解决方法</td><td colspan="3"></td></tr>
<tr><td>学习收获</td><td colspan="3"></td></tr>
<tr><td rowspan="6">评价（详见考核表）</td><td colspan="3">个人评价 10% + 小组评价 20% + 教师评价 50% + 贡献系数 20%</td></tr>
<tr><td>姓名</td><td>各项得分</td><td>综合得分</td></tr>
<tr><td></td><td></td><td></td></tr>
<tr><td></td><td></td><td></td></tr>
<tr><td></td><td></td><td></td></tr>
<tr><td></td><td></td><td></td></tr>
</table>

项目 2 数控车床编程与加工

任务 1 膨化机轴的精加工

2.1.1 任务综述

<table>
<tr><td>学习任务</td><td>膨化机轴的精加工</td><td>参考学时：8</td></tr>
<tr><td>主要加工对象</td><td colspan="2">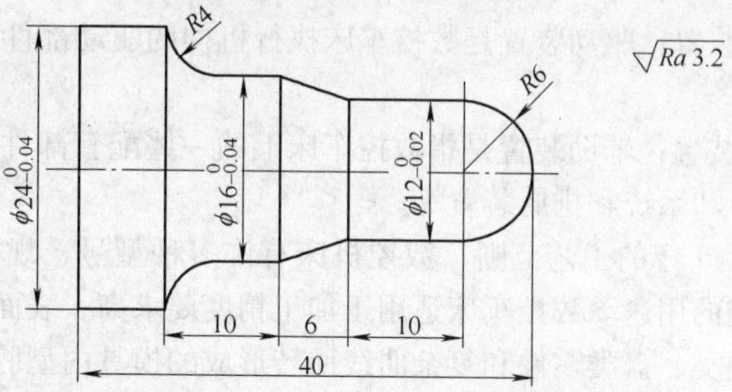
</td></tr>
<tr><td>重点与难点</td><td colspan="2">（1）能熟练地操作数控车床。熟悉操作面板的各功能键，快速准确地输入加工程序
（2）能熟练地分析零件，制定零件的精加工工艺，确定加工方法及步骤
（3）正确地安装夹具和刀具，正确地使用量具，快速地加工工件
（4）加工过程中，能较好地控制零件尺寸</td></tr>
<tr><td>学习目标</td><td colspan="2">1. 知识目标：
（1）车削加工程序的基本编制方法
（2）G00 \ G01 \ G02 \ G03 等指令格式与使用
（3）精车的概念及应用场合
（4）零件加工精度与切削要素的关系及选择依据
2. 能力目标：
（1）熟练运用 G00 \ G01 \ G02 \ G03 等指令的能力
（2）简单外圆车削零件的精加工程序的编制能力
（3）车削加工前的工艺准备能力</td></tr>
<tr><td>所需教学设备</td><td colspan="2">数控车床、刀具、毛坯、量具、零件图、工艺卡、仿真软件、多媒体课件、计算机等</td></tr>
<tr><td>教学方法</td><td colspan="2">项目驱动、任务导向法；案例教学法；小组研讨；引导讲授，教学做一体化</td></tr>
</table>

2.1.2 任务信息

1. 数控车床概述

(1) 数控车床的基本构成 数控车床的整体结构组成基本上与普通车床相同，同样具有床身、主轴、刀架、拖板和尾座等基本部件。但数控车床的操作面板、显示监视器等却是其特有的部件。总体上包含以下四个部分：机床主体、控制部分、驱动装置及辅助装置。数控车床外形如图 2-1 所示。

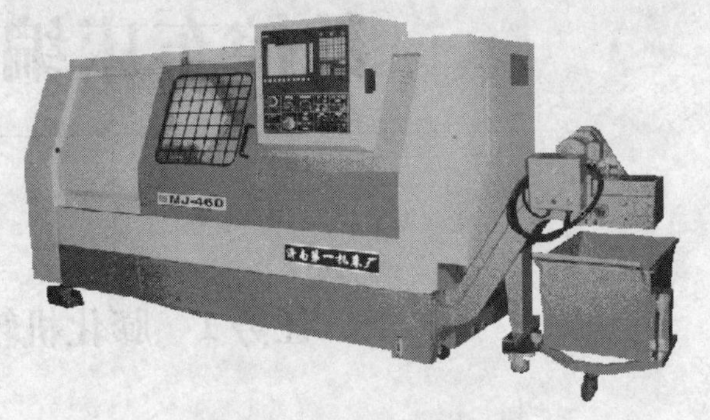

图 2-1 数控车床外形

1) 机床主体：机床主体是数控车床的机械部件，通常包括主轴箱、床鞍与刀架、尾座、进给机构和床身等。

2) 控制部分（CNC 装置）：控制部分是数控车床的控制核心，一般包括专用计算机、液晶显示器、控制面板及强电控制系统等。

3) 驱动装置：驱动装置是数控车床执行机构的驱动部件，包括主轴电动机、进给伺服电动机等。

4) 辅助装置：辅助装置是指数控车床上的一些配套部件，包括对刀仪、润滑、液压及气动装置、冷却系统和排屑装置等。

(2) 数控车床的工艺范围 数控机床有许多种型号、规格和不同的性能，不同类型的机床有着不同的用途。数控车床适用于加工精度要求高、表面粗糙度要求高、形状比较复杂的回转类的轴类、盘类零件和复杂曲线回转形成的模具内型腔。能够通过程序控制，自动完成圆柱面、圆锥面、圆弧面和各种螺纹的切削加工。轴类和盘类零件的区分主要在于它的长度和直径的比例，一般将长度和直径的比例大于 1 的零件视为轴类零件，而将比例小于 1 的零件视为盘类零件。

(3) 数控车床的分类 数控车床一般具有两轴联动功能，Z 轴是与主轴平行方向的运动轴，X 轴是在水平面内与主轴垂直的运动轴。数控车床通常按主轴的布置形式来分类的：主轴轴线处于水平位置的数控车床称为卧式数控车床，主轴轴线处于垂直位置的数控车床称为立式数控车床。

另外，对于具有两根或两根以上主轴的数控车床，也可以按数控系统所控制的轴数分类。通常可分为双轴控制的数控车床和四轴控制的数控车床。它们分别具有一到两个独立的回转刀架，可以实现两个到四个坐标轴的联动控制。

(4) 数控车床的装夹方式 通常数控车床上的夹具主要有三类：一类是在自定心卡盘上装夹，适用于盘类或短轴类零件，使用方便、省时，自动定心好，但夹紧力较小；第二类是用卡盘和顶尖装夹，适用于车削质量较大或轴向刚度较小的工件，这种方法装夹工件刚性好，轴向定位准确，能承受较大的轴向切削力，比较安全；第三类毛坯装在主轴顶尖和尾座顶尖间，工件由主轴上的拨动卡盘传动旋转，适用于长度尺寸较大或加工工序较多的轴类零件，这种装夹工件不需找正，装夹精度高。

2. 数控车床的坐标系和运动方向

(1) 机床坐标系　数控车床的坐标系也是在机床安装调试时便设定好的，坐标原点一般设定在各坐标轴的极限位置处。机床坐标的 *Z* 轴方向沿主轴中心，正方向指向尾座顶尖。刀架横向拖板运动方向为 *X* 轴，正方向由主轴回转中心指向工件外部。对于刀架后置式（刀架活动范围主要在回转轴心线的后部）的车床来说，*X* 轴正向是由轴心指向后方。对于刀架前置式的车床来说，*X* 轴正向应该是由轴心指向前方。图 2-2a 为普通卧式数控车床前置刀架，图 2-2b 为普通卧式数控车床后置刀架。

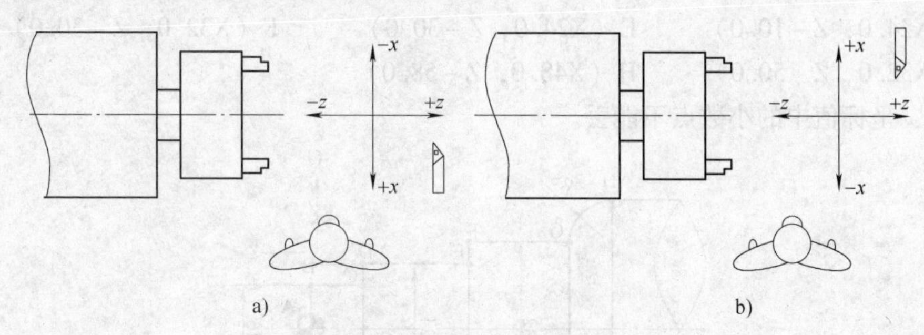

图 2-2　数控车床坐标系

a) 普通卧式数控车床前置刀架　b) 普通卧式数控车床后置刀架

(2) 编程坐标系　编程坐标系是对图样上零件编程计算时建立的，程序数据便是基于该坐标系的坐标值。编程坐标系的坐标原点应该与零件的设计基准和工艺基准尽量重合，以避免产生误差和不必要的尺寸换算。数控车床的编程原点的设定通常是将主轴中心设为 *X* 轴方向的原点，将加工工件的精切后的右端面或精切后的夹紧定位面设定为 *Z* 轴方向的原点（一般为工件的右端面）。

3. 数控车床的编程特点

(1) 坐标的选用　在一个程序段中，根据图样上标注的尺寸，编程人员可以采用绝对坐标编程，也可以采用相对坐标编程，或二者混合编程。绝对坐标编程，是指程序段中的坐标点值，均是相对于坐标原点来计量的。相对坐标编程，则是指程序段中的坐标点值，均是相对于刀具起点来计量的。编程时通常用 X、Z 表示绝对坐标编程，用 U、W 表示相对坐标编程，允许在同一个程序段中混合使用绝对和相对编程方法。

(2) 值的选取　由于被加工零件的径向尺寸在图样上和在测量时，都以直径值表示。在直径方向上用绝对坐标编程时，X 通常以直径值表示，用相对坐标编程时，通常以径向实际位移量的两倍值来表示，并在度量值上附上具体的方向符号（正、负号），如图 2-3 所示。不过现在有好多机床，可以通过设置机床控制系统中的参数，来改变编程时具体采用直径编程还是半径编程。

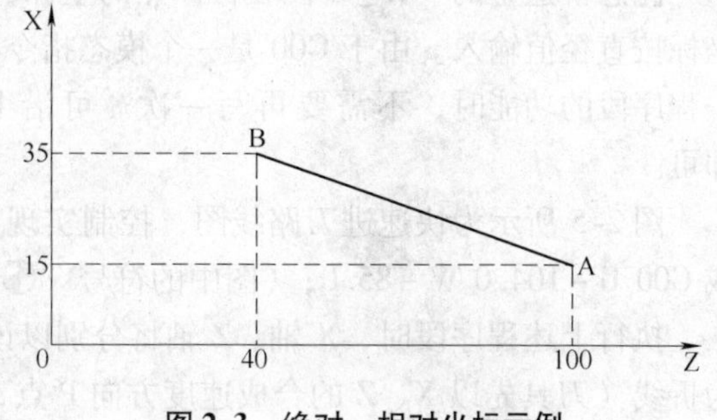

图 2-3　绝对、相对坐标示例

绝对坐标编程：G01 X70.0　Z40.0；

相对坐标编程：G01 U40.0　W－60.0；

混合坐标编程：G01 X70.0　W－60.0；

　　或　　　G01 U40.0　Z40.0；

【例 2.1.1】 试指出如图 2-4 所示的各交点的坐标值。

解：由于被车床加工的零件径向尺寸在图样上和在测量时都以直径值表示，编程时 X 方向的坐标值一般以直径值表示，所以图 2-4 所示的 A、B、C、D、E、F、G、H 各点的坐标分别为：

A（X0，Z0）　　B（X16.0，Z0）　　C（X16.0，Z－10.0）

D（X24.0，Z－10.0）　　E（X24.0，Z－30.0）　　F（X32.0，Z－30.0）

G（X32.0，Z－50.0）　　H（X48.0，Z－58.0）

注意：坐标值中的小数点不能丢。

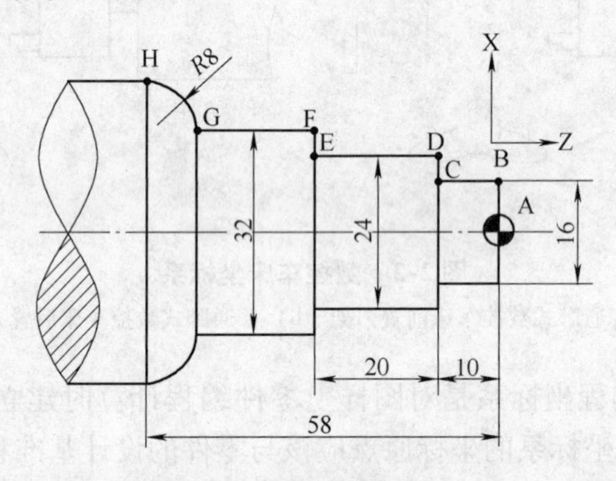

图 2-4　台阶各关键点坐标

2.1.3　本任务需掌握的指令

1. 数控车削基本指令

（1）快速点定位指令（G00）　G00 指令使刀具以点位控制方式从刀具所在点快速移动到目标位置。该指令只具有快速定位功能，而无运动轨迹要求，也不需特别规定进给速度。

格式：G00　IP_；

注意：这里的“IP_”代表目标点的坐标，可以用 X（U）、Z（W）表示，其中 X（U）坐标按直径值输入。由于 G00 是一个模态指令（也称为续效指令），当下一程序段仍需要上一程序段的功能时，不需要再写一次。可沿上一程序段的 G00，直接写出目标点的坐标即可。

图 2-5 所示为快速进刀路线图，控制实现刀具移动的程序代码如下：G00 X16.0 Z5.0；或 G00 U－104.0 W－85.0；（图中的符号“◐”代表程序原点）。

执行上述程序段时，X 轴、Z 轴将分别以该轴的快进速度向目标点移动，行走路线通常为折线（刀具先以 X、Z 的合成速度方向 P 点，然后再由余下行程的某轴单独的快速移动而走到目标点）。快进速度一般不能由 F 代码来指定，只受快速修调倍率的影响。一般 G00 代码只能用于工件外部的空行程，不能用于切削行程。

（2）直线插补指令 G01　程序中如果要从当前的位置点，以给定的进给速度 F 移动到下一个位置点，需要使用直线插补指令 G01。该指令用于直线或斜线运动，可加工两点间为

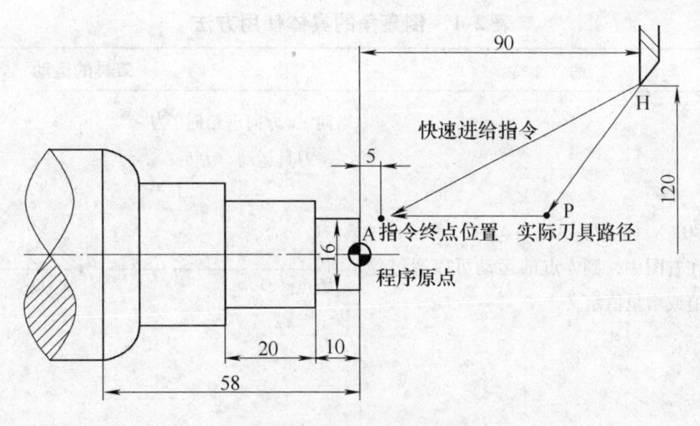

图2-5　快速进刀路线图

直线的外径、内径、端面等。

指令格式：G01 X_　Z_　F_；

注意：这里的“X_　Z_”是目标点位置的坐标，“F_”是刀具的进给速度。G01也是一个模态指令。

在具体车削时，快速定位目标点不能直接选在工件上，一般要离开工件表面2～5mm。如果要加工如图2-6所示工件的指定外径和端面，可用如下代码控制刀具的移动。

```
G00 X16.0   Z5.0；      &&H→A
G01 Z-10.0   F0.1；  &&A→C
    X24.0；             &&C→D
G00 X120.0 Z90.0；    &&D→H
M30；
```

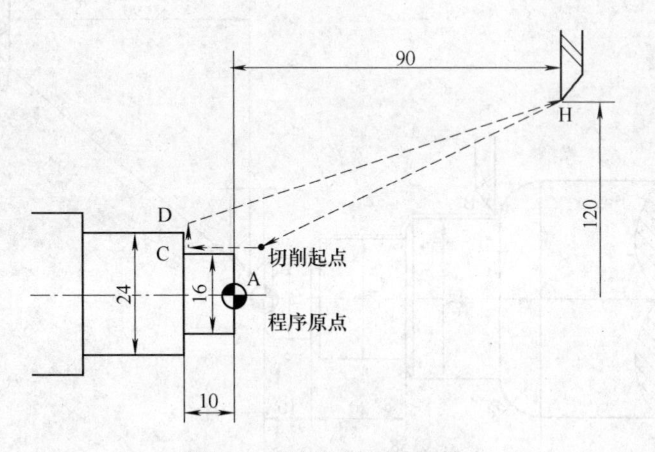

图2-6　外径和端面的切削

在FANUC 0i Mate数控系统中，直线插补指令G01在数控车床编程中还有一种特殊的用法，那就是可以利用它实现倒直角或倒圆角。两种操作的使用方法相似，这里只介绍倒直角的具体用法。倒圆角时，只需将C换成R即可。倒直角的具体使用方法见表2-1。

表 2-1　倒直角的具体使用方法

类　别	命　令	刀具的运动
倒角 Z-X	G01 X（U）b　C ± i； 在右图中，到 b 点的运动可以通过绝对值或增量值定义	当向 $-x$ 方向进给时，为 $-i$ 刀具运动：$a-b-c$
倒角 X-Z	G01 Z（W）b　C ± i； 在右图中，到 b 点的运动可以通过绝对值或增量值定义	当向 $-z$ 方向进给时，为 $-k$ 刀具运动：$a-b-c$

【例 2.1.2】　倒角应用举例。加工如图 2-7 所示的零件轮廓，未注倒角均为 $C1.5$，试编写程序代码。

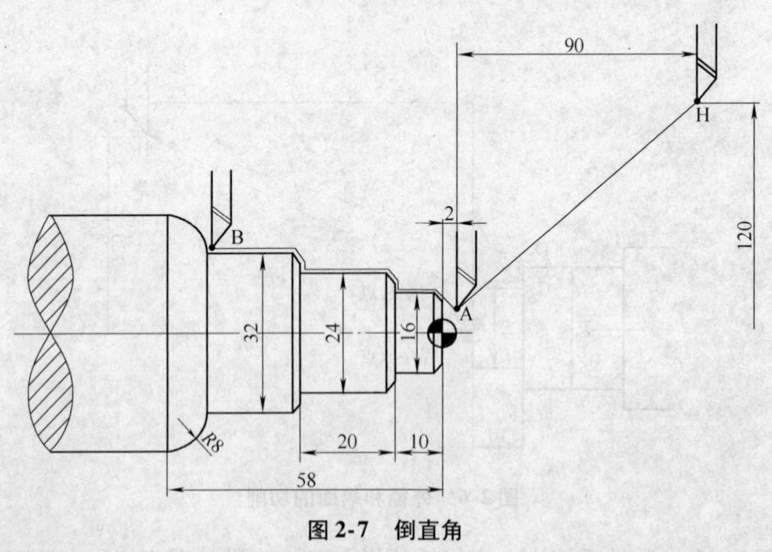

图 2-7　倒直角

绝对坐标指令：

```
G00 X9.0 Z2.0;          && H→A
G01 X16.0 Z－1.5   F0.1;
         Z－10.0;
```

X24.0　C-1.5；

Z-30.0；

X32.0　C-1.5；

Z-50.0；　&& 到达 B 点

相对坐标指令：

G00 U-111.0 W-88.0；&& H→A

G01 U7.0 W-3.5　F0.1；

W-8.5；

U8.0 C-1.5；

W-20.0；

U8.0 C-1.5；

W-20.0；　&& 到达 B 点

(3) 圆弧插补指令（G02、G03）

指令格式：

G02(G03)X_　Z_　R_　F_;或 G02(G03)X_　Z_　I_　K_　F_;

注意：

1）执行该指令时，刀具相对于工件以 F 指令的进给速度，从当前点向终点进行圆弧插补加工。其中 G02 为顺时针方向圆弧插补，G03 为逆时针方向圆弧插补。

2）无论是用绝对还是用相对编程方式，I、K 都为圆心相对于圆弧起点的坐标增量（这种方式称为增量方式），为零时可省略不写。一般用 I、K 值可进行任意圆弧（包括整圆）的插补操作。

3）当 I、K 和 R 同时被指定时，R 指令优先，I、K 值无效。当程序段中的 X、Z 同时省略时，表示起点与终点重合，若用 I、K 指定圆心，相当于插补整圆；若用 R 指定圆心，则表示插补圆心角为 0°的圆（不动）。

4）在圆弧插补程序段内，不能有刀具功能（T）指令。

【例 2.1.3】　圆弧插补应用举例，精车如图 2-8 所示工件，编写车削圆弧段程序。

绝对坐标编程：

G03　X48.0　Z-58.0　R8.0　F0.1；（R 指令）

或 G03　X48.0　Z-58.0　I0　K-8.0　F0.1；（I、K 指令）

相对坐标编程：

G03　U16.0　W-8.0　R8.0　F0.1；

或 G03　U16.0　W-8.0　I0　K-8.0　F0.1；

(4) 其他辅助指令

进给功能 F 的设定（单位：mm/r）

指令格式：G99　F_；

指令功能：该指令组合是用来设定主轴每转一转时，刀具的进给量值，如图 2-9 所示。

地址符 F 后面所跟数值的取值范围是 0.0001 ~ 500.0000mm/r。例如，想设定主轴每转一转时，刀具进给 0.2mm，可用的程序段为：G99 G01 Z - 10.0 F 0.2；

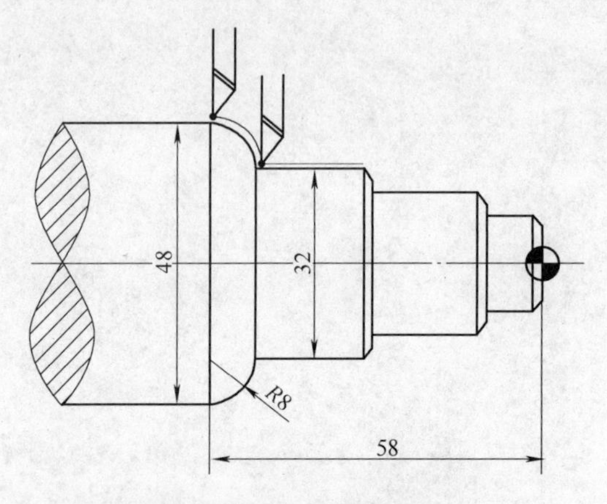

图 2-8 G03 逆时针圆弧插补

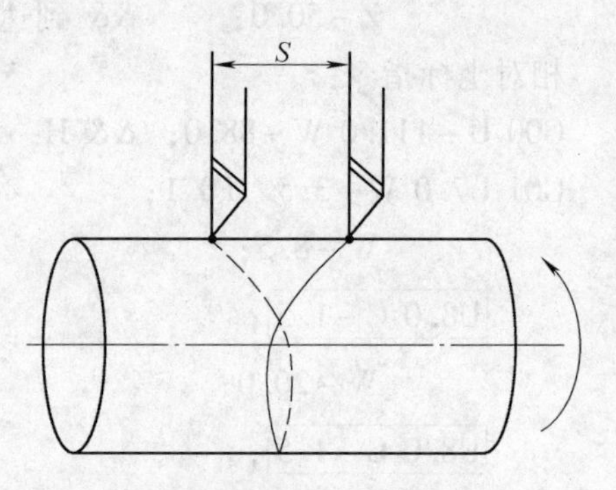

图 2-9 每转进给量

2. 主轴功能 S 的设定（单位：r/min）

指令格式：G97 S_；

指令功能：G97 的功能是恒转速控制指令。系统执行了 G97 指令后，S 后面的数值表示主轴每分钟的转速，S 的变化范围为 0 ~ 9999。例如，为了使主轴始终保持每分钟 1500 转的恒转速进行工件的加工，可采用如下指令代码：G97…S1500…；

3. 辅助功能字 M

辅助功能主要是用来指定数控机床加工时的辅助动作及状态，M 指令由地址符 M 和其后的两位数字组成。由于不同数控机床所配的数控系统不同，编程时必须严格按照说明书的规定进行编程。常用辅助功能如下：

（1）选择性停止 M01　M01 指令是否执行，是受操作面板上的“选择性停止按钮”的开关控制。如果程序中有 M01 指令，操作面板上选择性停止按钮正好处于接通状态，程序就会在 M01 处停止。

（2）主轴转动 M03/M04　该指令为命令主轴顺时针和逆时针旋转指令，M03 使主轴沿顺时针方向旋转，M04 使主轴沿逆时针方向旋转。

（3）主轴停止 M05　该指令为命令主轴停止旋转的指令，在主轴正、反转变换或在换刀时，一般都要加上 M05 指令，否则无法执行。

（4）程序结束 M30　该指令和 M02 基本相同，唯一的区别就在于执行完 M30 指令后，系统将自动返回到程序的第一条语句，准备下一个工件的加工。

2.1.4 机床操作（仿真软件的使用）

1. 宇龙仿真软件

（1）软件简介　数控加工仿真系统是基于虚拟现实的仿真软件。20 世纪 90 年代初源自美国的虚拟现实技术是一种富有价值的工具，可以提升传统产业层次、挖掘其潜力。虚拟现实技术在改造传统产业上有着极高的价值。在产品设计与制造，可以降低成本，避免新产品开发的风险；在产品演示，可借多媒体效果吸引客户、争取订单；在专业技能培训上，可用虚拟设备来增加员工的操作熟练程度。

宇龙仿真软件是为了满足企业数控加工仿真和教育部门数控技术教学的需要，由上海宇龙软件工程有限公司研制开发。此系统可以实现对数控铣和数控车加工全过程的仿真，其中包括毛坯定义与夹具，刀具定义与选用，零件基准测量和设置，数控程序输入、编辑和调试，加工仿真及各种错误加检测功能。产品具有仿真效果好，针对性强，宜于普及等特点。

（2）机床、工件和刀具操作

1）选择机床类型。打开菜单“机床/选择机床…”，在选择机床对话框中，选择控制系统类型和相应的机床并按确定按钮，此时界面如图 2-10 所示。

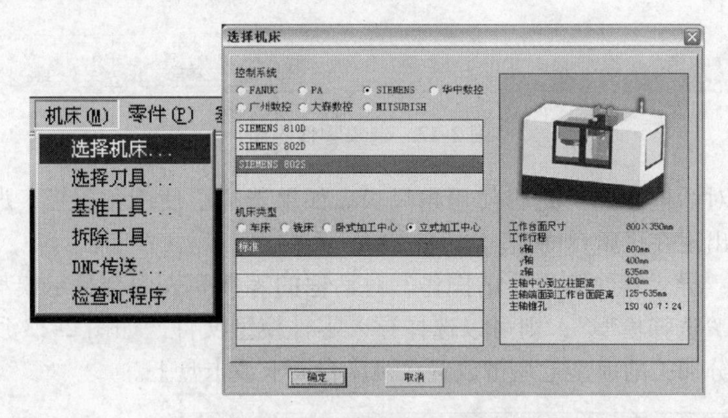

图 2-10　选择机床的界面

2）定义毛坯

① 打开菜单“零件/定义毛坯”或在工具条上选择“ ”，系统打开如图 2-11 所示对话框。

② 输入名字，在毛坯名字输入框内输入毛坯名，也可使用默认值。

③ 选择毛坯形状，铣床、加工中心有两种形状的毛坯供选择，长方形毛坯和圆柱形毛坯。可以在“形状”下拉列表中选择毛坯形状。车床仅提供圆柱形毛坯。

④ 选择毛坯材料，毛坯材料列表框中提供了多种供加工的毛坯材料，可根据需要在“材料”下拉列表中选择毛坯材料。

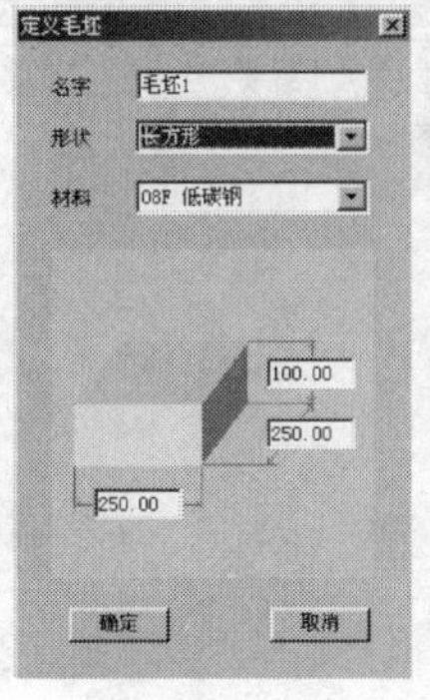

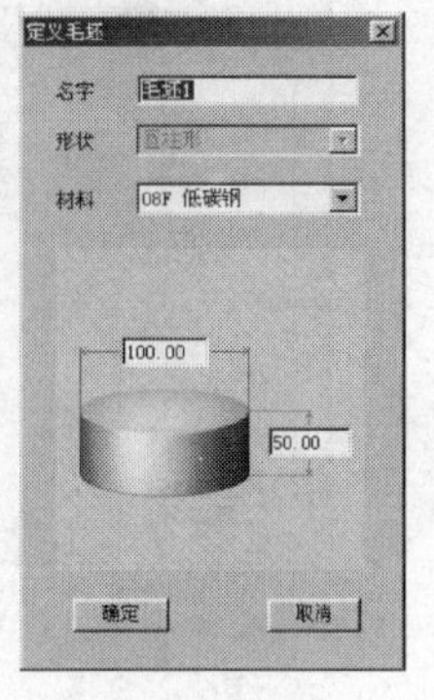

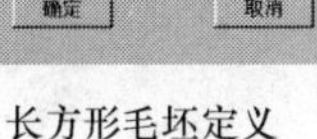

长方形毛坯定义　　圆形毛坯定义

图 2-11　毛坯定义

⑤ 参数输入，尺寸输入框用于输入尺寸，单位为 mm。

⑥ 保存退出，按“确定”按钮，保存定义的毛坯并且退出本操作。

⑦ 取消退出，按“取消”按钮，退出本操作。

3）放置零件。打开菜单“零件/放置零件”命令或者在工具条上选择图标 ，系统弹出操作对话框。选择零件界面如图 2-12 所示。

在列表中单击所需的零件，选中的零件信息加亮显示，按下“安装零件”按钮，系统自动关闭对话框，零件和夹具（如果已经选择了夹具）将被放到机床上。对于卧式加工中

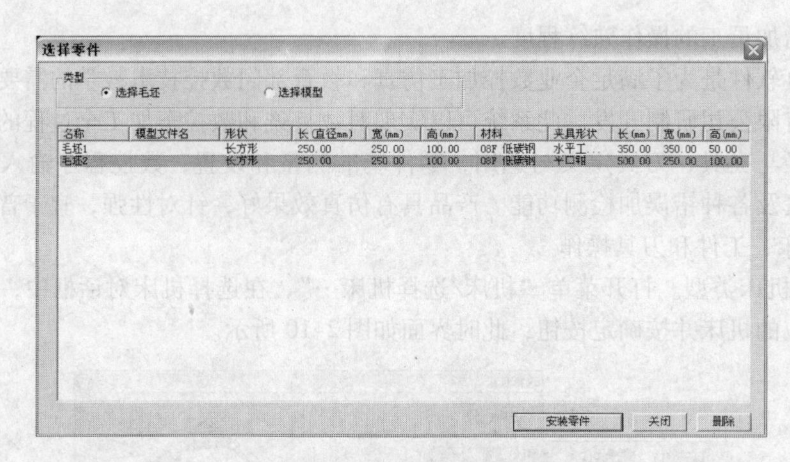

图 2-12　选择零件界面

心还可以在上述对话框中选择是否使用角尺板。如果选择了使用角尺板，那么在放置零件时，角尺板同时出现在机床台面上。

如果进行过“导入零件模型”的操作，对话框的零件列表中会显示模型文件名，若在类型列表中选择“选择模型”，则可以选择导入零件模型文件，如图 2-13 所示。选择的零件模型即经过部分加工的成型毛坯被放置在机床台面上或卡盘上。

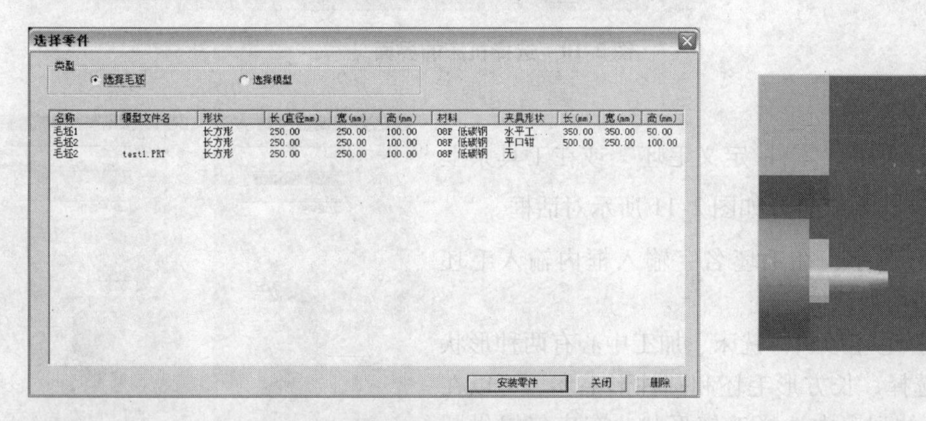

图 2-13　选择模型

4）调整零件位置。零件可以在工作台面上移动。毛坯放上工作台后，系统将自动弹出一个小键盘。铣床、加工中心如图 2-14a 所示，车床如图 2-14b 所示，通过按动小键盘上的方向按钮，实现零件的平移和旋转或车床零件掉头。小键盘上的“退出”按钮用于关闭小键盘。选择菜单“零件/移动零件”也可以打开小键盘。请在执行其他操作前关闭小键盘。

5）车刀选择和安装刀具。系统中数控车床允许同时安装 8 把刀具（后置刀架）或者 4 把刀具（前置刀架）。车刀选择对话框如图 2-15a、b 所示。

① 选择、安装车刀。在刀架图中单击所需的刀位（该刀位对应程序中的 T01 ~ T08 或 T04），选择刀片类型，在刀片列表框中选择刀片，选择刀柄类型，在刀柄列表框中选择刀柄。

② 变更刀具长度和刀具圆弧半径。“选择车刀”完成后，该界面的左下部位显示出刀架所选位置上的刀具。其中显示的“刀具长度”和“刀尖圆弧半径”均可以由操作者修改。

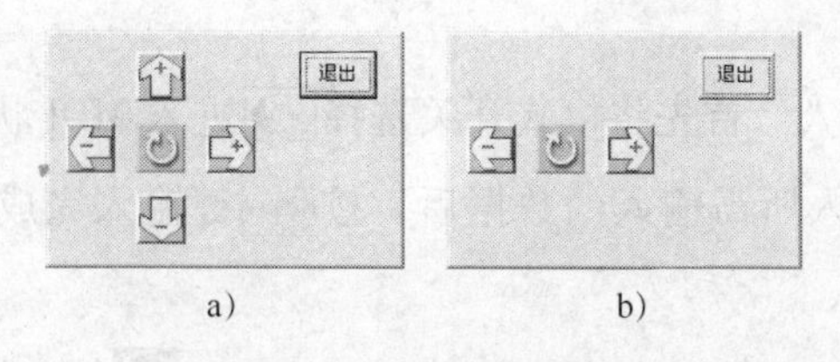

a)　　b)

图 2-14　调整零件位置

a）铣床加工中心的小键盘　b）车床的小键盘

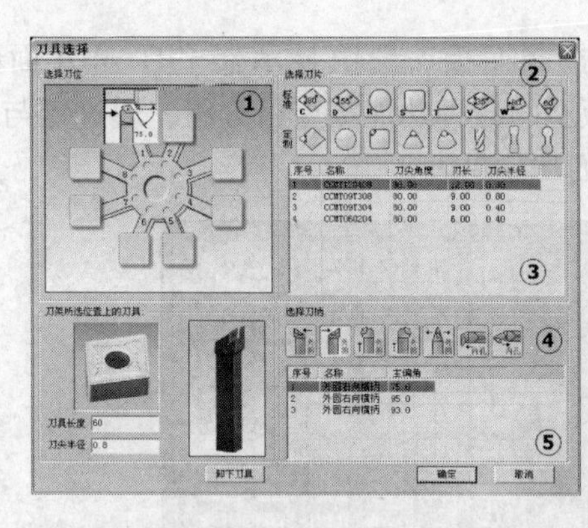

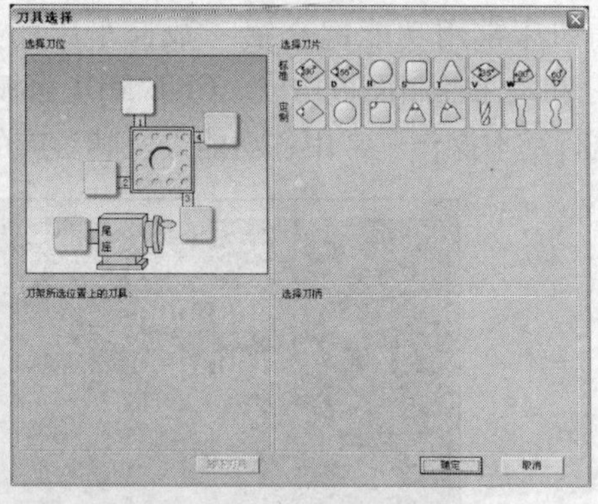

a)　　b)

图 2-15　车刀选择对话框

a）后置刀架　b）前置刀架

③ 拆除刀具：在刀架图中单击要拆除刀具的刀位，单击“卸下刀具”按钮。

④ 确认操作完成：单击“确认”按钮。

2. 数控车床的基本操作步骤

（1）机床开启的步骤　接通电源之前，首先要检查数控车床外表是否正常，如后面电控柜门是否关上、车床内部是否有其他异物等等；一切正常后，打开位于车床侧面电控柜上的主电源开关，先向机床供电，应听到电控柜风扇和主轴电动机风扇开始工作的声音；然后按操作面板上的 “ON POWER” 按钮，接通数控系统电源，几秒钟后 CRT 屏幕上出现［NO　READY］，即机床没有准备好；顺时针方向松开“急停”按钮，然后按车床操作面板上的［MACHINE READY］按钮，几秒钟后［NO　READY］的信息消失，机床液压泵起动，机床进入准备状态。

机床使用完毕，应该先关 CNC 电源 ，然后再关机床主电源开关。

（2）机械原点回归　机械原点回归也称机床回零，这是打开机床，首先做的第一件事情。要想进行机械原点回归，首先将模式选择为手动模式 ，然后用手动脉冲发生器将刀架沿 X 轴和 Z 轴负方向移动一段距离（大约 -100 左右），将模式选择为原点回归模式 ，最后，先 X 后 Z，进行原点回归。

如果因为刀架台超出机床限定行程的位置而出现警报 ALARM 时，用手动方式回程，可以先按下复位按钮 RESET，首先使报警信息 ALARM 消失，然后再按照上面所描述的方法，使原点回归。

(3) MDI数据手动输入　首先将模式开关选择进入MDI状态，然后按下PROG键，出现单程序句输入界面。输入所需输入的数据后，按INPUT键输入完成，按循环启动键即可运行，按RESET键可重新输入。

(4) 机床的暂停与急停　在任何紧急情况下，按一下紧急停止按钮，机床和CNC装置随即处于急停状态。等各项故障解除之后，想消除此急停状态，可顺着按钮上的RESET方向旋转按钮，使按钮弹起即可。

(5) 机床常用功能键介绍　数控车床的控制面板一般由显示器CRT/MDI面板（见图2-16）和机床控制面板构成。CRT/MDI面板上的各种功能键严格分组，通过键与按钮的组合可执行基本操作。常用各功能键及其对应的功能见表2-2。

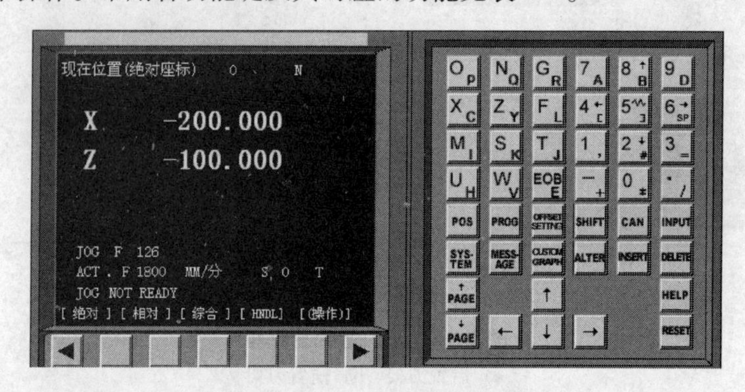

图2-16　CRT/MDI面板

表2-2　CRT/MDI面板常用各功能键及其对应的功能

名　称	功　能
RESET复位键	解除报警终止当前一切操作CNC复位
INPUT输入键	把输入域内的数据输入参数页面或者输入一个外部的数控程序。参数偏置等输入，还用于输入输出设备的开始MDI方式指令输入
地址数值键	地址数值键用于输入数据到输入域，输入数据到输入域时，系统自动判别取字母还是取数字
ALTER替代键	用输入域内的数据替代光标所在的数据
DELET删除键	删除光标所在的数据，或删除一个数控程序或者删除全部数控程序
INSRT插入键	把输入域之中的数据插入到当前光标之后的位置
CAN修改键	消除输入域内的数据
CURSOR光标移动	CURSOR向下↓、向上↑、向左←、向右→键移动光标
PAGE翻页按钮	PAGE向下↓或向上↑翻页
POS键	位置显示页面，显示当前位置坐标
PRGRM键	数控程序显示与编辑页面
MENU OF SET	参数输入页面——偏置量显示屏。按第一次进入坐标系设置页面，按第二次进入刀具补偿参数页面。进入不同的页面以后，用PAGE按钮切换
DGNOS PARAM	进行参数的设置，诊断数据的显示

（6）刀具的安装与工件的装夹　刀具在安装时，要注意伸出不宜过长，不但会降低刀具的刚度，同时容易造成刀具干涉。可以通过加垫片等形式，使刀尖与主轴中心等高。装夹工件时，使自定心卡盘夹紧工件时，要有一定的夹持长度。工件伸出的长度应考虑到零件的加工长度及必要的安全距离等。工件的中心线尽量与主轴中心线重合，以防打刀。

（7）NC 程序

1）选择一个数控程序。从内存中选择一个数控程序，通常有两种方法进行选择：

① 按编号搜索。将选择模式旋钮旋转在 EDIT 或 AUTO 位置，然后键入字母“O”和搜索的号码 XXXX，按 CURSOR↓开始搜索；找到后，“OXXXX”显示在屏幕右上角程序编号位置，NC 程序显示在屏幕上。

② 按 CURSOR 键搜索。将选择模式旋钮旋转在 EDIT 或 AUTO 位置，然后按 PROGRM 键，进入程序控制方式界面，键入字母“O”后，按 CURSOR [↓]键开始搜索，每按一下，跳到下一个 NC 程序。

2）删除一个数控程序。将选择模式旋钮旋转在 EDIT，然后按 PROGRM 键，进入程序控制方式界面，键入字母“O”，键入要删除的程序的号码：XXXX，然后按 DELET 键删除全部数控程序。

3）搜索一个指定的代码。一个指定的代码可以是：一个字母或一个完整的代码。例如：“N0010”“M”“F”“G03”等。搜索在当前数控程序内进行。操作步骤如下：选择模式在 AUTO 或 EDIT 下，按 PROGRM 选择一个 NC 程序，输入需要搜索的字母或代码，按 CURSOR：↓开始在当前数控程序中搜索。

4）编辑 NC 程序（删除、插入、替换操作）。选择模式在 EDIT 下，按下[PROGRM]键，选择被编辑的 NC 程序。移动光标可用 PAGE 的[↓]或[↑]按钮来翻页，可用 CURSOR 的[↓]或[↑]按钮来移动光标。移动光标也可用搜索一个指定的代码的方法移动光标。

① 输入数据：用光标单击数字/字母键，数据被输入到输入域。[CAN]键用于删除输入域内的数据。

② 删除数据：按[DELET]键，删除光标所在的代码。

③ 插入数据：按[INSRT]键，把输入域的内容插入到光标所在代码后面。

④ 替代数据：按[ALTER]键，把输入域的内容替代光标所在的代码。

5）通过控制箱操作面板手工输入 NC 程序。置模式开关在 DEIT，按[PROGRM]键，进入程序页面。键入字母“O”和程序编号，但不可以与已有程序编号的重复。按[INSRT]键，开始程序输入。输入程序，每次可以输入一个代码；方法见编辑 NC 程序中的输入数据操作和删除、插入、替换操作。用回车换行键[EOB]结束一行的输入后换行。再继续输入。

6）程序的执行。首先通过手动或自动方式使机床回归机械原点，将模式旋钮旋转在 EDIT 模式上，然后调出所需运行的程序，按 RESET 键使光标位于程序的开始位置，最后将模式旋钮旋转在 AUTO 模式上，按动 CYCLE START 键，运行当前程序。

2.1.5 任务实施

1. 零件工艺性分析

（1）半成品的选用　根据所加工的零件，选择已进行了粗加工的半成品，长度为100mm，材料为45钢，留有0.5mm精加工余量。

（2）技术要求分析　该零件属于轴类零件，加工内容包括半球面、圆柱、圆锥、圆弧面的精加工；倒角的加工；表面粗糙度值要求不大于 $Ra3.2\mu m$；径向尺寸 Φ12mm，Φ16mm，Φ24mm 精度要求较高；有公差要求；无热处理和硬度要求。

（3）确定装夹等方案　由于是半成品，用自定心卡盘装夹定位，保证工件伸出长度为50mm，保证该零件的各圆柱，圆锥，圆弧等轴线同轴。

（4）选择刀具　T0101，90°外圆精车刀。

（5）制定加工方案　只对工件进行精加工操作：精车整个外轮廓→检验→校核。

2. 参考程序

```
O0001;
M03 S1000;
T0101;
G00  X-6.0  Z0;
G01  X0  F0.15;
G03  X12.0  Z-6.0  R6.0;
G01  W-10.0;
     X16.0  W-6.0;
     W-6.0;
G02  X24.0  W-4.0  R4.0;
G01  Z-45.0;
G00  X100.0  Z100.0;
M30;
```

3. 加工成品

加工成品图如图2-17所示。

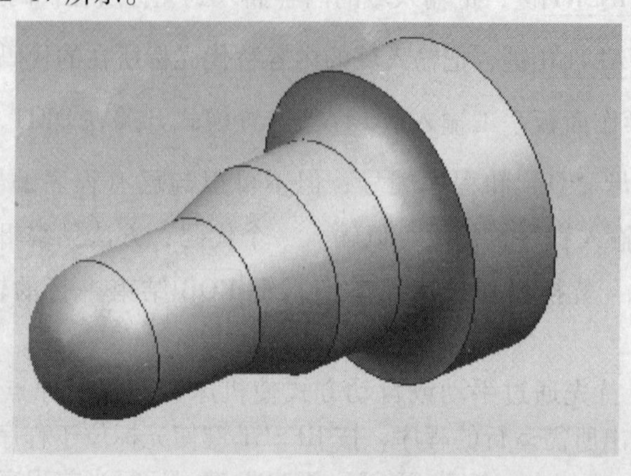

图2-17　加工成品图

4. 考核与评价

实训任务						
班级		姓名（学号）		组号		
序号	内容及要求	评分标准	配分	自评	互评	教师评分
1	手工编程	程序或语法错误2分/处，数据错误1分/次	15			
2	程序输入	手工输入	5			
3	仿真加工轨迹	图形模拟走刀路径	5			
4	直径 Φ12mm	每超差0.01mm扣2分	15			
5	直径 Φ16mm	每超差0.01mm扣2分	15			
6	直径 Φ24mm	每超差0.01mm扣2分	15			
7	整体外形	圆弧曲线连接圆滑，形状准确	5			
8	表面粗糙度	小于 $Ra3.2\mu m$	15			
9	安全操作	违章视情节轻重扣分	10			
额定工时		实际加工时间				
完成日期		总得分				

2.1.6 任务小结

1）此项目的目的主要是熟悉G00、G01、G02、G03等基本指令的运用。掌握各指令加工的特点、适用范围、使用方法、使用技巧及使用过程中应注意的问题等。

2）熟悉各指令加工时的走刀路径，掌握各指令的编程格式、各参数的含义及各确定等。

3）用G02和G03指令加工圆弧时，注意数控车床是前刀架还是后刀架，这样才能正确地选择顺时针或逆时针圆弧插补指令，同时要根据零件所提供的尺寸，选择合理的编程方法。

4）掌握使用各种量具对加工零件相关尺寸进行测量。

2.1.7 任务拓展

图2-18所示的简单的轴类零件。工件材料选用45钢。已经进行了粗加工。工件还没有切断。留有0.5mm的精加工余量。要求对零件进行技术分析。确定装夹方法，选择刀具，制定加工方案。运用插补指令进行精加工程序的编制，并加工检验。

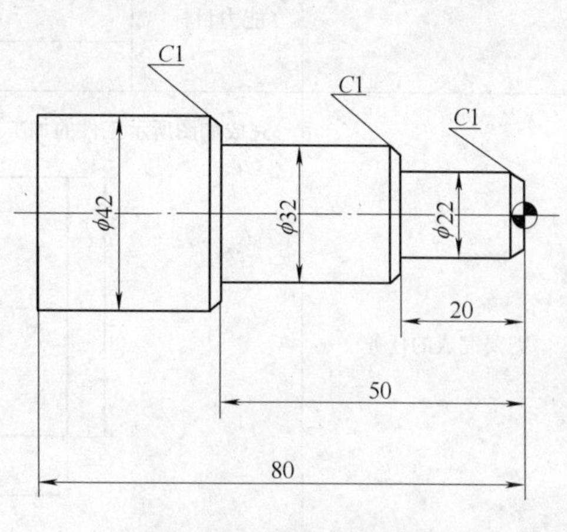

图2-18 拓展训练项目1

另有两个拓展训练项目如图2-19和图2-20所示。

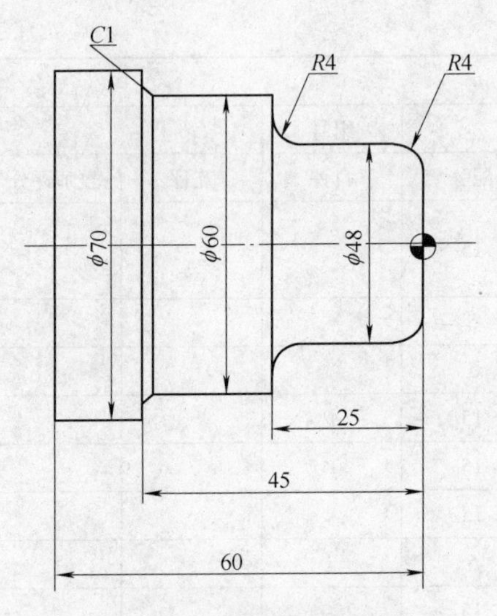

图 2-19 拓展训练项目 2

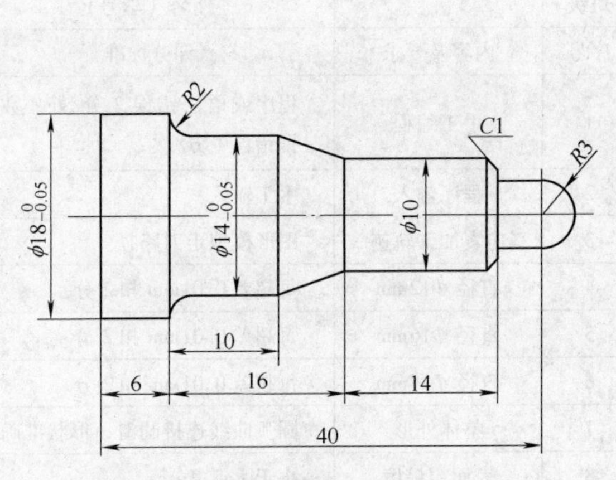

图 2-20 拓展训练项目 3

2.1.8 任务工单

项目名称		
任务名称		
专业班级小组编号		
组员学号姓名		
任务目标	知识目标	
	能力目标	
需要完成的任务	完成如图所示工件的加工 R4　R6　Ra 3.2 $\phi24_{-0.04}^{0}$　$\phi16_{-0.04}^{0}$　$\phi12_{-0.02}^{0}$ 10　6　10　40	

（续）

<table>
<tr><td rowspan="6">刀具选择及切削用量</td><td rowspan="2">工步
内容</td><td rowspan="2">刀具
规格</td><td rowspan="2">刀具号</td><td colspan="3">切削用量</td></tr>
<tr><td>背吃刀量
/mm</td><td>主轴转速
/(r/min)</td><td>进给量
/(mm/r)</td></tr>
<tr><td></td><td></td><td></td><td></td><td></td><td></td></tr>
<tr><td></td><td></td><td></td><td></td><td></td><td></td></tr>
<tr><td></td><td></td><td></td><td></td><td></td><td></td></tr>
<tr><td></td><td></td><td></td><td></td><td></td><td></td></tr>
<tr><td>项目实施步骤</td><td colspan="6"></td></tr>
<tr><td>加工程序</td><td colspan="6"></td></tr>
<tr><td>项目实施过程中遇到的问题及解决方法</td><td colspan="6"></td></tr>
<tr><td>学习收获</td><td colspan="6"></td></tr>
<tr><td rowspan="6">评价（详见考核表）</td><td colspan="6">个人评价 10% + 小组评价 20% + 教师评价 50% + 贡献系数 20%</td></tr>
<tr><td colspan="2">姓名</td><td colspan="2">各项得分</td><td colspan="2">综合得分</td></tr>
<tr><td colspan="2"></td><td colspan="2"></td><td colspan="2"></td></tr>
<tr><td colspan="2"></td><td colspan="2"></td><td colspan="2"></td></tr>
<tr><td colspan="2"></td><td colspan="2"></td><td colspan="2"></td></tr>
<tr><td colspan="2"></td><td colspan="2"></td><td colspan="2"></td></tr>
</table>

任务2 销子轴的粗加工

2.2.1 任务综述

学 习 任 务	销子轴的粗加工	参考学时：8
主要加工对象	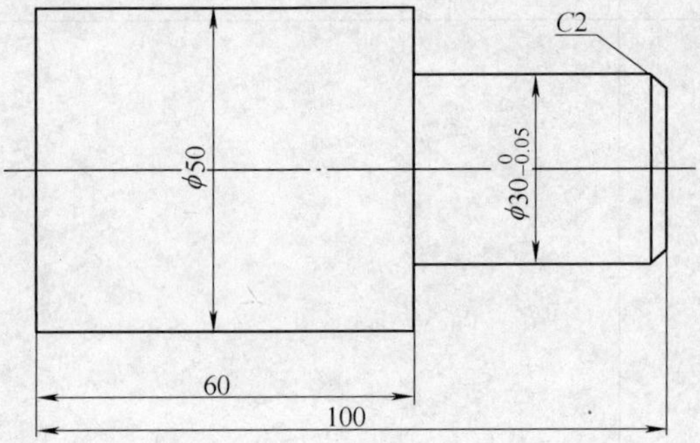	
重点与难点	（1）通过刀具补偿对简单轴类零件的加工，能熟练地操作数控车床并熟悉操作面板的各功能键 （2）能熟练地分析零件，制定零件的加工工艺，确定加工方法及步骤 （3）能正确地运用单一固定循环指令编程，熟练地加工出零件 （4）掌握通过外圆车刀对刀执行刀具位置补偿	
学习目标	1. 知识目标 （1）掌握数控车床的基础知识，编程内容及基本功能 （2）掌握 G90、G94 单一循环指令的功能、编程格式及特点 （3）掌握刀具补偿功能，T 代码指令的使用 （4）粗车的概念及应用场合 2. 能力目标 （1）加工前的工艺准备能力 （2）简单外圆车削零件的粗加工程序的编制能力 （3）典型车削零件的加工操作能力 （4）工夹量具的使用能力 （5）车削工件加工精度检测能力	
所需教学设备	数控车床、刀具、毛坯、量具、图样、工艺卡、仿真软件、多媒体课件、计算机等	
教学方法	项目驱动、任务导向法；案例教学法；小组研讨；引导讲授，教学做一体化	

2.2.2 任务信息

刀具补偿是补偿实际加工时所用的刀具与编程时使用的理想刀具，或对刀时用的基准刀具之间的差值，从而保证加工出符合图样尺寸要求的零件。

1. 刀具半径补偿的作用

数控车床是按刀具的刀尖对刀的，但由于车刀刀尖总有一段半径很小的圆弧，因此对刀时刀尖的位置是一个假想刀尖点。即车外圆、车端面时，刀尖上起作用的点沿坐标轴方向延伸的汇交点为假想刀尖点。如图2-21右图所示，车刀中的 *A* 点为假想刀尖点，相当于图2-21左图所示车刀的刀尖点。

编程时按假想刀尖轨迹编程，即工件轮廓与假想刀尖重合，而车削时实际起作用的切削刃却是刀尖圆弧上的各切点，这样会引起加工表面的形状误差。车内外圆柱、端面时并无误差产生，因为实际切削刃的轨迹与工件轮廓一致。车锥面、倒角或圆弧时，则会造成切削残留或过切的现象，如图2-22所示。

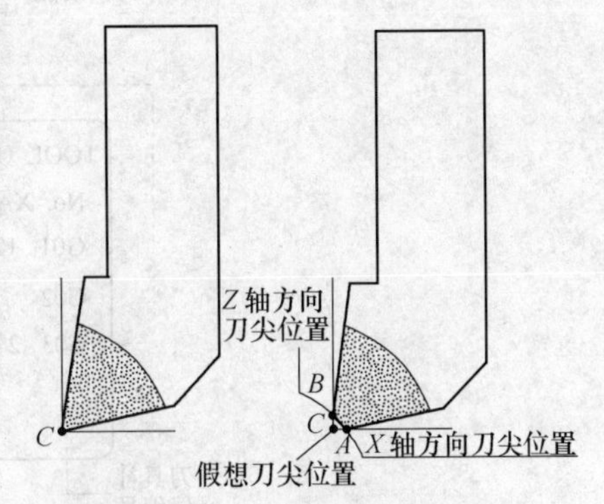

图2-21　假想刀尖位置

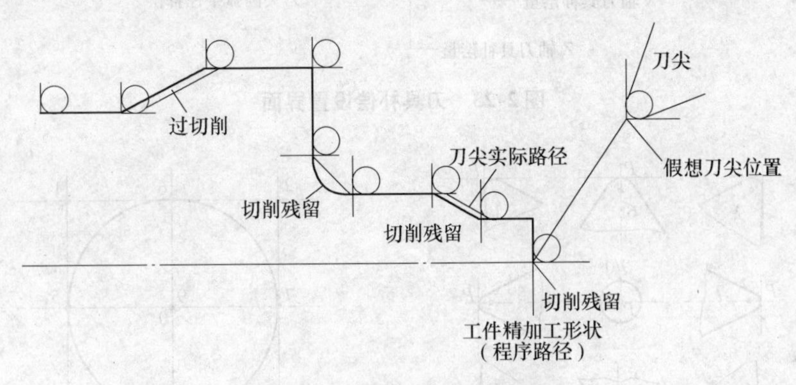

图2-22　切削残留及欠切现象

采用刀具半径补偿功能，刀具运动轨迹指的不是刀尖，而是刀尖上切削刃圆弧的中心位置的运动轨迹。编程者按工件轮廓线编程，数控系统会自动完成刀具轨迹的偏置，即执行刀具半径补偿后，刀具会自动偏离工件轮廓一个刀尖圆弧半径值，使切削刃与工件轮廓相切，从而加工出所要求的工件轮廓。

2. 刀具半径补偿的方法

刀具半径补偿的方法是键盘输入刀具参数，并在程序中采用刀具半径补偿指令。刀具参数主要包括刀尖圆弧半径、车刀形状、刀尖圆弧位置等，这些都与工件的形状有关，必须用参数输入刀具数据库。刀具半径补偿量可以通过刀具补偿设置界面来设定（如图2-23所示），T指令要与刀具补偿编号相对应，并且要输入假象刀尖位置序号。其中假想刀尖位置序号共有10个（0~9），如图2-24所示。

图2-25所示为几种数控车床用刀具的假想刀尖位置。

3. 刀具半径补偿指令（G40、G41、G42）

大多数全功能的数控机床都具备刀具半径（直径）自动补偿功能（刀具半径补偿功能），因此，只要按工件轮廓尺寸编程，再通过系统补偿一个刀具半径值即可。

（1）取消刀具半径补偿指令（G40）　G40的功能是取消G41、G42指定的刀尖圆弧半径补偿值，一般应写在程序开始的第一个程序段及取消刀具半径补偿的程序段。

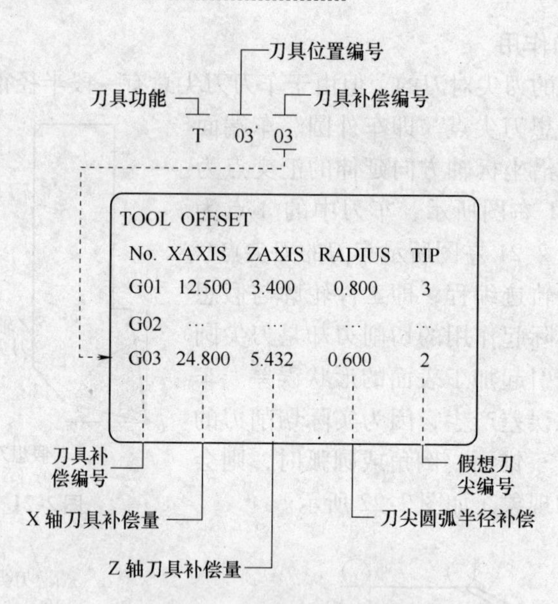

图 2-23 刀具补偿设置界面

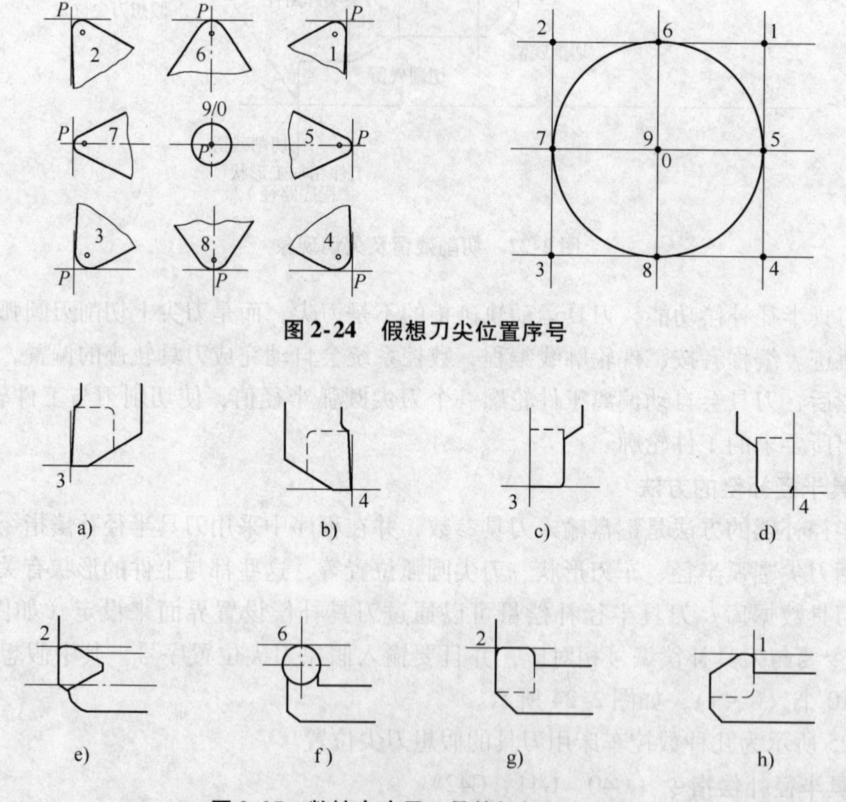

图 2-24 假想刀尖位置序号

图 2-25 数控车床用刀具的假想刀尖位置

a）右偏车刀 b）左偏车刀 c）右切刀 d）左切刀 e）镗孔刀 f）球头镗刀 g）内沟槽刀 h）左偏镗刀

（2）刀具半径左补偿指令（G41）面朝着与编程路径一致的方向，刀具在工件的左侧时，选用该指令进行补偿。

(3) 刀具半径右补偿指令（G42） 面朝着与编程路径一致的方向，刀具在工件的右侧时，选用该指令进行补偿，切削位置如图2-26所示。

4. 刀具半径补偿注意事项

1）G41、G42指令不能与圆弧切削指令写在同一个程序段，通常与G00或G01指令写在同一个程序段内。在这个程序段的下一程序段始点位置，与程序中刀具路径垂直的方向线过刀尖圆心。

2）用G40指令取消刀尖圆弧半径补偿，在指定G40程序段的前一个程序段的终点位置，与程序中刀具路径垂直的方向线过刀尖圆心。

3）在使用G41、G42指令模式中，不允许有两个连续的非移动指令，否则刀具在前面程序段终点的垂直位置停止，且产生过切或切削残留，如图2-27所示。非移动指令通常有：M代码、S代码、G04、G50、G96等G代码以及移动量为零的切削指令，例如G01 U0 W0。

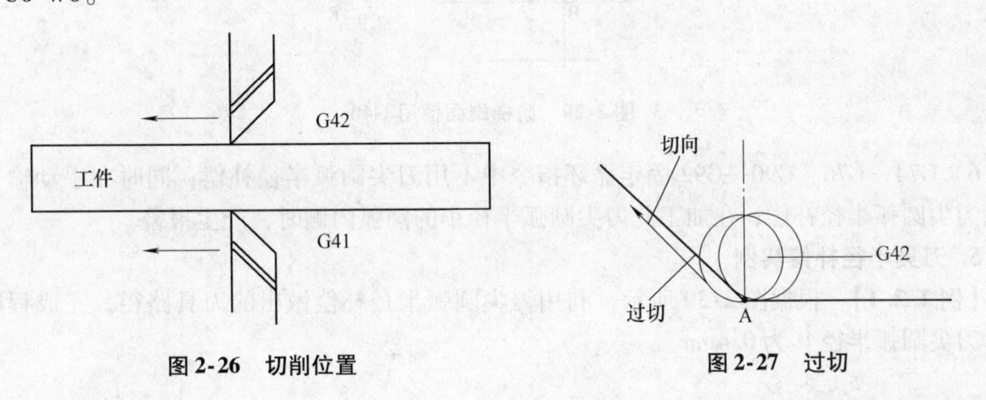

图2-26　切削位置　　　　图2-27　过切

4）切断端面时，为了防止在回转中心部位留下的小锥，如图2-28所示，在G42指令开始的程序段刀具应到达A点位置，且$X_A>R$；加工终端接近卡爪或工件的端面时，指令G40为了防止卡爪或工件的端面被切，应在B点指定G40，且$Z_B>R$。

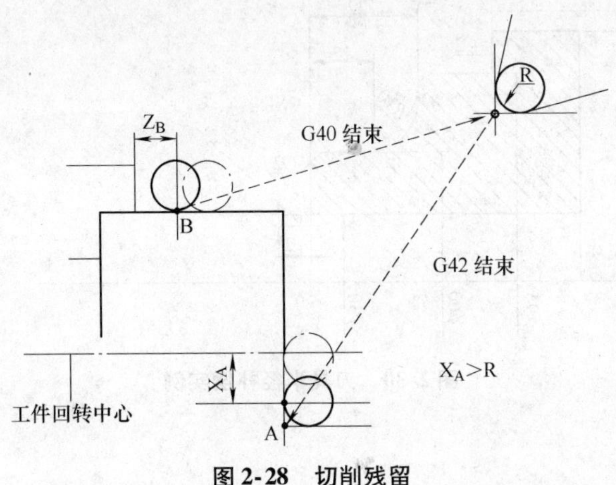

图2-28　切削残留

5）如图2-29所示，想在工件阶梯端面指定G40时，必须使刀具沿阶梯端面移动到F点，再指定G40且$X_A>R$；在工件端面，开始刀尖圆弧半径补偿必须在A点指定G42且$Z_A>R$；开始切圆弧时，必须从B点开始加入刀尖圆弧半径补偿指令，且$X_B>R$。

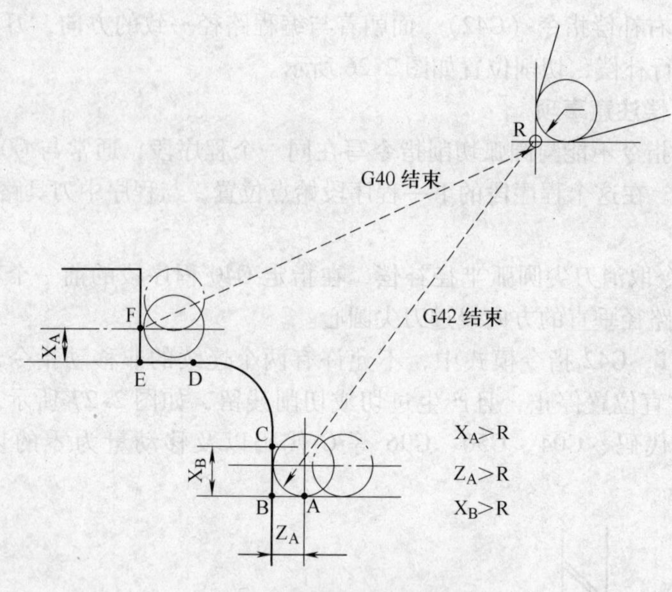

图 2-29 阶梯端面使用 G40

6）G74—G76、G90—G92 固定循环指令中不用刀尖圆弧半径补偿；同时在手动输入中不用刀尖圆弧半径补偿；在加工此刀尖圆弧半径小的圆弧内侧时，产生报警。

5. 刀具半径补偿实例

【例 2. 2. 1】 根据图 2-30 所示，利用刀尖圆弧半径补偿做出的刀具路径，完成程序编制。刀尖圆弧半径 R 为 0. 4mm。

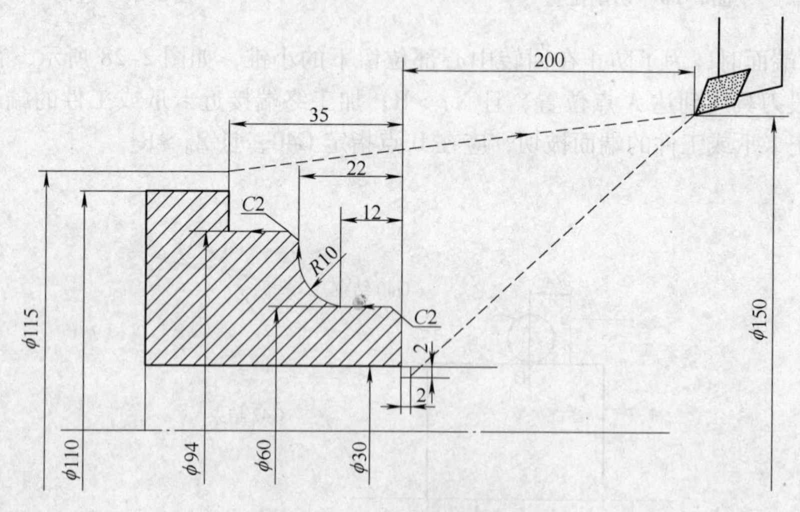

图 2-30 刀具半径补偿实例

程序：

%

O0001；

G00 G40 G97 G99 S600 T0101 M03 F0. 15；

G42 X26. 0 Z2. 0；

```
G01 Z0;
X60.0 C-2.0;
Z-12.0;
G02 X80.0 Z-22.0 I10.0 K0;
G01 X94.0 C-2.0;
Z-35.0;
G40 X115.0;                    去除刀具半径补偿
G00 X150.0 Z200.0;
G28 U0 W0 T0100 M05;           返回参考点，主轴停转
M30;
```

2.2.3　本任务需掌握的指令

1. 刀具功能 T 指令

指令格式：

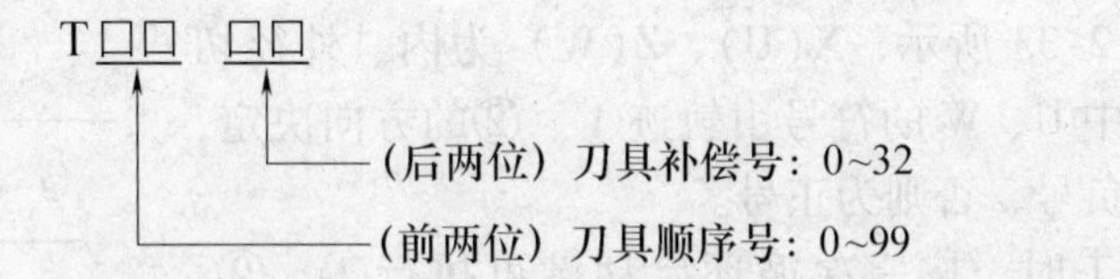

指令功能：该指令可指定刀具及所选刀具的补偿信息。具体格式是由地址符 T 和其后的数字来指定刀位号和刀具补偿号。

例如要选取处在 4 号刀位上的刀具，同时这把刀的刀具补偿信息保存在 4 号刀具补偿中，选择这把刀以及该刀具的补偿信息可用指令“T0404”实现；要选取处在 1 号刀位上的刀具，刀具补偿信息保存在 12 号刀具补偿，可用指令“T0112”实现：

```
G00  X100.0  Z150.0  T0404;
G00  X100.0  Z150.0  T0112;
```

说明：

（1）第一次调用时，刀具的序号通常指的是刀盘上的刀位号，如图 2-31 所示

（2）刀具补偿通常包括形状补偿和磨损补偿两种。形状补偿主要是指其与基准刀具的相差量，如图 2-32 所示。刀具序号和刀具补偿序号不必相同，但为了方便通常使它们一致。

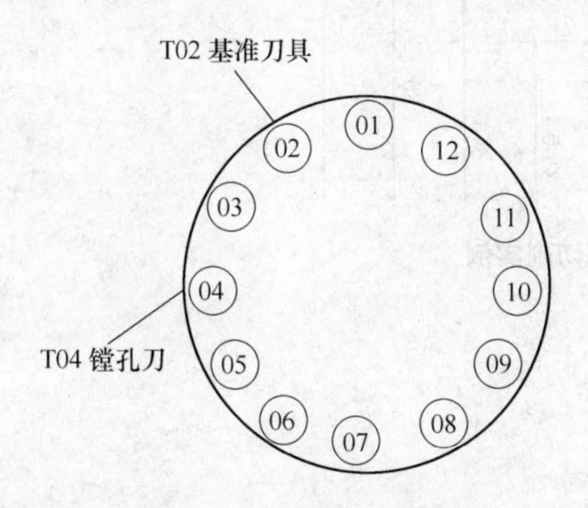

图 2-31　刀位号与刀具序号

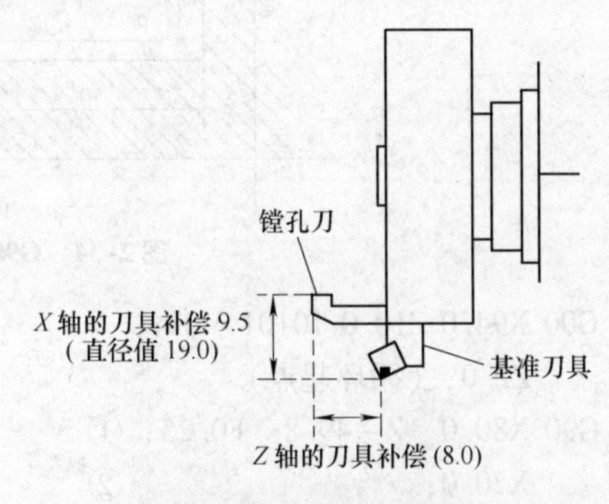

图 2-32　刀具的形状补偿

(3) 取消刀具补偿的 T 指令格式为：

T□□或 T□□00

2. 单一形状固定循环指令

对于数控机床而言，工件毛坯常用棒料、铸件、锻件等。加工余量大，非一刀加工可以完成。需要多次重复循环加工，为了简化编程，采用循环指令。

循环指令特点有：①用于粗加工（要给精加工留余量 0.1 ~ 0.4mm）；②编程时要设定一个循环起点；③一个指令刀具移动多步。

循环指令分为：单一形状固定循环和复合形状固定循环。

1. 外圆切削循环 G90

格式：G90 X(U)_ Z(W)_ F_;或 G90 X(U)_ Z(W)_ I_ F_ ;

指令功能：该指令主要用于圆柱面和圆锥面的循环切削。

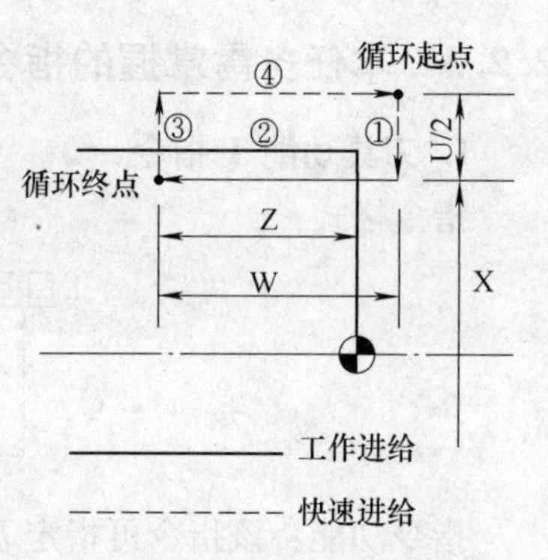

图 2-33 G90 循环过程

1）外圆切削循环指令

G90 X(U)_ Z(W)_ (F_);

说明：如图 2-33 所示，X(U)、Z(W) 为内、外径切削终点坐标，其中 U、W 的符号由轨迹①、②的方向决定，沿负方向移动为负号，否则为正号。

单程序段加工时，按一次循环启动键可执行①、②、③、④轨迹操作。

【例 2.2.2】 用 G90 指令编程加工如图 2-34 所示零件外形。

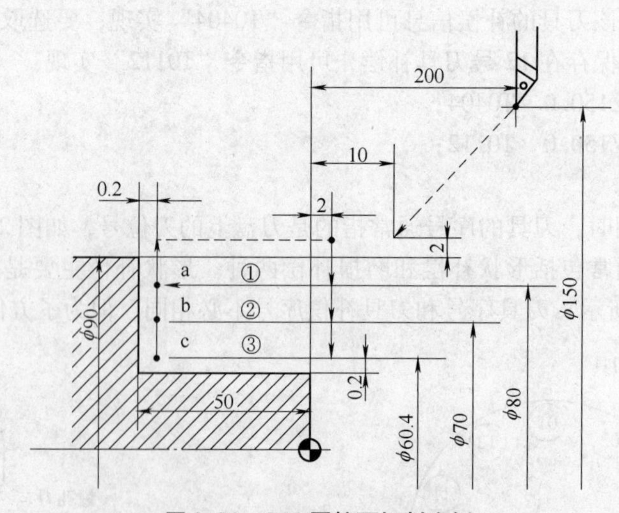

图 2-34 G90 圆柱面切削实例

```
G00 X94.0 Z10.0 T0101 M03;
    Z2.0;（循环起点）
G90 X80.0  Z-49.8  F0.25; ①
    X70.0;                ②
    X60.4;                ③
```

G00　X150.0　Z200.0　T0；（取消 G90）

M01；

2）指定斜度切削循环（切削锥面）

G90　X(U)_　Z(W)_　I_　(F_)；

说明：X(U)、Z(W) 为圆锥内径、外径切削的终点坐标。I 为锥面径向尺寸：其意义为圆锥体大小端的差值，用增量坐标编程时要注意 I 值的符号。I 的符号确定方法：锥面起点坐标大于终点坐标时为正，反之为负。具体描述如图 2-35 所示。

单程序段加工时，按一次循环启动键，可执行①、②、③、④的轨迹操作，其中 U、W 的符号由轨迹①、②的方向决定，沿负方向移动为负号，否则正号。如图 2-36 所示。

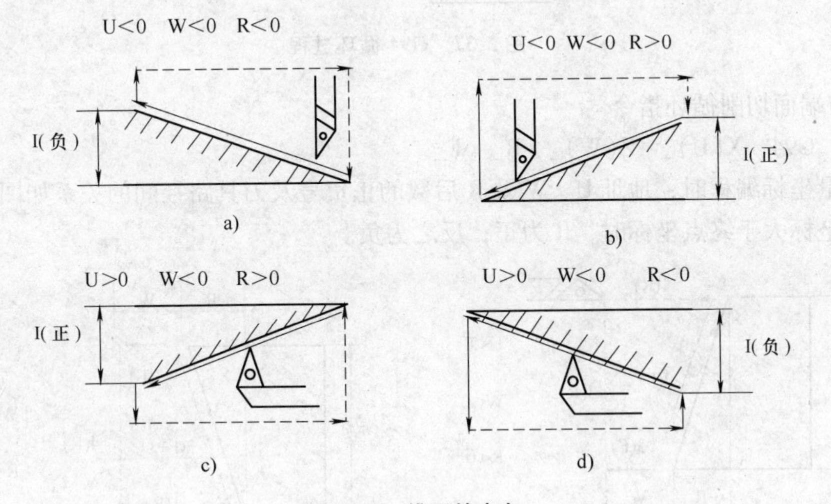

图 2-35　锥面的方向

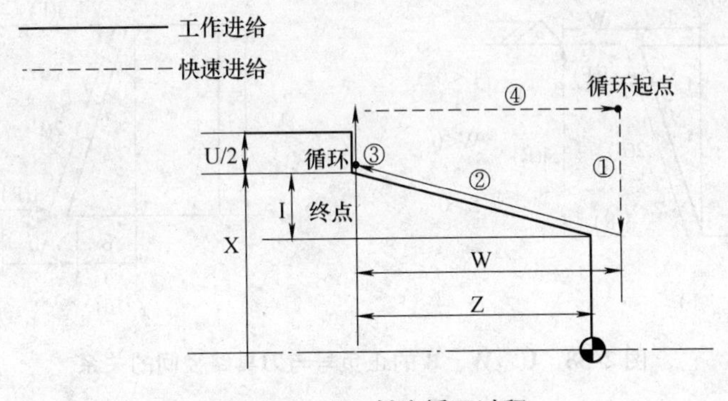

图 2-36　G90 斜度循环过程

2. 端面切削循环指令（G94）

1）直端面切削循环指令。

格式：G94　X(U)_　Z(W)_　F_；

如图 2-37 所示，以增量坐标编程时，地址 U、W 后数值的正负号依据路径①及②的方向而定：如果路径的方向在 Z 轴的负方向，W 的值为负。单程序段加工时，按一次循环启动键可进行①、②、③、④的轨迹操作。

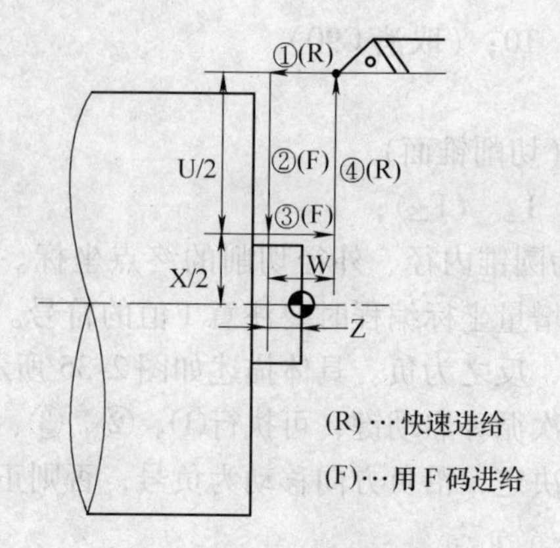

图 2-37 G94 循环过程

2）锥端面切削循环指令

格式：G94 X(U)_ Z(W)_ R_ F_;

以增量坐标编程时，地址 U、W 及 R 后数的正负号及刀具路径间的关系如图 2-38 所示。锥面起点坐标大于终点坐标时，R 为正；反之为负。

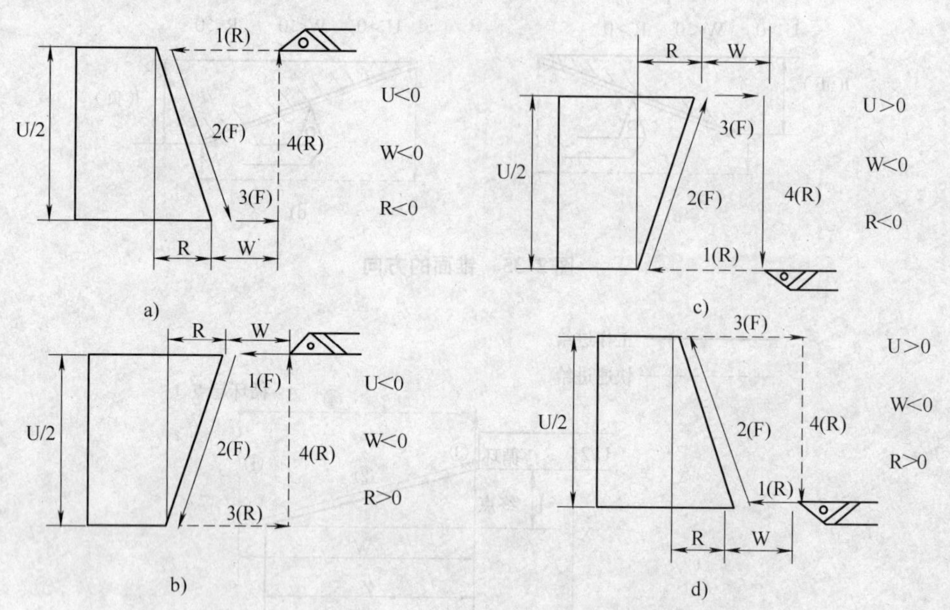

图 2-38 U、W、R 的正负号与刀具路径间的关系

2.2.4 机床操作

1. 面板按钮说明

图 2-39 所示为 FANUC 0I MATE 济南第一机床厂车床面板操作图。面板按钮说明见表 2-3。

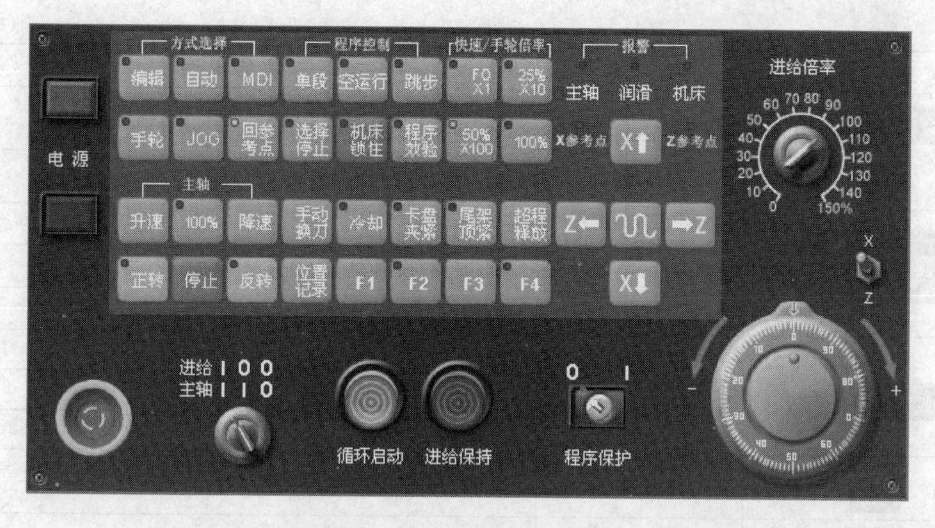

图2-39　FANUC 0I MATE济南第一机床厂车床面板操作图

（注：不同生产厂家的面板不尽相同）

表2-3　面板按钮说明

按　钮	名　称	功能说明
	急停按钮	按下急停按钮，使机床移动立即停止，并且所有的输出如主轴的转动等都会关闭
	电源开关	单击此按钮用于打开/关闭机床总电源
	编辑	按此按钮，则系统进入程序编辑状态，用于直接通过操作面板输入数控程序和编辑程序
	自动	按此按钮，系统进入自动加工模式
	MDI	按此按钮，系统进入MDI模式，手动输入并执行指令
	手轮	按此按钮，则系统处于手轮模式
	JOG	按此按钮，则系统进入手动模式，手动连续移动机床
	回参考点	按此按钮，系统进入回参考点模式
	单段	按此按钮，运行程序时每次执行一条数控指令
	空运行	系统进入空运行模式
	跳步	按此按钮，数控程序中的注释符号“/”有效
	选择停止	置于打开状态时，“M01”代码有效
	机床锁住	锁定机床，无法移动
	程序校验	暂不支持
	快速/手轮倍率	在手动快速或手轮状态下，按这些按钮可选择需要的进给倍率

（续）

按　钮	名　称	功能说明
	X+/X-/Z+/Z-轴向选择按钮	在手动状态下，选择X+/X-/Z+/Z-轴向进给
	快速	在手动状态下，按此按钮可快速移动刀架
	升速	主轴升速
	100%	按下此按钮后主轴转速恢复至100%
	降速	主轴降速
	正转	主轴正转
	停止	主轴停
	反转	主轴反转
	手动换刀	按此按钮可旋转刀架进行换刀
	冷却液	暂不支持
	卡盘夹紧	暂不支持
	尾架顶紧	暂不支持
	超程释放	当机床运动到达极限时，按此按钮可超程释放
	位置记录	暂不支持
		暂不支持
	进给/主轴允许	暂不支持
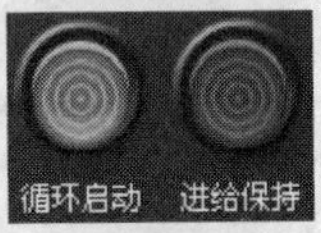	循环启动	程序运行开始；系统处于“自动运行”或“MDI”位置时按下有效，其余模式下使用无效
	循环保持	程序运行暂停，在程序运行过程中，按下此按钮运行暂停。按“循环启动”恢复运行
	程序保护	选择此按钮，可以进行程序保护
	手轮	将光标移至此旋钮上后，通过单击鼠标的左键或右键来转动手轮
	进给倍率	调节主轴进给时的倍率

2. 机床简单操作（仿真操作）

（1）激活车床　单击电源开按钮，使机床总电源打开。

检查“急停”按钮是否松开至状态，若未松开，单击“急停”按钮，将其松开。

（2）车床回参考点　检查操作面板，查看是否处于回参考点模式，若指示灯亮，则已进入回原点模式；否则单击按钮，使系统进入回原点模式。

在回原点模式下，先将X轴回原点，单击操作面板上的“回参考点”按钮，X，Z轴将回原点，CRT上的X坐标变为“390.00”，Z坐标变为“300.00”，此时CRT界面坐标显示如图2-40所示。

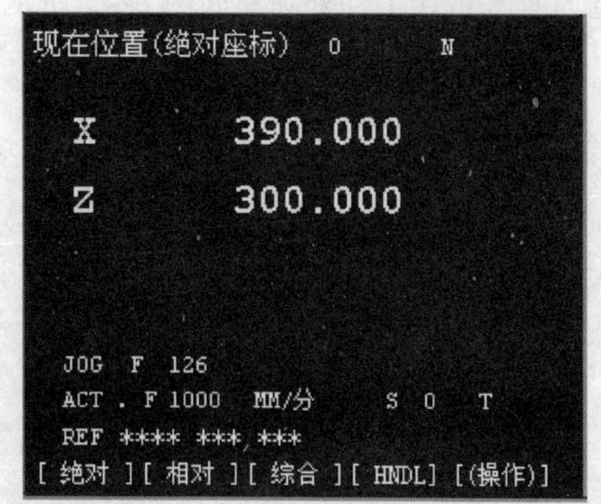

图2-40　CRT界面坐标显示

（3）手动操作

1）手动/连续方式。单击机床面板上的手动按钮，指示灯变亮，机床进入手动操作模式。单击、、或按钮，选择控制移动的坐标轴及移动的方向。单击控制主轴的正转、停止或反转。

注意：刀具切削零件时，主轴需转动。加工过程中刀具与零件发生非正常碰撞后（非正常碰撞包括车刀的刀柄与零件发生碰撞；铣刀与夹具发生碰撞等），系统弹出警告对话框，同时主轴自动停止转动，调整到适当位置，继续加工时，需再次单击或按钮，使主轴重新转动。

2）手动脉冲方式。在手动/连续方式或在对刀需精确调节机床时，可用手动脉冲方式调节机床。单击操作面板上的手轮模式按钮，指示灯变亮，系统进入手动脉冲操作方式。鼠标对准“轴选择”旋钮，单击左键或右键，可以选择需要移动的坐标轴轴向。

鼠标对准“手动快速或点动进给倍率”旋钮，单击左键或右键，可以调节手动时的步长。鼠标对准手轮，单击左键或右键，精确控制机床的移动。单击控制主轴的转动和停止。

3）手动/点动方式。单击操作面板上的按钮，系统进入手动点动方式。单击按钮，可以选择移动的坐标轴。单击“手动快速或点动进给倍率”旋钮，可以调节手动点动时的步长。

分别单击、、或按钮，可以实现手动/点动精确控制机床的移动。单击控制主轴的正转、停止或反转。

4）对刀　数控程序一般按工件坐标系编程，对刀的过程就是建立工件坐标系与机床坐标系之间关系的过程。下面具体说明车床对刀的方法。其中将工件右端面中心点设为工件坐标系原点。将工件上其他点设为工件坐标系原点的方法与对刀方法类似。

1）试切法G54～G59。测量工件原点，直接输入工件坐标系G54～G59。

① 切削外径：单击机床面板上的按钮，机床进入手动操作模式，单击控制面板上的按钮，使机床在X轴负方向移动；同样单击按钮使机床在Z轴负方向移动。通过手

动方式将刀架慢慢移到如图 2-41 所示的大致位置。

单击操作面板上的正转或反转按钮，使其指示灯变亮，主轴转动。再单击Z←按钮，用所选刀具来试切工件外圆，如图 2-42 所示。然后按→Z按钮，X 方向保持不动，刀具退出。

图 2-41 试切法对刀

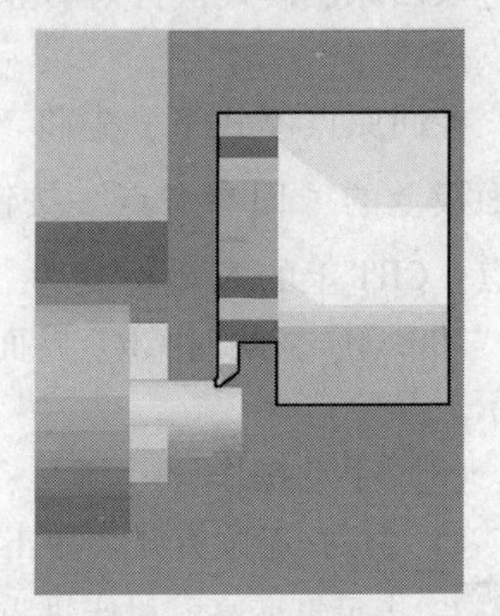

图 2-42 切削外径

② 测量切削位置的直径：单击操作面板上的停止按钮，使主轴停止转动，单击菜单“测量/剖面图测量”如图 2-43 所示，单击试切外圆时所切线段，选中的线段由红色变为黄色。记下下面对话框中对应的 X 的值 α。

③ 按下控制箱键盘上的OFFSET SETTING键。

④ 把光标定位在需要设定的坐标系上。

⑤ 光标移到 X。

⑥ 输入直径值 α。

⑦ 按菜单软键［测量］，通过软键［操作］进入此菜单。

⑧ 切削端面：单击操作面板上的正转或反转按钮，使其指示灯变亮，主轴转动。将刀具移至如图 2-44 的位置，单击控制面板上的X↓按钮，切削工件端面，如图 2-45 所示。然后按“正方向”按钮X↑按钮，Z 方向保持不动，刀具退出。

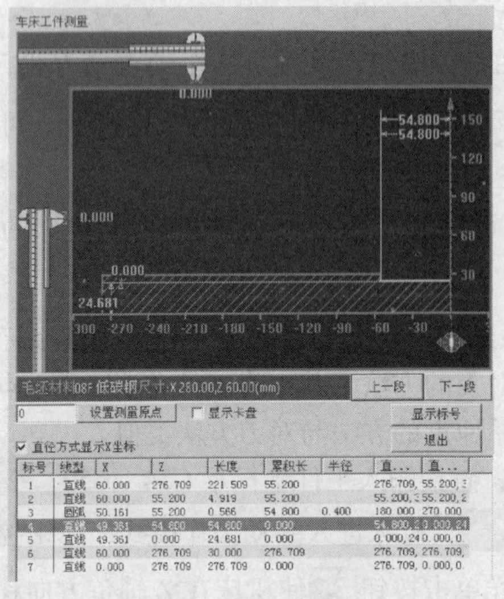

图 2-43 测量外径尺寸

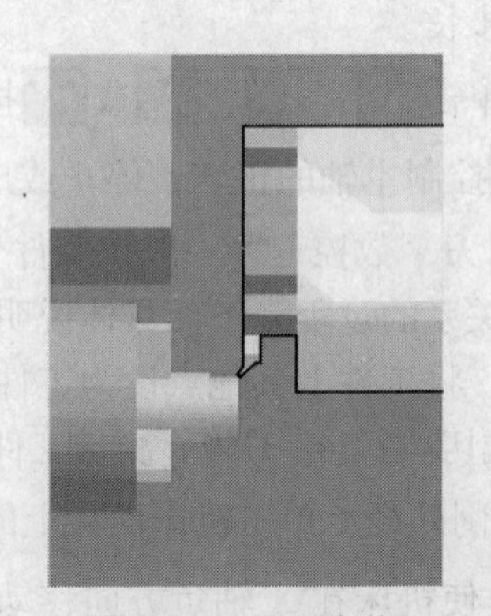

图 2-44 端面定位

⑨ 单击操作面板上的“主轴停止”按钮，使主轴停止转动。

⑩ 把光标定位在需要设定的坐标系上。

⑪ 在 MDI 键盘面板上按下需要设定的 Z 轴的键。

⑫ 输入工件坐标系原点的距离（注意距离有正负号）。

⑬ 按菜单软键［测量］，自动计算出坐标值填入。

2）测量、输入刀具偏移量。使用这个方法对刀，在程序中直接使用机床坐标系原点作为工件坐标系原点。

用所选刀具试切工件外圆，单击“主轴停”按钮，使主轴停止转动，单击菜单“测量/剖面图测量”，得到试切后的工件直径，记为 α。

保持 X 轴方向不动，刀具退出。单击 MDI 键盘上的键，进入形状补偿参数设定界面，将光标移到相应的位置，输入 Xα，按菜单软键［测量］输入，如图 2-46 所示。

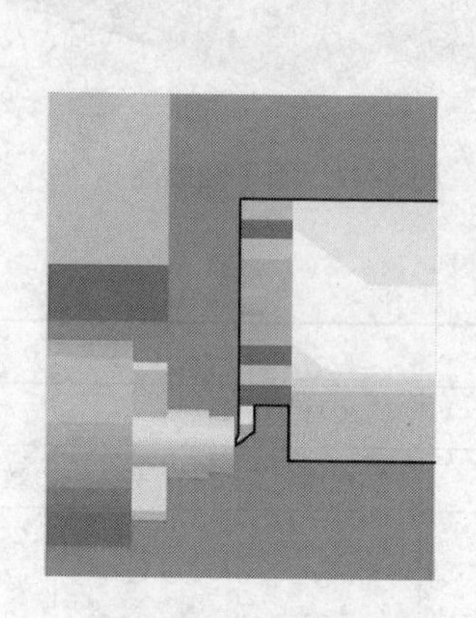

图 2-45　切削端面

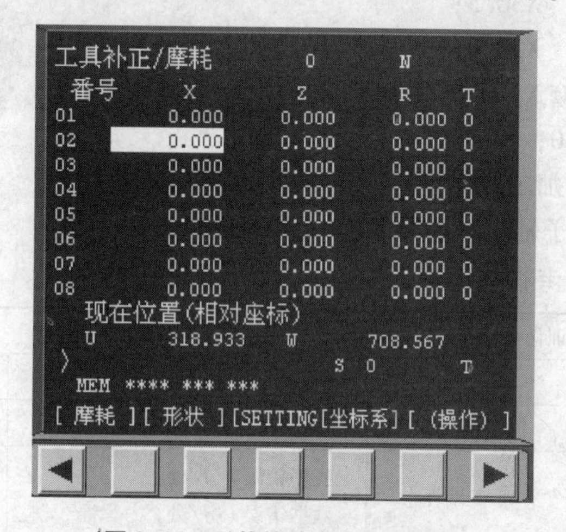

图 2-46　形状补偿参数设定界面

试切工件端面，读出端面在工件坐标系中 Z 的坐标值，记为 β（此处以工件端面中心点为工件坐标系原点，则 β 为 0）。

保持 Z 轴方向不动，刀具退出。进入形状补偿参数设定界面，将光标移到相应的位置，输入 Zβ，按［测量］软键，如图 2-46 所示，输入到指定区域。

2.2.5　任务实施

1. 零件工艺性分析

（1）毛坯的选用　根据所要加工零件，选择直径为 Φ50mm；长度为 100mm，材料为切削加工性能较好的 45 钢棒料。

（2）技术要求分析　该零件属于轴类零件，加工内容主要为圆柱面和倒角，无热处理和硬度要求，表面粗糙度值不大于 Ra3.2μm，径向尺寸 Φ30 精度要求较高。

（3）确定装夹方案　此工件只需要一次装夹即可完成加工，用自定心卡盘夹紧定位，保证工件伸出长度为 50mm。

（4）选择刀具

1）T0101：硬质合金 90°外圆车刀。

2）对刀：把刀具补偿值输入相应的刀具寄存器中。

（5）制定加工方案　该零件结构简单，加工外圆柱面，用单一循环指令 G90 加工。

2. 参考程序

```
O0001;
M03 S800;
T0101;
G00 X52.0 Z2.0;
G90 X46.0 Z-40.0 F0.2;
    X42.0;
    X38.0;
    X34.0;
    X30.5;
    X30.0;
G00 X100.0 Z100.0;
M30;
```

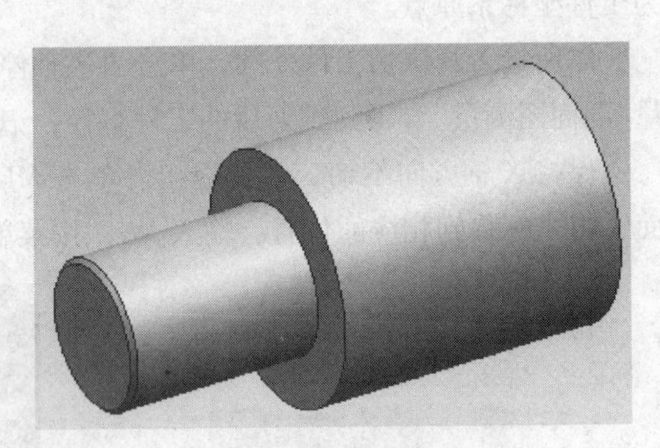

图 2-47　销子轴成品

3. 加工成品

销子轴成品如图 2-47 所示。

4. 考核与评价

实训任务						
班级		姓名（学号）		组号		
序号	内容及要求	评分标准	配分	自评	互评	教师评分
1	手工编程	程序错误 2 分/处 数据错误 1 分/处	15			
2	程序输入	手工输入	10			
3	仿真加工轨迹	图形模拟走刀路径	5			
4	试切对刀	不会者取消操作	15			
5	直径 Φ30mm	每超差 0.01mm 扣 2 分	20			
6	整体外形	形状准确	10			
7	表面粗糙度	小于 Ra3.2μm	10			
8	倒角、去除毛刺	符合要求	5			
9	安全操作	违章视情节轻重扣分	10			
额定工时		实际加工时间				
完成日期		总得分				

2.2.6　任务小结

1）熟悉并掌握 G40，G41，G42 等刀尖圆弧半径补偿指令。

2）掌握各指令的编程格式，各参数的含义，各参数的确定方法等。

3）此任务的目的主要是熟悉单一固定循环G90和G94的使用，掌握各指令加工的特点、适合的范围、使用方法、使用技巧及使用过程中应注意的问题等。

4）通过本任务学习，我们发现使用G90和G94指令，使加工程序有了一定程度的简化。但是用它们要完成一个粗加工过程，需要由人工计算分配车削次数和背吃刀量，再一段段的用简单循环程序实现，这虽然比起用基本加工指令要简单，但使用起来还是很麻烦。如果使用复合循环，能使程序进一步得到简化（详见本章任务3）。

5）掌握外圆车刀的对刀方法。

2.2.7　任务拓展

拓展训练项目如图2-48所示。

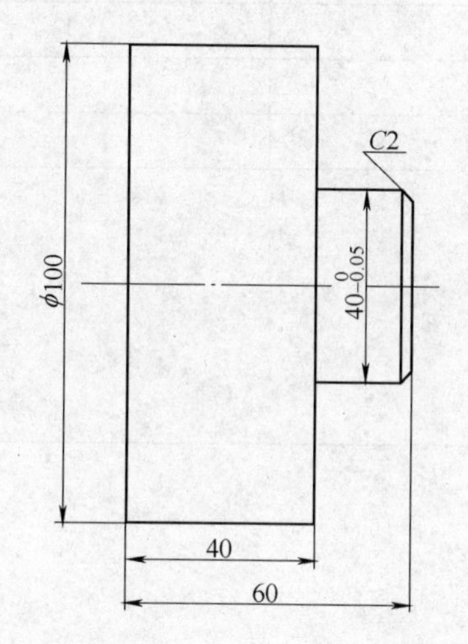

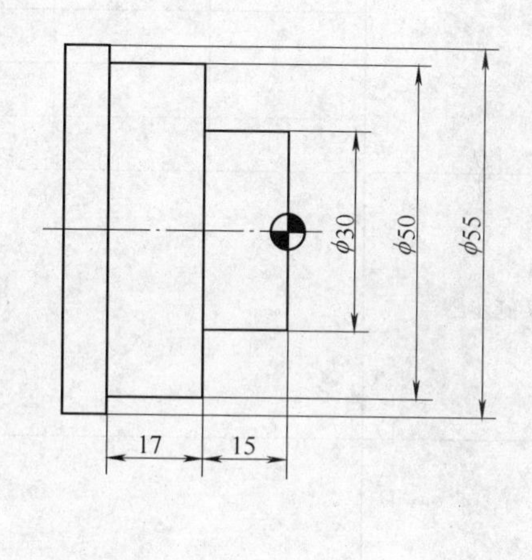

图2-48　拓展训练项目

2.2.8　任务工单

项目名称		
任务名称		
专业班级小组编号		
组员学号姓名		
任务目标	知识目标	
	能力目标	

（续）

<table>
<tr><td>需要完成的任务</td><td colspan="6"></td></tr>
<tr><td rowspan="6">刀具选择及切削用量</td><td rowspan="2">工步
内容</td><td rowspan="2">刀具
规格</td><td rowspan="2">刀具号</td><td colspan="3">切削用量</td></tr>
<tr><td>背吃刀量
/mm</td><td>主轴转速
/(r/min)</td><td>进给量
/(mm/r)</td></tr>
<tr><td></td><td></td><td></td><td></td><td></td><td></td></tr>
<tr><td></td><td></td><td></td><td></td><td></td><td></td></tr>
<tr><td></td><td></td><td></td><td></td><td></td><td></td></tr>
<tr><td></td><td></td><td></td><td></td><td></td><td></td></tr>
<tr><td>项目实施步骤</td><td colspan="6"></td></tr>
<tr><td>加工程序</td><td colspan="6"></td></tr>
<tr><td>项目实施过程中遇到的
问题及解决方法</td><td colspan="6"></td></tr>
<tr><td>学习收获</td><td colspan="6"></td></tr>
<tr><td rowspan="6">评价（详见考核表）</td><td colspan="6">个人评价 10% + 小组评价 20% + 教师评价 50% + 贡献系数 20%</td></tr>
<tr><td colspan="2">姓名</td><td colspan="2">各项得分</td><td colspan="2">综合得分</td></tr>
<tr><td colspan="2"></td><td colspan="2"></td><td colspan="2"></td></tr>
<tr><td colspan="2"></td><td colspan="2"></td><td colspan="2"></td></tr>
<tr><td colspan="2"></td><td colspan="2"></td><td colspan="2"></td></tr>
<tr><td colspan="2"></td><td colspan="2"></td><td colspan="2"></td></tr>
</table>

任务3 中间轴的加工

2.3.1 任务综述

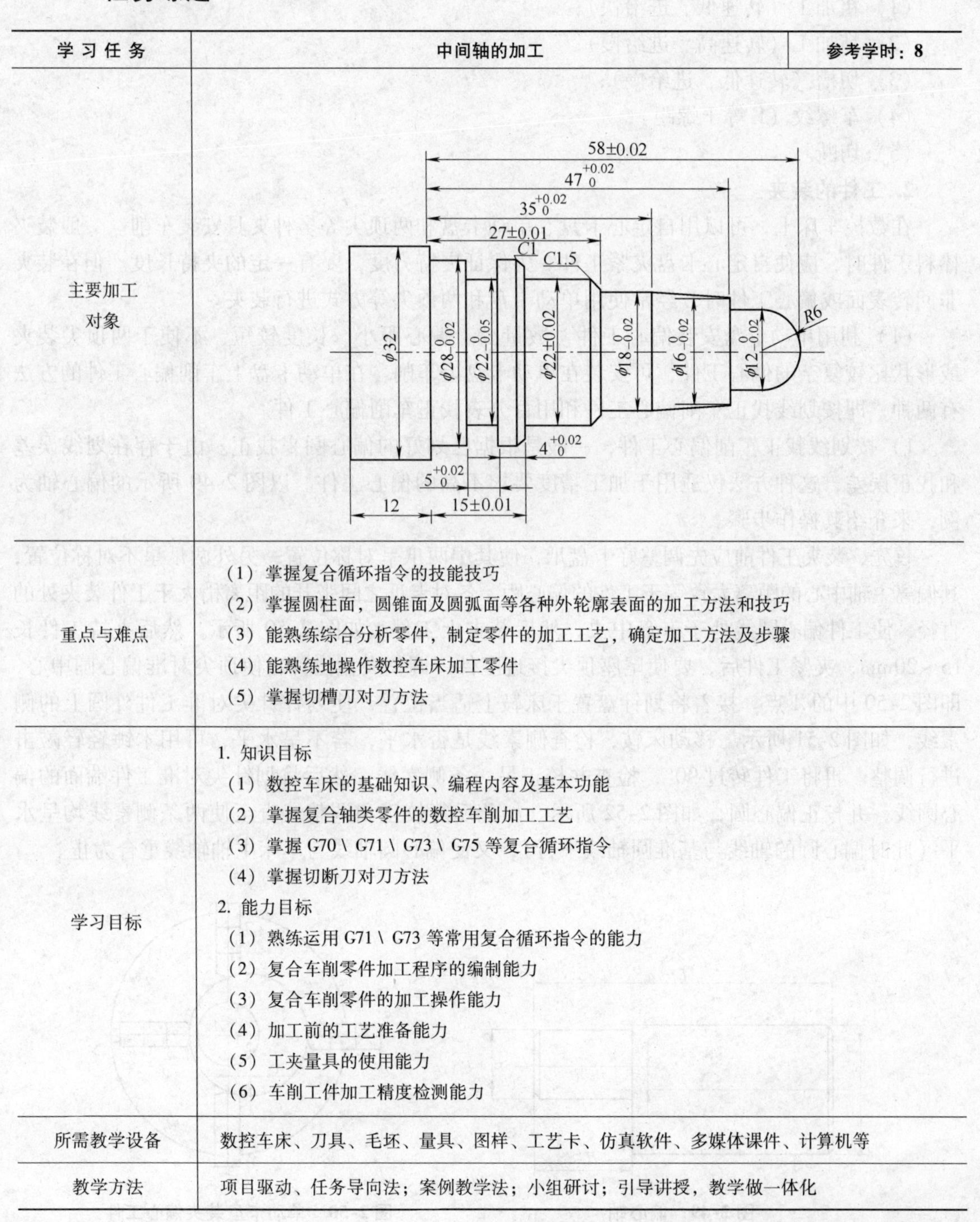

学习任务	中间轴的加工	参考学时：8
主要加工对象	（见上图）	
重点与难点	（1）掌握复合循环指令的技能技巧 （2）掌握圆柱面，圆锥面及圆弧面等各种外轮廓表面的加工方法和技巧 （3）能熟练综合分析零件，制定零件的加工工艺，确定加工方法及步骤 （4）能熟练地操作数控车床加工零件 （5）掌握切槽刀对刀方法	
学习目标	1. 知识目标 （1）数控车床的基础知识、编程内容及基本功能 （2）掌握复合轴类零件的数控车削加工工艺 （3）掌握 G70 \ G71 \ G73 \ G75 等复合循环指令 （4）掌握切断刀对刀方法 2. 能力目标 （1）熟练运用 G71 \ G73 等常用复合循环指令的能力 （2）复合车削零件加工程序的编制能力 （3）复合车削零件的加工操作能力 （4）加工前的工艺准备能力 （5）工夹量具的使用能力 （6）车削工件加工精度检测能力	
所需教学设备	数控车床、刀具、毛坯、量具、图样、工艺卡、仿真软件、多媒体课件、计算机等	
教学方法	项目驱动、任务导向法；案例教学法；小组研讨；引导讲授，教学做一体化	

2.3.2 任务信息

1. 一般轴类工件加工工序

工序为：粗加工→半精加工→精加工→光整加工。

（1）粗加工（转速低、进给快）；

（2）精加工（转速高、进给慢）；

（3）切槽（转速低、进给慢）；

（4）车螺纹（F等于螺距）；

（5）切断。

2. 工件的装夹

在数控车床上，可以用自定心卡盘、单动卡盘和两顶尖等多种夹具安装车削。一般装夹棒料工件时，应使自定心卡盘夹紧工件。为保证夹持力度，要有一定的夹持长度。但在装夹非回转表面或偏心工件时，经常使用单动卡盘和两顶尖等方式进行装夹。

（1）利用单动卡盘安装偏心工件　数量少、偏心距小、长度较短、不便于两顶尖装夹或形状比较复杂的偏心工件，可安装在单动卡盘上车削。在单动卡盘上车削偏心工件的方法有两种，即按划线找正车削偏心工件和用百分表找正车削偏心工件。

1）按划线找正车削偏心工件，一般是根据已划好的偏心圆来找正。由于存在划线误差和找正误差，这种方法仅适用于加工精度要求不高的偏心工件。以图2-49所示的偏心轴为例，来介绍其操作步骤。

首先，装夹工件前应先调整好卡盘爪，使其中两爪呈对称位置，另外两爪呈不对称位置，其偏离主轴中心的距离大致等于工件的偏心距。各对卡爪之间张开的距离稍大于工件装夹处的直径，使工件偏心圆线处于卡盘中央，然后装夹上工件，如图2-50所示。然后夹持工件长15~20mm，夹紧工件后，要使尾座顶尖接近工件，调整夹盘位置，使顶尖对准偏心圆中心，即图2-50中的A点。接着将划针盘置于床鞍上适当位置，使划针针尖对准工件外圆上的侧素线，如图2-51所示。移动床鞍，检查侧素线是否水平，若不呈水平，可用木锤轻轻敲击进行调整。再将工件转过90°，检查并校正另一条侧素线，然后将划针尖对准工件端面的偏心圆线，并校正偏心圆，如图2-52所示。如此反复校正和调整，直至使两条侧素线均呈水平（此时偏心圆的轴线与基准圆轴线平行），又使偏心圆轴线与车床主轴轴线重合为止。

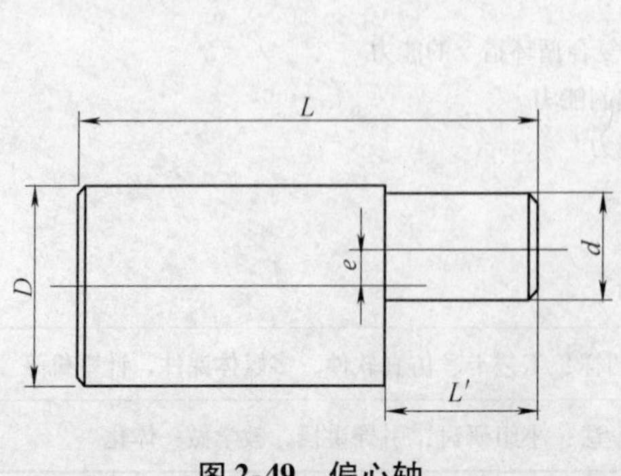

图2-49　偏心轴

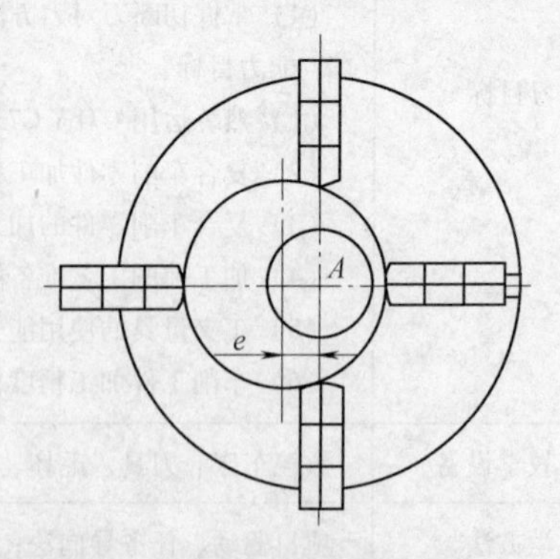

图2-50　单动卡盘装夹偏心工件

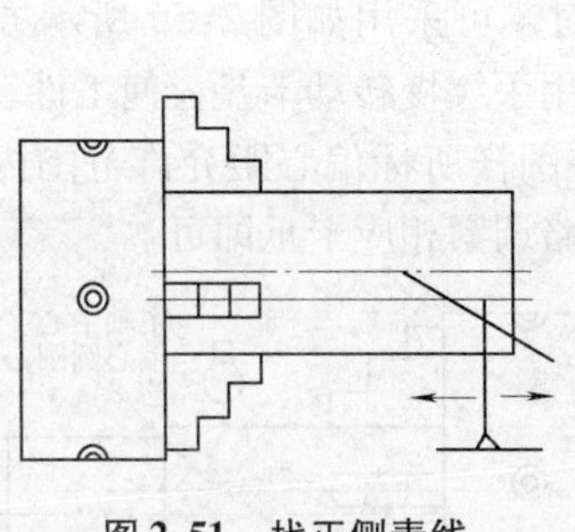

图 2-51 找正侧素线

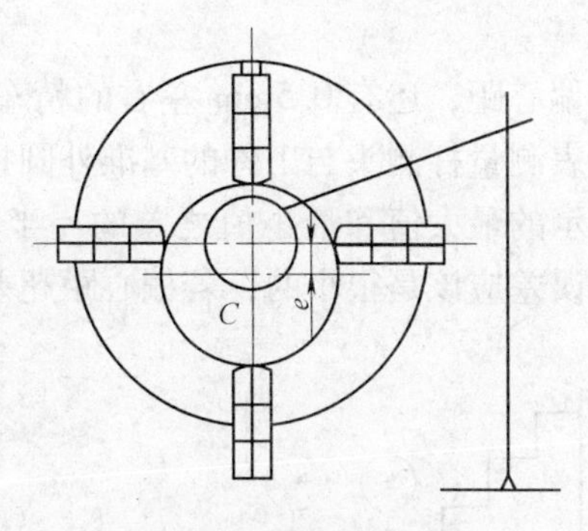

图 2-52 校正偏心圆

最后将四个卡爪均匀地紧一遍，经检查确认侧素线和偏心圆线在紧固卡爪时没有位移，即可开始车削。

检查偏心距时，当还有 0.5mm 左右的精车余量时，可采用如图 2-53 所示方法检测偏心距。测量时用分度值为 0.02mm 的游标卡尺测量两外圆间最大距离和最小距离。则偏心距就等于最大距离与最小距离值的一半，即 $e=(b-a)/2$。

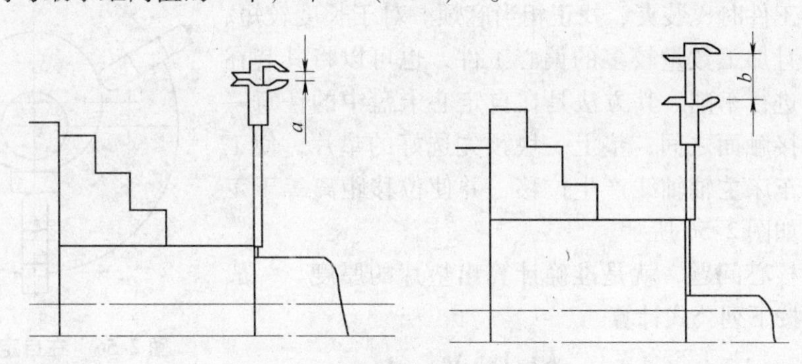

图 2-53 用游标卡尺检测偏心距

如果实测偏心距误差较大时，可少量调节不对称的两个卡爪。若偏心距误差不大时，则只需继续夹紧某一只卡爪（当 e 偏大时，夹紧离偏心轴线近的那只卡爪，当 e 偏小时，夹紧离偏心轴线远的那只卡爪）。

2）用百分表找正。对于偏心距较小、加工精度要求较高的偏心工件，如按划线找正加工，显然是达不到精度要求的，此时需用百分表来找正，一般可使偏心距误差控制在 0.02mm 以内。由于受百分表测量范围的限制，所以它只能适用于偏心距为 5mm 以下的工件的找正。如图 2-54 所示，具体步骤如下所述：

首先，用划线初步找正工件，再用百分表进一步找正，使偏心圆轴线与车床主轴轴线重合，如图 2-54 所示，找正 M 点用卡爪调整，找正 N 点用木锤或铜锤轻敲。然后，找正工件侧素线，使偏心轴两轴线平行。为此，移动床鞍，用百分表在 M、N 两点处交替进行测量、校正，并使工件两端百分表读数误差值在 0.02mm 以内。最后，校正偏心距。外圆上，使百分表压缩量为 0.5~1mm，用手缓慢转动卡盘，使工件转过一周，百分表指示处的最大值和最小值之差的一半即为偏心距。按此方法校正 M、N 两点处的偏心距，使 M、N 两点偏心距基本一致，并且均在图样允许误差范围内。如此综合考虑，反复调整，直至校正完毕。

当检查偏心距，还有0.5mm左右的精车余量时，可采用如图2-55所示方法复检偏心距。将百分表测量杆测头与工件的基准外圆接触，用手缓慢转动卡盘，使工件转过一周，检查百分表指示的最大值和最小值之差的一半是否在图样所标偏心距允许范围内。通常复检时，偏心距误差应该是很小的，若偏心距超差，则略调紧相应卡爪即可。

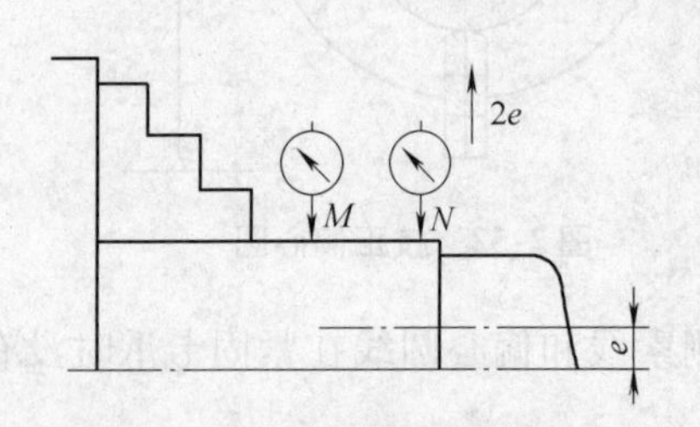

图2-54 用百分表校正偏心工件

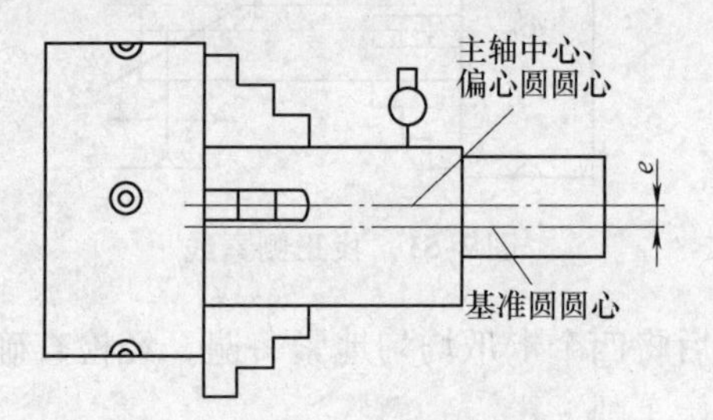

图2-55 用百分表复检偏心距

（2）利用自定心卡盘安装偏心工件　在单动卡盘上安装、车削偏心工件时，装夹、找正相当麻烦。对于长度较短、形状比较简单且加工数量较多的偏心工件，也可以将其装在自定心卡盘上进行车削。其方法是在自定心卡盘中的任意一个卡爪与工件接触面之间，垫上一块预先选好的垫片，使工件轴线相对于车床主轴轴线产生位移，并使位移距离等于工件的偏心距，如图2-56所示。

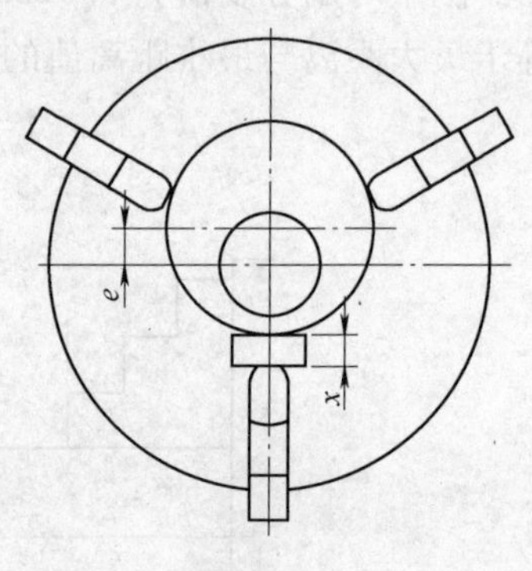

图2-56 在自定心卡盘上安装偏心工件

这里面的核心问题，就是准确计算出垫片的厚度。一般垫片厚度x可按下列公式计算

$$x = 1.5e \pm K \qquad K \approx 1.5\Delta e$$

式中　x——垫片厚度，单位为mm；

e——偏心距，单位为mm；

K——偏心距修正值，正负值可按实测结果确定，单位为mm；

Δe——试切后，实测偏心距误差，单位为mm。

【例2.3.1】　如用自定心卡盘加垫片的方法车削偏心距$e=4$mm的偏心工件，使计算垫片厚度。

解：先暂时不考虑修正值，初始计算垫片厚度：$x = 1.5e = 1.5 \times 4\text{mm} = 6\text{mm}$。垫入6mm厚的垫片进行试切削，然后检查其实际偏心距为4.05mm，则其偏心误差为：$\Delta e = 4.05\text{mm} - 4\text{mm} = 0.05\text{mm}$，$K = 1.5\Delta e = 1.5 \times 0.05\text{mm} = 0.075\text{mm}$。由于实测偏心距比工件要求的大，则垫片厚度的正确值应减去修正值，即：$x = 1.5e - K = 1.5 \times 4\text{mm} - 0.075\text{mm} = 5.925\text{mm}$。

（3）利用两顶尖安装偏心工件　较长的偏心轴，只要轴的两端面能钻中心孔，有装夹鸡心夹头的位置，都可以安装在两顶尖间进行加工，如图2-57所示。

由于是用两顶尖装夹，在偏心中心孔中车削偏心圆，这与在两顶尖间车削一般外圆相类似。不同的是车偏心圆时，在一转内工件加工余量变化很大，而且是断续切削，因而会产生较大的冲击和振动。但它的优点是不需要花很多时间去找正偏心。

用两顶尖安装、车削偏心工件时，先在工件的两个端面上根据偏心距的要求，共钻出 $2n+2$ 个中心孔（其中只有两个不是偏心中心孔，n 为工件上偏心轴线的个数），然后先顶住工件基准圆中心孔车削基准外圆，再顶住偏心圆中心孔车削偏心外圆。

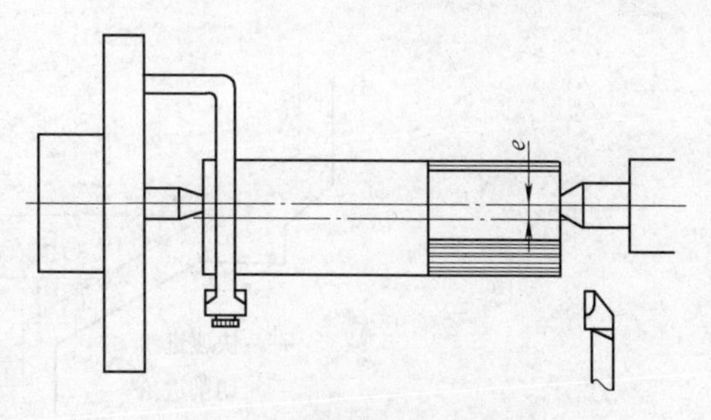

图2-57　在两顶尖装夹车偏心圆

对于单件、小批量生产精度要求不高的偏心轴，其偏心中心孔可经划线后在钻床上钻出；偏心距精度要求较高时，偏心中心孔可在坐标镗床上钻出；成批生产时，可在专门中心孔钻床或偏心夹具上钻出。

3. 掉头加工

如果工件属于需要掉头加工的工件，不像在前面的任务中，一次装夹，就能加工完成所有待加工工序。此类工件为了保护已加工表面，通常首先要保证长度尺寸要求。首先用自定心卡盘装夹工件后，先车出一个端面，并在保证径向尺寸的前提下，手动切出一定长度的外圆柱面，然后掉头夹持刚切好的表面，保长度尺寸的同时，车出另一端面。这样做的另一好处，可以提高工件的定位精度。

2.3.3　本任务需掌握的指令

复合循环指令：对数控车床而言，非一刀加工完成的轮廓表面、加工余量较大的表面，采用循环编程，可以缩短程序段的长度，减少程序所占内存。复合循环中，只需指定精加工路线和背吃刀量，系统就会自动计算出粗加工路线和加工次数。

1. 外径、内径粗加工循环指令（G71）

G71 指令将工件切削至精加工之前的尺寸，精加工前的形状及粗加工的刀具路径由系统根据精加工尺寸自动设定。在 G71 指令程序段内，要指定精加工工件的程序段的顺序号、精加工余量、粗加工每次切深、F 功能、S 功能、T 功能等。

指令格式：

G71　U(d)　R(r)

G71　Pns　Qnf　U(Δu)　W(Δw)　(F_　S_　T_)

或　G71　P ns　Q nf　U(Δu)　W(Δw)　D(Δd)　R(Δr)(F_　S_　T_)

指令说明：

1）d 表示每次背吃刀量。

2）r 表示每次回刀时的径向退刀量。

3）ns 表示精加工形状程序段中的开始程序段号。

4）nf 表示精加工形状程序段中的结束程序段号。

5）Δu/2 表示 X 轴方向精加工余量。

6）Δw 表示 Z 轴方向精加工余量。

指令功能：该指令的循环路线如图 2-58 所示，它将指定最终切削路径从 A' 经 A 到 B。该命令以余量 Δd 为切削深度，以“r”为退刀量车指定的区域，留精加工预留量 Δu/2 及 Δw，最后在完成该切削进程后，刀具返回到循环起点。

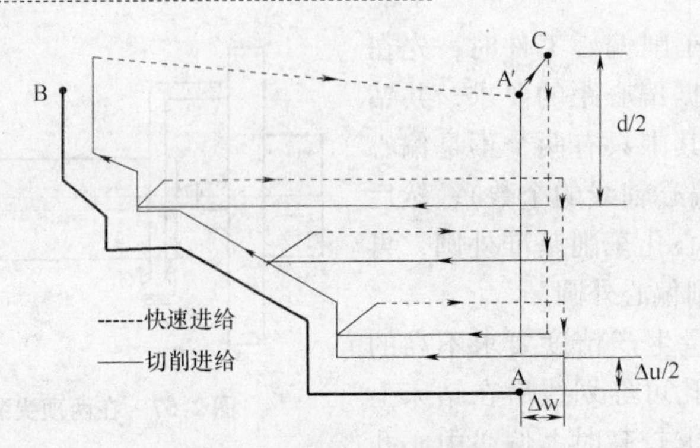

图 2-58　G71 指令刀具循环路线

【例 2.3.2】 按图 2-59 所示的工件尺寸编写外圆粗车循环加工程序

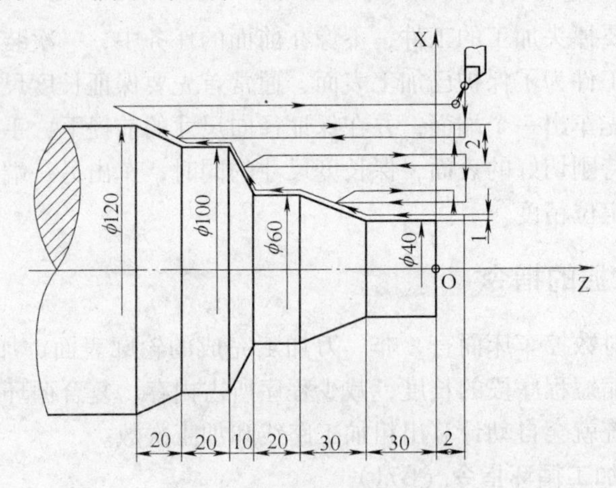

图 2-59　外圆粗车循环训练

参考程序：

```
T0101;
M03 S800;                                  主轴正转，转速 800r/min
G00 X122.0 Z2.0;                           确定循环起点位置
G71 U1.5 R0.5;                             粗切量：1.5mm
G71 P10 Q20 U0.4 W0.1 F0.15;               粗加工循环开始，余量：X0.4mm Z0.1mm
N10 G00 G42 X40.0;           //ns          工件轮廓起始行
G01 Z-30.0;
    X60.0 Z-60.0;
    Z-80.0;
    X100.0 Z-90.0;
    Z-110.0;
N20 G40 X120.0 Z-130.0  ; //nf             工件轮廓结束行
X122.0;                                    退出已加工面
G00 X100.0 Z100.0;                         回换刀点
M05;
```

2. 端面（台阶）粗车循环指令（G72）

G72 指令与 G71 指令类似，不同之处就是刀具路径是按径向方向循环的。G71 指令适合于轴类零件粗加工，G72 指令适合于盘类零件粗加工。输入格式同 G71 指令，循环路线如图 2-60 所示（工件成品形状为 $A' \to B$）。

指令格式：

G72　W(d) R(r)

G72　Pns　Qnf　UΔu　WΔw　(F_　S_　T_)

或　G72　P ns　Q nf　UΔu　WΔw　D Δd　R Δr(F_　S_　T_)

指令说明：

1）d 表示每次背吃刀量。

2）r 表示每次回刀时的径向退刀量。

3）ns 表示精加工形状程序段中的开始程序段号。

4）nf 表示精加工形状程序段中的结束程序段号。

5）Δu/2 表示 X 轴方向精加工余量。

6）Δw 表示 Z 轴方向精加工余量。

指令功能：

该指令的循环路线如图 2-60 所示，它将指定最终切削路径从 A 经 A′ 到 B。该命令以余量 Δd 为切削深度，以 r 为退刀量车掉指定的区域，留精加工预留量 Δu/2 及 Δw，最后在完成该车削进程后刀具返回到循环起点。

【例 2.3.3】　按图 2-61 所示的工件尺寸编写外圆粗车循环加工程序，其中虚线部分为工件毛坯。

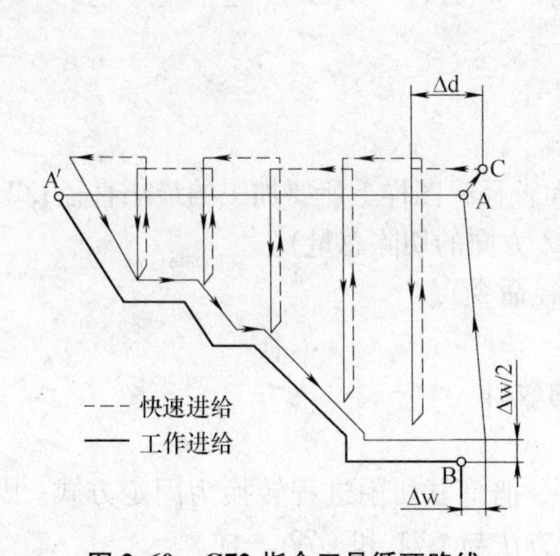

图 2-60　G72 指令刀具循环路线

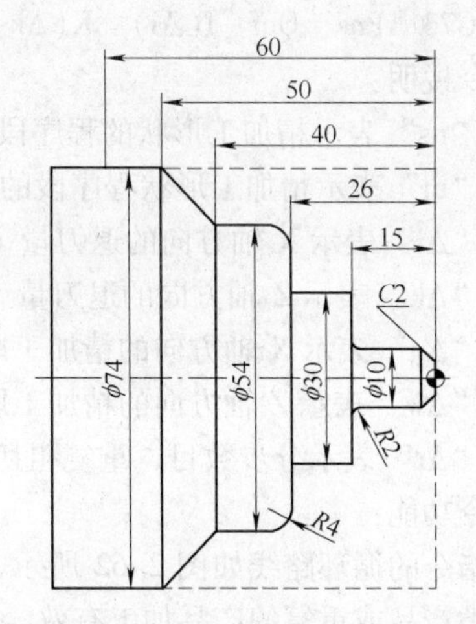

图 2-61　G72 外径粗车复合循环编程实例

参考程序：

O2；

T0101；	换一号刀，确定其坐标系
M03 S800；	主轴正转，转速 800r/min
G00 X80.0 Z1.0；	确定循环起点位置

```
    G72 W1.2 R0.5;
    G72 P10 Q20 U0.4 W0.2 F0.15;     外端面粗车循环加工
N10 G00 Z-53.0;                      加工轮廓开始,到锥面延长线处
    G01 X54.0 Z-40.0 F0.1;           加工锥面
        Z-30.0;                      加工φ54 外圆
    G02 U-8.0 W4.0 R4.0;             加工R4 圆弧
    G01 X30.0;                       加工Z26 处端面
        Z-15.0;                      加工φ30 外圆
        U-16.0;                      加工Z15 处端面
    G03 U-4.0 W2.0 R2.0;             加工R2 圆弧
        Z-2.0;                       加工φ10 外圆
N20 U-10.0 W3.0;                     加工C2 倒角,精加工轮廓结束
    G00 X80.0;                       退出已加工表面
    G40 X100.0 Z100.0;               取消半径补偿,返回程序起点位置
    M30;                             主轴停、主程序结束并复位
```

3. 成形粗车复式循环（G73）

如图 2-62 所示，工件成品轮廓为 $A'\rightarrow B$。本功能用于重复切削一个逐渐变换的固定形式，用本循环可有效切削一个用粗加工锻造或铸造等方式已经加工成型的工件。

指令格式：

G73　UΔi　WΔk　RΔr

G73　Pns　Qnf　U(Δu)　W(Δw)　(F　S　T　)

或 G73　Pns　Qnf　I(Δi)　K(Δk)　U(Δu)　W(Δw)　R(Δr)(F_　S_　T_)

指令说明：

1）“ns”表示精加工形状的程序段的开始段号。

2）“nf”表示精加工形状程序段的结束段号。

3）“Δi”表示 X 轴方向的退刀量（毛坯最大直径－图样上所要加工的最小直径)/2。

4）“Δk”表示 Z 轴方向的退刀量（毛坯在 Z 方向的切除总量)。

5）“Δu”表示 X 轴方向的精加工厚度（直径命令)。

6）“Δw”表示 Z 轴方向的精加工厚度。

7）“Δr”表示分步数目，重复粗切削进程的数目。

指令功能：

该指令的循环路线如图 2-62 所示，这个指令把重复切削进程转换为固定方式。因此，它对盘类产品或重复的产品加工有效。其他编程方法与 G71 和 G72 一样。

【例 2.3.4】 用 G73 复合粗加工循环指令，编制图 2-63 所示零件的加工程序，其中点画线部分为工件毛坯。

参考程序：

```
    O3;
    T0101;                 换一号刀，确定其坐标系
    M03 S800;              主轴正转，转速800r/min
```

```
    G00 X42.0 Z1.0;                      到循环起点位置
    G73 U11.0 W0 R10.0;
    G73 P10 Q20 U0.3 W0.1 F0.15;         粗加工循环
N10 G00 X14.0;                           工件轮廓开始，到倒角延长线处
    G01 X20.0 Z-2.0 F0.1;                加工 C2 倒角
        Z-8.0;                           加工 φ20 外圆
    G02 X28.0 Z-12.0 R4.0;               加工 R4 圆弧
    G01 Z-17.0;                          加工 φ28 外圆
        U-10.0 W-5.0;                    加工下切锥
        W-8.0;                           加工 φ18 外圆槽
        U8.66 W-2.5;                     加工上切锥
        Z-37.5;                          加工 φ26.66 外圆
    G02 X30.66  W-14.0 R10.0;            加工 R10 下切圆弧
    G01 W-10.0;                          加工 φ30.66 外圆
N20 X40.0;                               退出已加工表面，精加工轮廓结束
    G00 X100.0 Z100.0;                   取消半径补偿，返回换刀点位置
    M30;                                 主轴停、主程序结束并复位
```

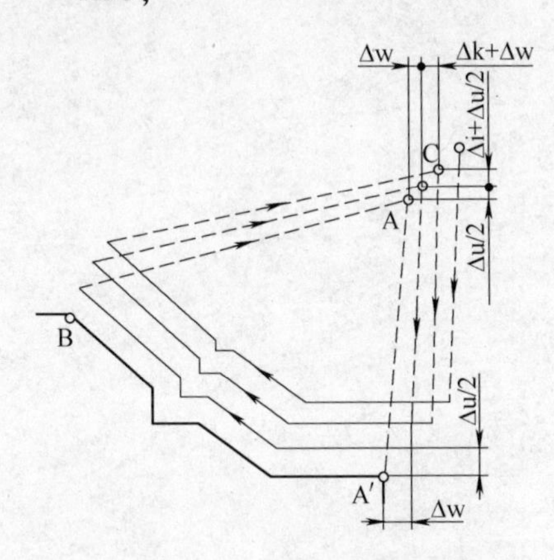

图2-62　G73指令刀具循环路线

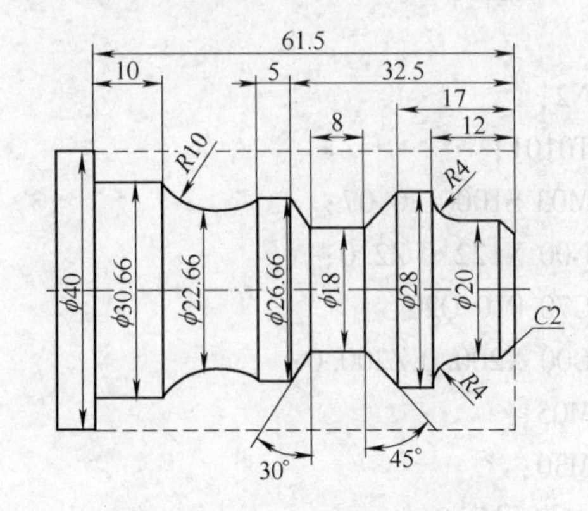

图2-63　G73复合循环编程实例

4. 精加工循环指令（G70）

G70是在执行了G71、G72或G73粗加工循环指令以后的精加工循环，在G70指令程序段内要指定精加工程序第一个程序段序号（ns）和精加工程序最后一个程序段序号（nf）。

指令格式：

G70　Pns　Qnf

这里需要说明的是，在由G71、G72和G73做了粗切削循环之后，才可以用G70代码进行最终精加工。在G70中忽略了由G71、G72和G73指派的F、S和T的值，取在ns和nf之间指定的值为有效值。在循环切削方式期间，不能调用辅助功能，并且在G70切削过程完成后，刀具以快速移动进程回到起点。

【例2.3.5】　按图2-59尺寸编写加工程序。

参考程序1：

```
O0001;
N1;
T0101 ;
M03 S800;
G00 X122.0 Z2.0;
G71 U1.5 R0.5;
G71 P10 Q20 U0.4 W0.1 F0.15;
    N10 G00 G42 X40.0;                    //ns
        G01 Z-30.0;
        X60.0 Z-60.0;
        Z-80.0;
        X100.0 Z-90.0;
        Z-110.0;
    N20 G40 X120.0 Z-130.0;               //nf
  X122.0;
  G00 X200.0 Z200.0;
    M05;

N2;
T0101;
M03 S1000 F0.07;
G00 X122.0 Z2.0;
G70 P10 Q20;
G00 X200.0 Z200.0;
M05;
M30;
```

参考程序2：

```
T0101;
    M03 S800;
    G00 X122.0 Z2.0;
    G71 U1.5 R0.5;
    G71 P10 Q20 U0.4 W0.1 F0.15;
    N10 G00 G42 X40.0;                    //ns
        G01 Z-30.0 F0.07 S1000;
        X60.0 Z-60.0;
        Z-80.0;
        X100.0 Z-90.0;
        Z-110.0;
```

```
    N20 G40 X120.0 Z-130.0;         //nf
    X122.0;
G70 P10 Q20;
G00 X200.0 Z200.0;
M05;
M30;
```

5. 切槽或切断循环指令（G75）

G75 是在执行工件切槽或切断时，为了防止折刀而设置的指令。采用 G75 实现切槽或切断时，每切进一定深度后，退刀排屑，如此往复循环，直至加工完成为止。

格式：G75 R(e)；

G75 X(U)_P（Δi）F（f）；

其中：

e——指定每次的退刀量；

X——切削终点坐标（X 轴方向）；

Δi——每次切削深度，单位为 μm；

f——进给速度。

2.3.4 机床操作

1. 机床操作要点

工件的加工程序编制完成后，就可以操作车床对工件进行加工。其操作要点为：

（1）电源通电前后的检查　检查机床的防护门和电箱门等是否关闭。润滑装置上油标的液面位置、切削液的液面位置和车床上各表的读数是否正常等。

（2）手动操作车床　当车床按照加工程序对工件进行自动加工时，车床的操作基本上是自动完成的。而在其他一些情况下，则需要手动操作，如：手动返回机床参考点、滑板的手动进给、主轴的操作、刀架的转位、手动尾座的操作等。

（3）车床的急停　车床无论是在手动还是在自动运转状态下，遇到不正常情况，根据不同的需要，可以有几种不同的紧急停止方式。如按下紧急停止按钮、按下复位键、按下 NC 装置电源断开键和按下进给保持按钮等。

（4）程序的输入、检查和修改　将编制好的工件加工程序输入到数控系统中，并对输入的程序进行检查，发现错误必须进行修改。只有加工程序完全正确，才能进行空运行操作。

（5）刀具补偿值的输入和修改　为保证加工精度和编程方便，在加工过程中需进行刀具补偿，每一把刀具的补偿量需要在空运行前输入到数控系统中，在程序的运行中自动进行补偿。

（6）机床的运转　工件的加工程序输入到数控系统后，经检查无误，且各刀具的位置补偿值和刀尖圆弧半径补偿值已输入到相应的存储器中，便可进行车床的空运行和实际切削。

（7）车床的空运行　数控车床的空运行是指在不装工件的情况下，自动运行加工程序。在车床空运行之前，操作者必须完成下面的准备工作：装夹各刀具；输入各刀具的补偿值；

调整进给倍率到适当位置（一般为100%）；打开单步运行开关；设置 M01 有效（OPTINAL STOP）；锁定机床滑板（MACHINE LOCK）；置 F 代码无效（DRY RUN 为 ON）；将尾座体退回原位，并使套筒退出；卡盘夹紧。完成上述操作后，便可执行加工程序。

（8）车床的实际切削　当车床的空运行完成，加工程序控制的车床加工过程正确，就可以进行车床的实际切削。经实际切削证明工件的加工程序正确，且加工出的工件符合零件图样要求，便可连续执行程序，进行工件的正式加工。

2. 刀具补偿

车床的刀具补偿包括刀具的磨损量补偿参数和形状补偿参数，两者之和构成车刀偏置量补偿参数。

输入磨耗量补偿参数：刀具使用一段时间后磨损，会使产品尺寸产生误差，因此需要对刀具设定磨耗量补偿。步骤如下：在 MDI 键盘上敲击 OFFSET SETTING 键，进入磨耗补偿参数设定界面。如图 2-64 所示。

用方位键 ↑ ↓ 选择所需的番号，并用 ← → 确定所需补偿的值。敲击数字键，输入补偿值到输入域。按菜单软键［输入］或按 INPUT，参数输入到指定区域。按 CAN 键逐字删除输入域中的字符。输入形状补偿参数。

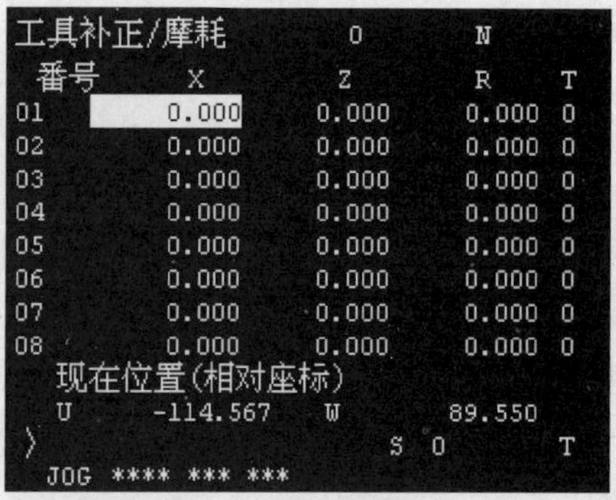

工具补正/摩耗　　O　　N

番号	X	Z	R	T
01	0.000	0.000	0.000	0
02	0.000	0.000	0.000	0
03	0.000	0.000	0.000	0
04	0.000	0.000	0.000	0
05	0.000	0.000	0.000	0
06	0.000	0.000	0.000	0
07	0.000	0.000	0.000	0
08	0.000	0.000	0.000	0

现在位置(相对座标)
U　-114.567　W　89.550
〉　　S　0　　T
JOG **** *** ***

图 2-64　磨耗补偿参数设定界面

工具补正　　O　　N

番号	X	Z	R	T
01	0.000	0.000	0.000	0
02	0.000	0.000	0.000	0
03	0.000	0.000	0.000	0
04	0.000	0.000	0.000	0
05	0.000	0.000	0.000	0
06	0.000	0.000	0.000	0
07	0.000	0.000	0.000	0
08	0.000	0.000	0.000	0

现在位置(相对座标)
U　-114.567　W　89.550
〉　　S　0　　T
JOG **** *** ***

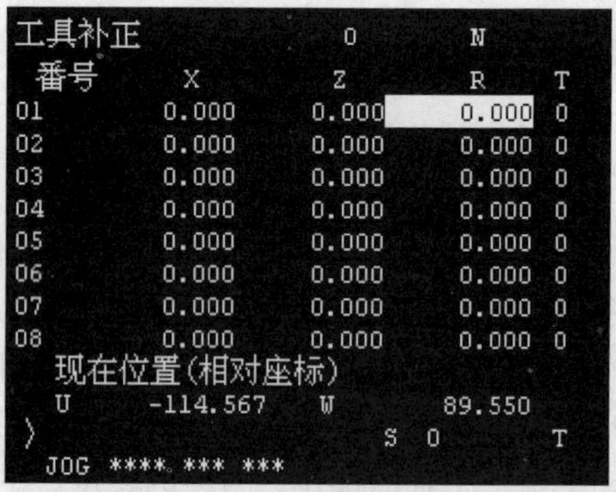

图 2-65　形状补偿参数设定界面

在 MDI 键盘上敲击 OFFSET SETTING 键，进入形状补偿参数设定界面，如图 2-65 所示。方位键 ↑ ↓ 选择所需的番号，并用 ← → 确定所需补偿的值。敲击数字键，输入补偿值到输入域。按菜单软键［输入］或按 INPUT，参数输入到指定区域。按 CAN 键逐字删除输入域中的字符。输入刀尖圆弧半径和方位号：分别把光标移到 R 和 T，按数字键输入半径或方位号，按菜单软键［输入］。

3. 设置偏置值完成多把刀具对刀

方法一：选择一把刀为标准刀具，采用试切法或自动设置坐标系法完成对刀，把工件坐标系原点放入 G54～G59，然后通过设置偏置值完成其他刀具的对刀，下面介绍刀具偏置值的获取办法。敲击 MDI 键盘上 POS 键和［相对］软键，进入相对坐标显示界面。选定的标刀试切工件端面，将刀具当前的 Z 轴位置设为相对零点（设零前不得有 Z 轴位移）。

依次敲击 MDI 键盘上的 W V，0 * 输入“W0”，按软键［预定］，则将 Z 轴当前坐标值设为相对坐标原点。标准刀具试切零件外圆，将刀具当前X轴的位置设为相对零点（设零前不得有X轴的位移）：依次敲击MDI键盘上的U_H、0_*输入“U0”，按软键［预定］，则将X轴当前坐标值设为相对坐标原点。此时CRT界面如图2-66所示。

换刀后，移动刀具使刀尖分别与标准刀切削过的表面接触。接触时显示的相对值，即为该刀相对于标刀的偏置值ΔX，ΔZ。（为保证刀准确移到工件的基准点上，可采用手动脉冲进给方式）此时CRT界面如图2-67所示，所显示的值即为偏置值。将偏置值输入到磨耗参数补偿表或形状参数补偿表内。

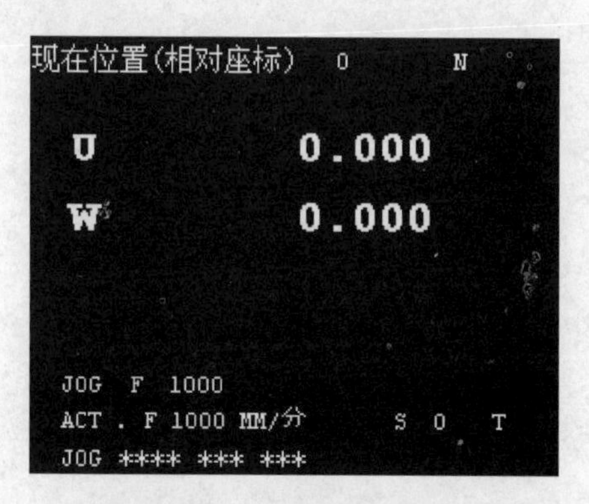

图2-66　相对坐标原点

图2-67　相对于标刀的偏置值

注：MDI键盘上的SHIFT键用来切换字母键，如W_V键，直接按下输入的为“W”，按SHIFT键，再按W_V，输入的为“V”。

方法二：分别对每一把刀测量、输入刀具偏移量。

2.3.5　任务实施

1. 零件工艺性分析

（1）毛坯的选用　此零件的加工棒料选择切削加工性能较好的45钢，棒料直径为ϕ35mm。

（2）技术要求分析　该零件属于轴类零件，加工内容包括圆弧面、圆锥面、圆柱面的粗、精加工及切槽加工。零件尺寸标注完整，无热处理和硬度要求，径向尺寸ϕ28、ϕ22、ϕ18、ϕ16、ϕ12要求较高，径向尺寸58、47、35、27、5、4、15有公差要求。

（3）确定装夹方案　此工件只需一次装夹即可完成，用自定心卡盘夹紧工件左端，以工件轴心线为定位基准，保证工件伸出的长度为80mm。

（4）选择刀具　T0101，硬质合金90°外圆车刀；T0202，高速钢刀宽为5mm切槽刀。同时把两把刀装在刀架上对刀，把它们的刀具补偿值输入相应的刀具寄存器中。

（5）制定加工方案　此工件外轮廓的加工用G71循环指令进行粗加工，用G70指令进行精加工，保证径向尺寸及轴向尺寸的公差，中间22mm的槽用复合循环指令G75来进行加工。

2. 参考程序

```
O0001;
N1;
```

```
T0101;
M03 S800 F0.15;
G00 X37.0 Z2.0;
G71 U1.5 R0.5;
G71 P10 Q20 U0.4 W0.1;
N10 G00 G42 X-4.0;
    Z0;
    G01 X0;
    G03 X12.0 Z-6.0 R6.0;
    Z-11.0;
    X16.0;
    X18.0 W-12.0;
    W-8.0;
    X22.0 C-1.5;
    W-12.0;
    X28.0 C-1.0;
    W-15.0;
    X32.0;
    W-16.0;
N20 G01 G40 X37.0;
G00 X100.0 Z100.0;
M05;
N2;
T0101;
M04 S1000 F0.07;
G00 X37.0 Z2.0;
G70 P10 Q20;
G00 X100.0 Z100.0;
M05;
N3;
T0202;
M04 S400 F0.05;
G00 X32.0 Z-52.0;
G75 R0.3;
G75 X22.0 P1000;
G00 X100.0 Z100.0;
M05;
M30;
```

3. 加工成品

中间轴加工成品如图 2-68 所示。

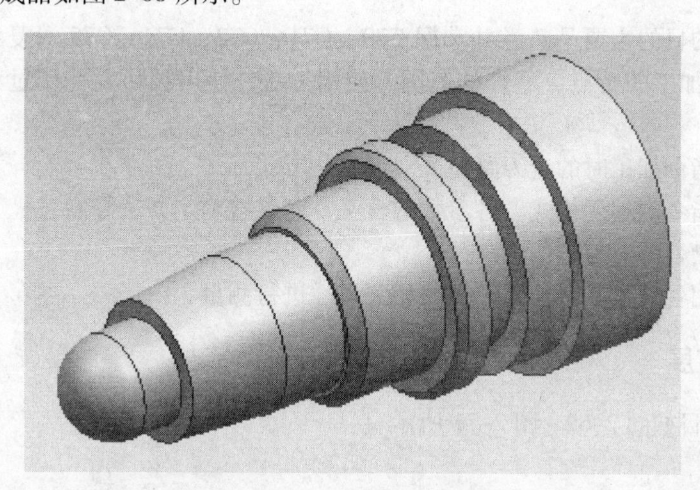

图 2-68　中间轴加工成品

4. 考核与评价

实训任务						
班级		姓名（学号）		组号		
序号	内容及要求	评分标准	配分	自评	互评	教师评分
1	手工编程	程序错误 2 分/次 数据错误 1 分/次	10			
2	程序输入	手工输入	5			
3	仿真加工轨迹	图形模拟走刀路径	5			
4	试切对刀	不会者取消操作	10			
4	直径 $\phi12$	每超差 0.01mm 扣 2 分	10			
5	直径 $\phi18$	每超差 0.01mm 扣 2 分	10			
6	直径 $\phi22$	每超差 0.01mm 扣 2 分	10			
	直径 $\phi25$	每超差 0.01mm 扣 2 分	10			
	轴向尺寸	每超差 0.01mm 扣 2 分	10			
7	整体外形	圆弧曲线连接光滑，形状准确	5			
8	表面粗糙度	小于 $Ra3.2\mu m$	5			
9	安全操作	违章视情节轻重扣分	10			
额定工时		实际加工时间				
完成日期		总得分				

2.3.6 任务小结

1）此项目的目的主要是熟悉并掌握 G70、G71、G72、G73、G75 等复合循环指令的运用，掌握各指令加工的特点、适合的范围、使用方法、使用技巧及使用过程中应注意的问题等。

2）掌握各指令加工时的走刀路径。

3）掌握各指令的编程格式、各参数的含义、各参数确定方法等。

4）掌握切槽刀的对刀方法。

5）掌握使用各种量具对加工零件的相关尺寸进行测量。

2.3.7 任务拓展

拓展训练项目如图 2-69 ~ 图 2-71 所示。

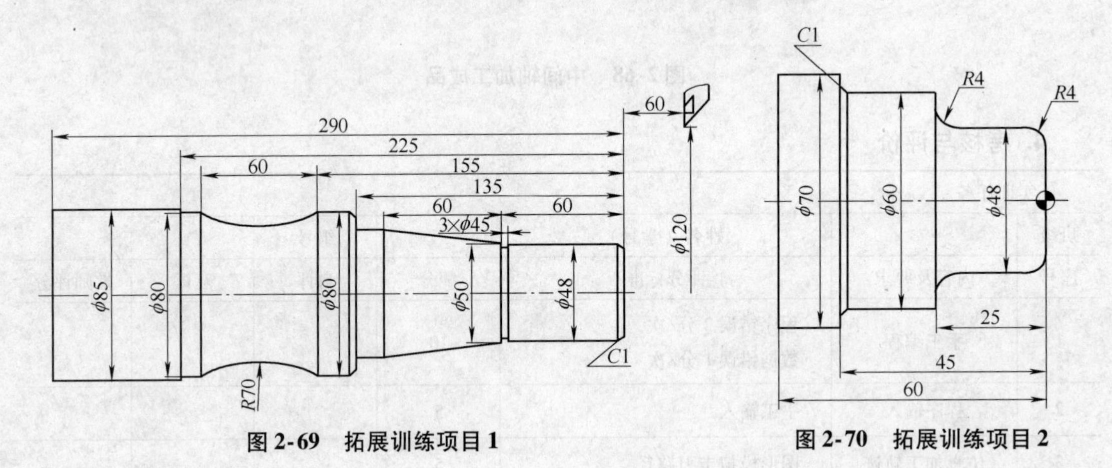

图 2-69 拓展训练项目 1

图 2-70 拓展训练项目 2

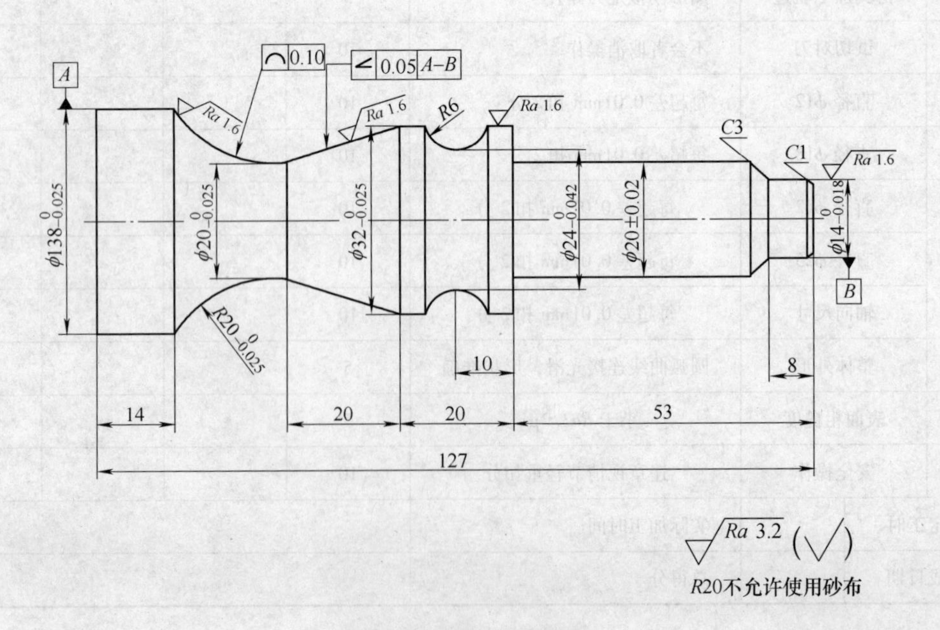

图 2-71 拓展训练项目 3

2.3.8　任务工单

<table>
<tr><td>项目名称</td><td colspan="7"></td></tr>
<tr><td>任务名称</td><td colspan="7"></td></tr>
<tr><td>专业班级小组编号</td><td colspan="7"></td></tr>
<tr><td>组员学号姓名</td><td colspan="7"></td></tr>
<tr><td rowspan="7">任务目标</td><td rowspan="4">知识目标</td><td colspan="6"></td></tr>
<tr><td colspan="6"></td></tr>
<tr><td colspan="6"></td></tr>
<tr><td colspan="6"></td></tr>
<tr><td rowspan="3">能力目标</td><td colspan="6"></td></tr>
<tr><td colspan="6"></td></tr>
<tr><td colspan="6"></td></tr>
<tr><td>需要完成的任务</td><td colspan="7"></td></tr>
<tr><td rowspan="6">刀具选择及切削用量</td><td rowspan="2">工步
内容</td><td rowspan="2">刀具
规格</td><td rowspan="2">刀具号</td><td colspan="3">切削用量</td></tr>
<tr><td>背吃刀量
/mm</td><td>主轴转速
/(r/min)</td><td>进给量
/(mm/r)</td></tr>
<tr><td></td><td></td><td></td><td></td><td></td><td></td></tr>
<tr><td></td><td></td><td></td><td></td><td></td><td></td></tr>
<tr><td></td><td></td><td></td><td></td><td></td><td></td></tr>
<tr><td></td><td></td><td></td><td></td><td></td><td></td></tr>
<tr><td>项目实施步骤</td><td colspan="7"></td></tr>
</table>

（续）

<table>
<tr><td>加工程序</td><td colspan="3"></td></tr>
<tr><td>项目实施过程中遇到的
问题及解决方法</td><td colspan="3"></td></tr>
<tr><td>学习收获</td><td colspan="3"></td></tr>
<tr><td rowspan="6">评价（详见考核表）</td><td colspan="3">个人评价 10% + 小组评价 20% + 教师评价 50% + 贡献系数 20%</td></tr>
<tr><td>姓名</td><td>各项得分</td><td>综合得分</td></tr>
<tr><td></td><td></td><td></td></tr>
<tr><td></td><td></td><td></td></tr>
<tr><td></td><td></td><td></td></tr>
<tr><td></td><td></td><td></td></tr>
</table>

任务4　连接轴的加工

2.4.1　任务综述

学习任务	连接轴的加工	参考学时：8
主要加工对象	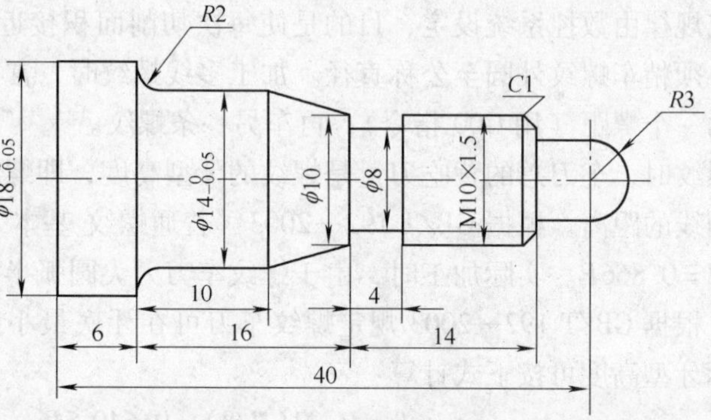	
重点与难点	1. 教学重点 （1）熟悉螺纹加工的基本指令，掌握其特点、适合范围、使用方法、使用技巧及使用过程中应注意的问题 （2）熟悉指令加工时的刀具路径 （3）掌握如何正确地运用螺纹加工指令对螺纹进行编程及加工 （4）掌握螺纹车刀对刀方法及螺纹的检测方法 2. 教学难点 （1）通过对零件的分析，能正确地制定螺纹加工的工艺过程及加工方法 （2）掌握螺纹车削指令，并熟练地手工编制螺纹加工程序 （3）独立完成带螺纹轴类零件的数控加工	
学习目标	1. 知识目标 （1）数控车床的基础知识、编程内容及基本功能 （2）掌握螺纹零件的数控车削加工工艺 （3）掌握G92指令功能、格式及特点 （4）掌握螺纹车刀对刀方法 2. 能力目标 （1）熟练运用G92指令的能力 （2）螺纹零件加工程序的编制能力 （3）螺纹零件的加工操作能力	
所需教学设备	数控车床、刀具、毛坯、量具、零件图、工艺卡、仿真软件、多媒体课件、计算机等	
教学方法	项目驱动、任务导向法；案例教学法；小组研讨；引导讲授，教学做一体化	

2.4.2 任务信息

1. 螺纹加工概述

在数控车床上加工的螺纹主要有内（外）圆柱螺纹和圆锥螺纹、单线螺纹和多线螺纹、恒螺距螺纹和变螺距螺纹等。常用加工方法有直进法和斜进法两种，直进法一般应用于螺距或导程小于3mm的螺纹加工，斜进法一般应用于螺距或导程大于3mm的螺纹加工。螺纹的切削深度遵循后一刀的切削深度不能超过前一刀切削深度的原则，其分配方式有常量式和递减式。递减规律由数控系统设定，目的是使每次切削面积接近相等（可参照表2-4）。加工螺纹前，必须精车螺纹外圆至公称直径。加工多线螺纹时，常用方法是车好一条螺纹后，轴向进给移动一个螺距（用G00指令），再车另一条螺纹。

车削螺纹时，车刀总的背吃刀量是螺纹的牙型高度，即螺纹牙型上牙顶到牙底之间的垂直于螺纹轴线的距离。根据GB/T 192—2003《普通螺纹 基本牙型》规定，普通螺纹的理论牙型高度 $H=0.866P$。实际加工时，由于螺纹车刀刀尖圆弧半径的影响，螺纹实际背吃刀量有所变化。根据GB/T 192—2003规定螺纹车刀可在牙底最小削平高度 $H/8$ 处削平或倒圆，则螺纹实际牙型高度可按下式计算：

$$h=H-2(H/8)=0.6495P$$

式中 H——螺纹原始三角形高度，$H=0.866P$（mm）；

P——螺距（mm）。

2. 加工工艺分析

该零件为螺纹类零件，其中所涉及的加工工艺，大部分前面已经介绍过了，只有螺纹的加工前面涉及得比较少。要熟悉螺纹的车削加工方法，首先要熟悉常用螺纹切削的进给次数与背吃刀量，表2-4所示是使用螺纹车刀车削普通螺纹的常用切削用量，有一定的生产指导意义，应该熟记并学会应用。

表2-4 车削螺纹的常用切削用量 （单位：mm）

螺距		1.0	1.5	2.0	2.5	3.0	3.5	4.0
牙型高度		0.649	0.974	1.299	1.624	1.949	2.273	2.598
背吃刀量	第1次	0.7	0.8	0.9	1.0	1.2	1.5	1.5
	第2次	0.4	0.6	0.6	0.7	0.7	0.7	0.8
	第3次	0.2	0.4	0.6	0.6	0.6	0.6	0.6
	第4次		0.16	0.4	0.4	0.4	0.6	0.6
	第5次			0.1	0.4	0.4	0.4	0.4
	第6次				0.15	0.4	0.4	0.4
	第7次					0.2	0.2	0.4
	第8次						0.15	0.3
	第9次							0.2

在分析螺纹车削的工艺和加工时，首先要注意棒料工件的装夹。一般装夹棒料工件时，应使自定心卡盘夹紧工件，并有一定的夹持长度。棒料伸出长度应考虑到零件的加工长度及

必要的安全距离等多种因素，而且棒料工件的中心线应尽量与主轴中心线重合，以防打刀。其次，还要注意刀具的装夹。机床上装夹的车刀不能伸出过长，刀尖应该与主轴的中心等高。螺纹车刀在装夹时，还应该用螺纹样板进行对中装夹。在装夹切槽车刀时，还要注意装正，以保证两副偏角对称。

2.4.3　本任务需掌握的指令

1. 切削螺纹循环（G32）

在编制切螺纹程序时，应当配有主轴恒转速（r/min）设定指令 G97，并且要考虑螺纹部分的某些特性。G32 指令能够切削圆柱螺纹、圆锥螺纹、端面螺纹（涡形螺纹）等，其移动进程在完成一个切削循环后停止。

指令格式：G32 X(U)_ Z(W)_F_;或 G32 X(U)_Z(W)_E_;

其中，F 表示螺纹导程设置，E 表示螺距设置。

【例 2.4.1】　加工如图 2-72 所示螺纹，试编写加工程序片断。

参考程序：

```
G00 X29.4;(1 循环切削)
G32 Z-23.0 F2.0;
G00 X32.0;
    Z4.0;
    X29.0;(2 循环切削)
G32 Z-23.0 F2.0;
G00 X32.0;
    Z4.0;
```

指令说明：

1）如图 2-73 所示，被切削螺纹的长度应当包括实际长度再加上由于伺服系统的延迟而产生的不完全螺纹的长度 δ_1 和 δ_2，具体不完全螺纹的长度一般可参阅相关手册来计算，也可按照以下所给的经验公式计算

$$\delta_1 = \frac{RL}{1800} \times 3.605 \qquad \delta_2 = \frac{RL}{1800}$$

式中，R 为主轴转速（r/min）；L 为螺纹导程（mm）。

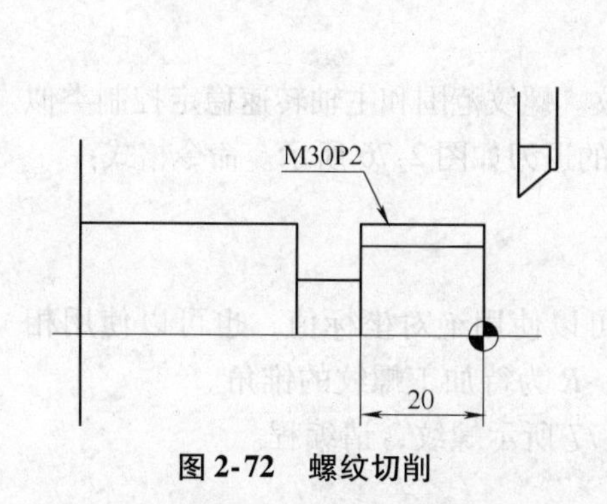

图 2-72　螺纹切削

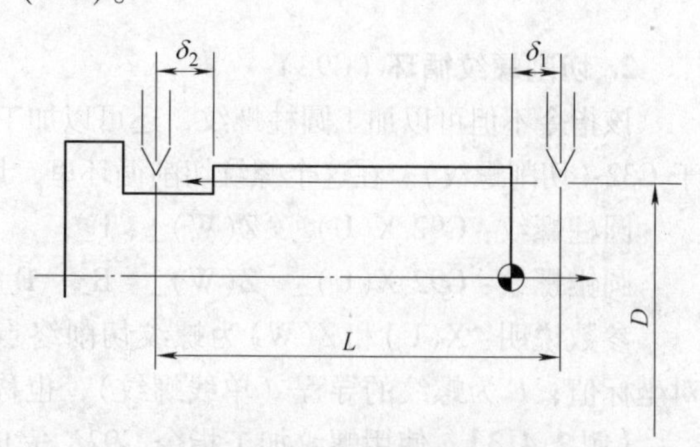

图 2-73　G32 圆柱螺纹切削

2）切削当中主轴的转速和螺距是相互关联并相互制约的，通过改变主轴转速的比率，

可切削出不同规格的螺纹。

螺纹加工的类型包括：内（外）圆柱螺纹和圆锥螺纹、单线螺纹和多线螺纹、恒螺距与变螺距螺纹。数控系统不同，螺纹加工指令会有差异，实际应用中应按所使用的机床要求来编程。

【例 2.4.2】 以 FANUC 系统 G32 指令编写圆锥螺纹切削程序（见图 2-74）。

螺纹导程：Z 方向 3.5mm，$\delta_1=2\text{mm}$，$\delta_2=1\text{mm}$。若背吃刀量为 2mm，分两次切削（每次背吃刀量 1mm）。切削圆锥螺纹部分程序如下：

```
G00  X12  Z72;
G32  X41  Z29  F3.5;
G00  X50;
     Z72;
     X10;(第二次背吃刀量 1mm)
G32  X39  Z29  F3.5;
G00  X50;
     Z72;
```

关于圆锥螺纹的导程，如图 2-75 所示，当 $\alpha \leqslant 45°$ 时，导程为 L_Z；当 $\alpha \geqslant 45°$ 时，导程为 L_X。

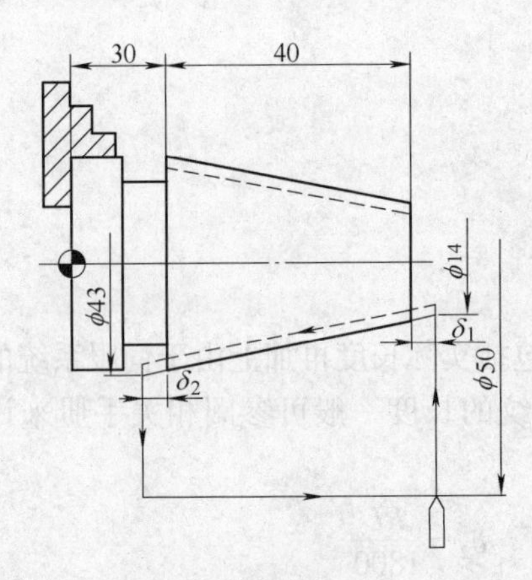

图 2-74 圆锥螺纹切削

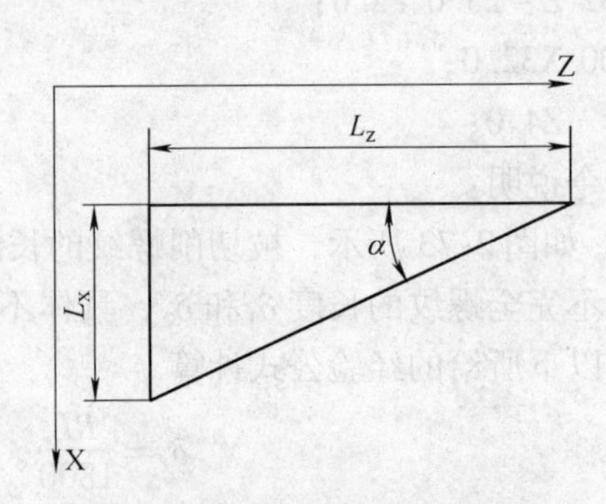

图 2-75 圆锥螺纹的导程

2. 切削螺纹循环（G92）

该指令不但可以加工圆柱螺纹，还可以加工圆锥螺纹。螺纹范围和主轴转速稳定控制类似于 G32（切削螺纹）。在这个螺纹切削循环里，切削螺纹的退刀如图 2-76 所示。命令格式：

圆柱螺纹：G92 X(U)_ Z(W)_ F_;

圆锥螺纹：G92 X(U)_ Z(W)_ R_ F_;

参数说明：X(U) 和 Z(W) 为螺纹切削终点坐标，可以使用绝对坐标值，也可以使用相对坐标值；*F* 为螺纹的导程（单线螺纹），也称为螺距；*R* 为待加工螺纹的锥角。

【例 2.4.3】 使用螺纹加工指令 G92，完成如图 2-77 所示螺纹，请编程。

```
G00 X40.0 Z5.0;
G92 X29.1 Z-40.0 F2.0;
```

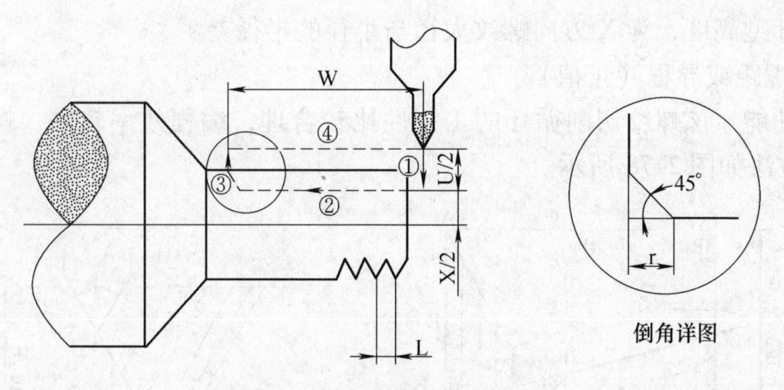

图2-76　切削螺纹循环过程

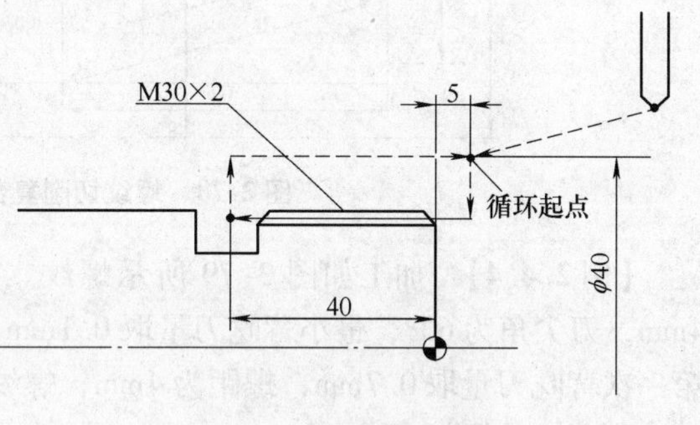

图2-77　G92循环实例

X28. 5;

X27. 9;

X27. 5;

X27. 4;

G00 X150. 0 Z200. 0;(取消G92循环)

3. 螺纹复合加工循环(G76)

G92单一螺纹加工循环指令在CNC发展的早期，确实方便了螺纹编程。随着计算机技术的迅速发展，CNC系统提供了更多重要的新功能，这些新功能进一步简化了程序编写。螺纹复合加工循环G76是螺纹车削循环的新功能，它具有很多功能强大的内部特征。

在使用G32的程序中，每个螺纹加工需要4个甚至5个程序段；使用G92循环每个螺纹加工需要一个程序段，但是G76循环能在一个程序段或两个程序段中加工任何单线螺纹，而且在机床上修改程序也会更快更容易。

(1) 指令格式

G76 P(m r a) Q(Δdmin) R(d)

G76 X(U) Z(W) R(i) P(k) Q(Δd) F(f)

(2) 指令说明

1) m表示精加工重复次数，为01~99的两位数。

2) r表示斜向退刀次数（从0.0到99设定，为00~99的两位数)，即倒角量或螺纹终端。

3) α表示刀尖角，可在80°、60°、55°、30°、29°和0°中选择，由两位数规定。

4) Δdmin表示每次最小背吃刀量（半径值)，当背吃刀量Δdn小于Δdmin，则取Δdmin作为背吃刀量。

5) d表示精加工余量。

6) X(U) 和Z(W) 为螺纹最后切削终点位置的X、Z坐标值，X(U) 表示牙底位置的X坐标值，Z(W) 表示螺纹终了位置的Z坐标值，即螺纹长度。

7) i表示圆锥螺纹的半径差，如果是切削圆柱螺纹，则此项可以省略。

8) Δd表示第一次的背吃刀量，正值。其中，背吃刀量按递减公式计算　$d_2=\sqrt{2}\Delta d$，$d_3=\sqrt{3}\Delta d$，$d_n=\sqrt{n}\Delta d$；每次粗切深$\Delta d_n=\sqrt{n}\Delta d-\sqrt{n-1}\Delta d$。

9）k 表示牙型高度，为 X 方向螺纹大径与小径的半径差。

10）f 表示螺距或导程（正值）。

（3）指令功能　该螺纹切削循环的工艺性比较合理，编程效率较高，螺纹切削复合循环路线及进给方法如图 2-78 所示。

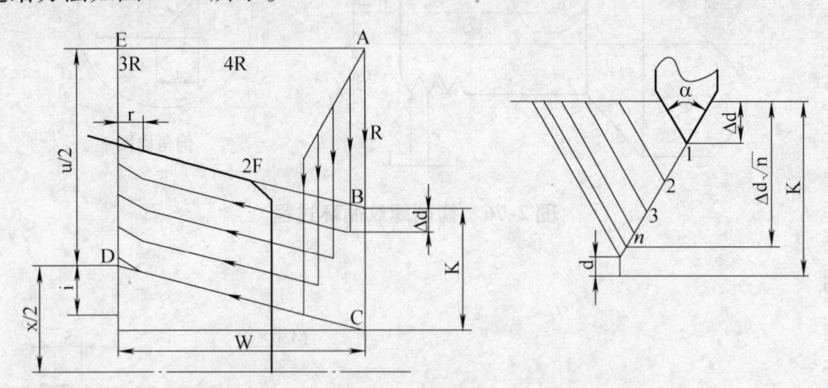

图 2-78　螺纹切削复合循环路线及进给方法

【例 2.4.4】 加工如图 2-79 所示螺纹。如果要求精加工次数为 1 次，斜向退刀量为 4mm，刀尖角为 60°，最小背吃刀量取 0.1mm，精加工余量取 0.1mm，牙型高度为 2.4mm，第一次背吃刀量取 0.7mm，螺距为 4mm，螺纹小径为 33.8mm。

则程序片段如下：

```
……
G00 X60.0 Z10.0；
G76 P011060 Q0.1 R0.1；
G76 X33.8 Z-60.0 R0 P2.4 Q0.7 F4.0；
……
```

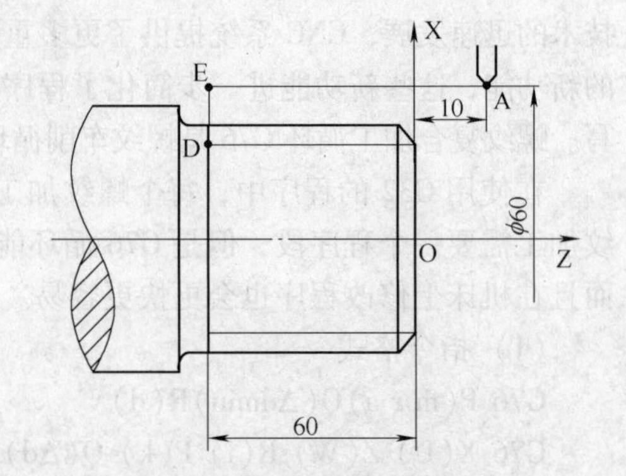

图 2-79　螺纹切削复合循环应用

2.4.4　机床操作

1. 自动加工方式

（1）自动/连续方式

1）自动加工流程。检查机床是否回零，若未回零，先将机床回零。导入数控程序或自行编写一段程序。单击操作面板上的按钮，指示灯变亮，系统进入自动运行状态。单击操作面板上的“循环启动”按钮，程序开始执行。

2）中断运行。数控程序在运行过程中可根据需要暂停、急停和重新运行。

数控程序在运行时，按“进给保持”按钮，程序停止执行；再单击“循环启动”按钮，程序从暂停位置开始执行。

数控程序在运行时，按下“急停”按钮，数控程序中断运行，继续运行时，先将急停按钮松开，再按“循环启动”按钮，余下的数控程序从中断行开始作为一个独立的程序执行。

（2）自动/单段方式　检查机床是否机床回零，若未回零，先将机床回零，再导入数控程序或自行编写一段程序。单击操作面板上的按钮，指示灯变亮，系统进入自动运行状态。

单击操作面板上的“单段”按钮，指示灯变亮。单击操作面板上的“循环启动”按钮，程序开始执行。

注：自动/单段方式执行每一行程序均需单击一次“循环启动”按钮；单击“跳步”按钮，则程序运行时跳过符号“/”有效，该行成为注释行，不执行；单击“选择停止”按钮，则程序中M01有效；可以通过“进给倍率”旋钮来调节主轴移动的速度；按RESET键可将程序重置。

2. 检查运行轨迹

程序导入后，可检查运行轨迹。单击操作面板上的按钮，指示灯变亮，系统进入自动运行状态。单击MDI键盘上的POS按钮，单击数字/字母键，输入“Ox”（x为所需要检查运行轨迹的数控程序号），按↓开始搜索，找到后，程序显示在CRT界面上。单击CUSTOM GRAPH按钮，进入检查运行轨迹模式。单击操作面板上的“循环启动”按钮，即可观察数控程序的运行轨迹，此时也可通过“视图”菜单中的动态旋转、动态放缩、动态平移等方式对三维运行轨迹进行全方位的动态观察。

2.4.5 任务实施

1. 零件工艺性分析

（1）毛坯的选用　此零件选择切削性能较好的45钢棒料，直径为ϕ20mm。

（2）技术要求分析　该零件属于带螺纹的轴类零件，加工内容包括圆柱面、圆锥面、圆弧面的粗、精加工，切槽及切螺纹的加工，表面粗糙度Ra不大于3.2μm。径向尺寸ϕ18、ϕ14精度要求较高，有极限偏差要求。

（3）确定装夹方案　此工件只需一次装夹即可，用自定心卡盘夹紧定位，保证工件伸出长度为50mm。

（4）选择刀具　T0101：硬质合金90°外圆车刀；T0202：刀宽4mm的高速钢切断车刀；T0303：硬质合金外螺纹车刀。同时把三把刀装在刀架上，对刀，把它们的刀具补偿值输入相应的刀具寄存器中

（5）制定加工方案：对该零件的轮廓进行分析，尺寸单调递增，所以先运用G71对主要外轮廓进行粗加工，用G70指令进行精加工，再用切断车刀加工螺纹退刀槽，然后用G92指令对M10×1.5的螺纹进行加工，最后切断工件。

2. 参考程序

```
O0001;
N1;                          (1) 粗加工循环程序
    M03 S800 M08 F0.15;      主轴正转,转速800r/min,切削液开
        T0101;               刀具选择
    G00 X22.0 Z2.0;          确定循环起点位置
    G71 U1.5 R0.5;
    G71 P10 Q20 U0.4 W0.1;   粗加工循环开始
```

```
N10 G00 G42 X-4.0;          刀具靠近工件起始点,刀具补偿建立
    Z0;
  G01 X0;                   倒角
  G03 X6.0 Z-3.0 R3.0;
  G01 Z-7.0;
    X10.0 C-1.0;
    W-14.0;
    X14.0 W-6.0;
    W-8.0;
  G02 X18.0 W-2.0 R2.0;
  G01 W-10.0;
N20 G40 X22.0;              加工结束,刀具补偿取消
  G00 X100.0;               退刀
    Z100.0;
  M05 M09;                  主轴停转,切削液关,用于粗加工后检测

N2;                     (2) 精加工程序
  M03 S1500 M08 F0.07;      主轴正转,转速1500r/min,切削液开
    T0101;                  刀具选择
  G00 X22.0 Z2.0;           循环起点(和粗加工循环起点重合)
  G70 P10 Q20;
  G00 X100.0 Z100.0;        退刀
  M05 M09;                  主轴停转,切削液关,用于精加工后检测

N3;                     (3) 退刀槽加工程序
  M03 S300 M08 F0.05;       主轴正转,转速300r/min,切削液开
  T0202;                    刀具选择
  G00 X12.0 Z-21.0;         快速点定位,确定循环起点
  G75 R0.5;                 切槽,每次退刀量0.05mm
  G75 X8.0 P1000;           切槽终点到X8.0,每次背吃刀量为1mm
  G00 X22.0;                退刀
  G00 X100.0 Z100.0;        返回换刀点
  M05 M09;                  主轴停转,切削液关

N4;                     (4) 螺纹加工程序
  M03 S600 M08 F1.5;        主轴正转,转速600r/min,切削液开,螺距1.5
  T0303;                    刀具选择
  G00 X12.0 Z-5.0;          快速点定位,确定循环起点
  G92 X9.2 Z-19.0;
```

```
        X8.6;
        X8.2;
        X8.05;
    G00 X100.0 Z100.0;                  返回换刀点
    M30;                                程序结束,返回程序开头
```

3. 加工成品

成品连接轴加工如图 2-80 所示。

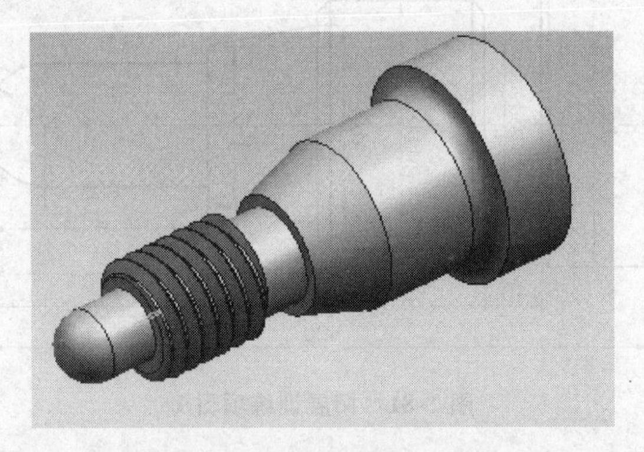

图 2-80 连接轴加工成品

4. 考核与评价

实训任务						
班级		姓名（学号）		组号		
序号	内容及要求	评分标准	配分	自评	互评	教师评分
1	手工编程	语法错误 2 分/处 数据错误 1 分/处	10			
2	程序输入	手工输入	10			
3	仿真加工轨迹	图形模拟刀具路径	5			
4	试切对刀	不会者可由别人代替，但这项不得分	10			
5	直径 ϕ14mm	每超差 0.01mm 扣 2 分	15			
6	直径 ϕ18mm	每超差 0.01mm 扣 2 分	15			
7	轴向尺寸	每超差 0.01mm 扣 2 分	15			
8	整体外形	圆弧曲线连接圆滑，形状准确	5			
9	表面粗糙度	小于 $Ra3.2\mu m$	5			
10	安全操作	违章视情节轻重扣分	10			
额定工时		实际加工时间				
完成日期		总得分				

2.4.6 任务小结

1）此任务主要是熟悉 G92 螺纹加工的基本指令，掌握其特点、适合范围、使用方法、使用技巧及使用过程中应注意的问题。

2）熟悉指令加工时的刀具路径

3）通过本任务的学习与练习，掌握正确运用螺纹加工指令对螺纹进行编程及加工

4）掌握螺纹车刀对刀方法及螺纹的检测

2.4.7 任务拓展

1）完成图 2-81 所示零件的粗、精车，毛坯直径为 ϕ55mm。

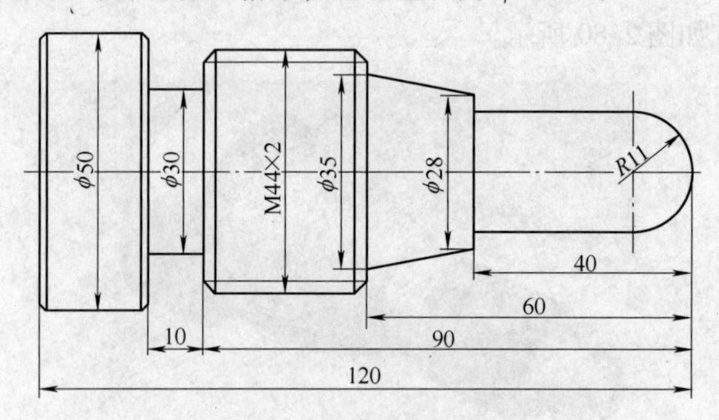

图 2-81 拓展训练项目 1

2）试编写程序，加工完成如图 2-82 所示零件，零件毛坯为 ϕ25mm 的 45 钢件。

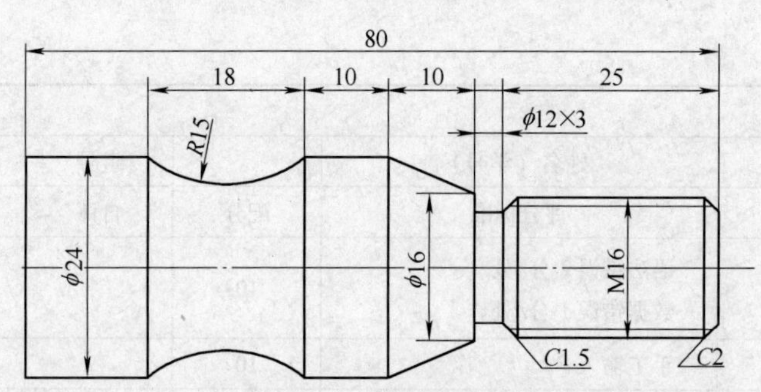

图 2-82 拓展训练项目 2

3）试编写程序，加工完成如图 2-83 所示零件，零件毛坯为 ϕ50mm 的铝件。

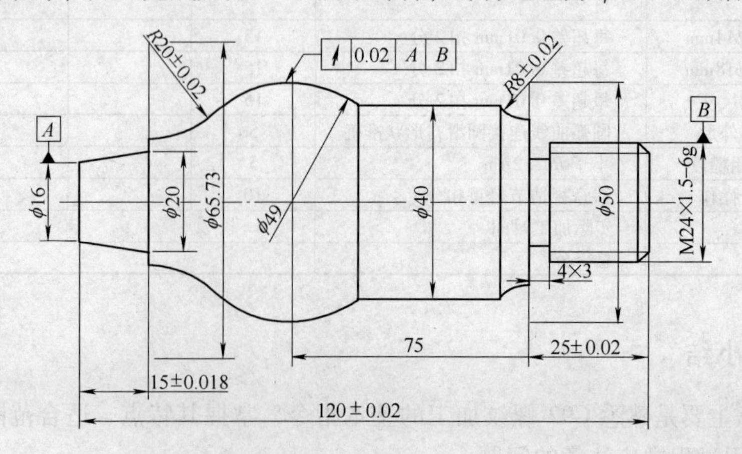

图 2-83 拓展训练项目 3

4）试编写程序，加工完成如图 2-84 所示零件，零件毛坯为 $\phi40$ 的铝料。

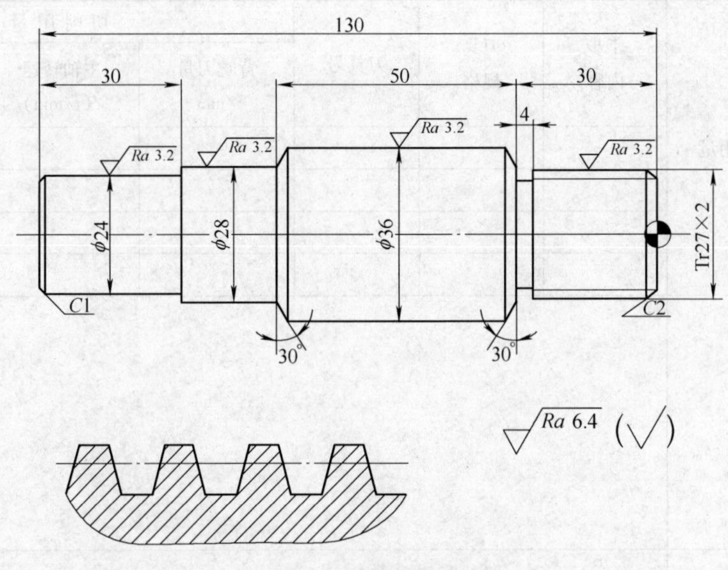

图 2-84　拓展训练项目 4

2.4.8　任务工单

项目名称		
任务名称		
专业班级小组编号		
组员学号姓名		
任务目标	知识目标	
	能力目标	
需要完成的任务		

（续）

<table>
<tr><td rowspan="6">刀具选择及切削用量</td><td rowspan="2">工步
内容</td><td rowspan="2">刀具
规格</td><td rowspan="2">刀具号</td><td colspan="3">切 削 用 量</td></tr>
<tr><td>背吃刀量
/mm</td><td>主轴转速
/(r/min)</td><td>进给量
/(mm/r)</td></tr>
<tr><td></td><td></td><td></td><td></td><td></td><td></td></tr>
<tr><td></td><td></td><td></td><td></td><td></td><td></td></tr>
<tr><td></td><td></td><td></td><td></td><td></td><td></td></tr>
<tr><td></td><td></td><td></td><td></td><td></td><td></td></tr>
<tr><td>项目实施步骤</td><td colspan="6"></td></tr>
<tr><td>加工程序</td><td colspan="6"></td></tr>
<tr><td>项目实施过程中遇到的
问题及解决方法</td><td colspan="6"></td></tr>
<tr><td>学习收获</td><td colspan="6"></td></tr>
<tr><td rowspan="6">评价（详见考核表）</td><td colspan="6">个人评价 10% + 小组评价 20% + 教师评价 50% + 贡献系数 20%</td></tr>
<tr><td colspan="2">姓名</td><td colspan="2">各项得分</td><td colspan="2">综合得分</td></tr>
<tr><td colspan="2"></td><td colspan="2"></td><td colspan="2"></td></tr>
<tr><td colspan="2"></td><td colspan="2"></td><td colspan="2"></td></tr>
<tr><td colspan="2"></td><td colspan="2"></td><td colspan="2"></td></tr>
<tr><td colspan="2"></td><td colspan="2"></td><td colspan="2"></td></tr>
</table>

任务 5　综合轴的加工

2.5.1　任务综述

学习任务	综合轴的加工	参考学时：8
主要加工对象	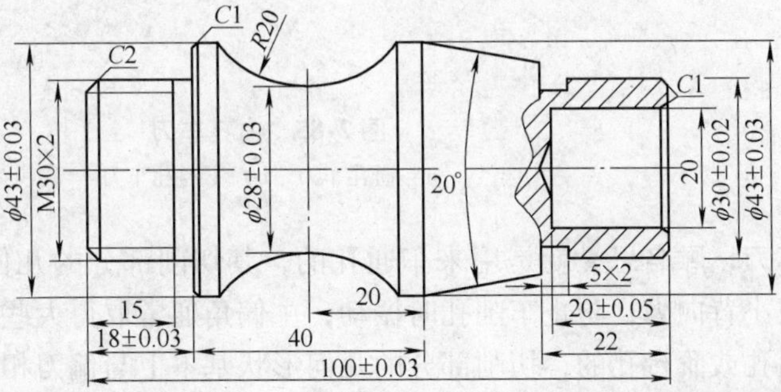	
重点与难点	1. 教学重点。 （1）能熟练地分析零件技术指标 （2）能确定合理的装夹方案 （3）能选择加工刀具、量具等装备，制定最佳的加工工艺步骤 （4）能进行编程计算，编制加工程序 2. 教学难点 （1）熟练地操作数控车床对零件进行加工 （2）能熟练进行尺寸检测并控制尺寸	
学习目标	1. 知识目标 （1）掌握数控车床的基础知识、编程内容及基本功能 （2）掌握综合轴类零件的基本加工工艺 2. 能力目标 （1）掌握数控编程方法 （2）能熟练地对综合轴类零件进行编程	
所需教学设备	数控车床、刀具、毛坯、量具、零件图、工艺卡、仿真软件、多媒体课件、计算机等	
教学方法	项目驱动、任务导向法；案例教学法；小组研讨；引导讲授，教学做一体化	

2.5.2　任务信息

“兵马未动，粮草先行”，要想加工出所需要的孔类零件，孔加工刀具首当其冲。在数控车床上所用的孔加工的刀具，统称为内孔车刀。内孔车刀的种类，根据不同的加工情况，可分为通孔车刀和不通孔车刀两种，如图 2-85 所示。

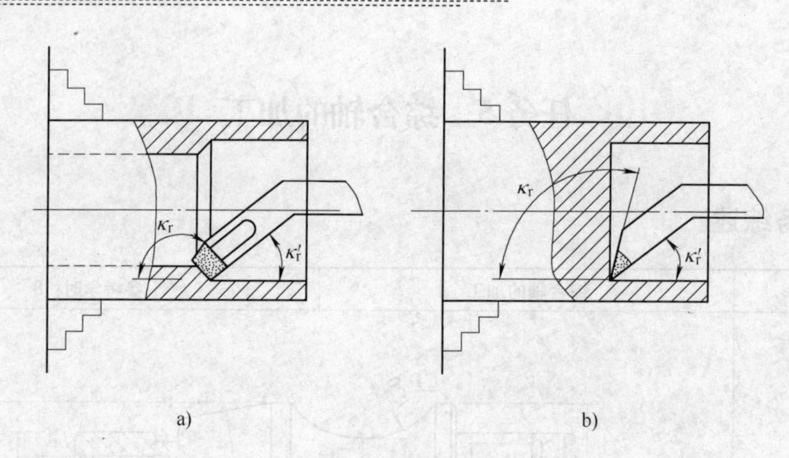

图 2-85 内孔车刀

a）通孔车刀 b）不通孔车刀

通孔车刀，顾名思义就是用来车通孔的，其切削部分的几何形状基本上与外圆车刀相似，为了减小背向力，防止车削孔时振动，主偏角通常取得大些。而不通孔车刀，通常是用来车削不通孔或阶台孔的，切削部分的几何形状基本上与偏刀相似，后角的要求和通孔车刀一样。不同之处是不通孔车刀夹在刀杆的最前端，刀尖到刀杆外端的距离小于孔半径 R，否则无法车平孔的底面。

在进行钻孔之前，一般应先将工件端面车平，在工件中心处不允许有凸台，否则钻头不能自动定心，会使车刀折断。当车刀将要穿透工件时，由于车刀横刃首先穿出，因此轴向阻力大减，这时进给速度必须减慢，否则车刀容易被工件卡死，造成锥柄在尾座套筒内打滑，损坏锥柄和锥孔。在进行小孔或较深孔的钻削加工时，由于切屑不易排出，必须经常退出钻头排屑，否则容易因切屑堵塞而使钻头“咬死”或折断。此外，在钻削小孔时，转速应选得快一些（增大切削刃的切削速度），否则钻削时进给力大，容易产生孔位偏斜和钻头折断。

要更好地解决排屑问题，可以通过控制切屑流出方向解决：在精车孔时，要求切屑流向待加工表面（通常称为前排屑），为此可采用正刃倾角的内孔车刀；加工不通孔时，应采用负刃倾角的内孔车刀，使切屑从孔口排出。

在孔的精车加工时，应保持切削刃锋利，否则容易因为刀柄的刚性较差而产生让刀现象。为了增加内孔车刀的刚性，通常会采取一系列措施：

1）尽量增加刀柄的截面积。通常内孔车刀的刀尖位于刀柄的上面，这样刀柄的截面积较小，还不到孔截面积的1/4，若使内孔车刀的刀尖位于刀柄的中心线上，那么刀柄在孔中的截面积可大大地增加。

2）尽可能缩短刀柄的伸出长度。尽可能缩短刀柄的伸出长度，以增加车刀刀柄刚性，减小切削过程中的振动。

3）改变刀柄几何参数。可以将刀柄上下两个平面做成互相平行，这样就可以很方便地根据孔深来调节刀柄伸出的长度。

4）严格对中以车平孔底　在车平孔底时，刀尖必须对准工件旋转中心，否则孔底平面无法车平。

测量孔深常用的测量工具是塞规，在测量的时候，应保持孔壁清洁，否则会影响塞规测量精度。而且在使用过程中，塞规不能倾斜，以防造成孔小的错觉，把孔径车大。当孔径较小的时候，塞规不能硬塞，更不能用力敲击。

车阶梯孔时，虽然车削内孔的指令与外圆车削指令基本相同，但应该注意到，外圆在加工过程中是越加工越小，而内孔在加工过程中是越加工越大，这在保证尺寸方面尤为重要。对于内、外径粗车循环指令 G71，在加工外圆时余量 *X* 为正，但在加工内孔时余量 X 应为负，否则内孔尺寸肯定会增大。

2.5.3　本任务需掌握的指令（G74）

端面啄式钻孔循环指令 G74，是在执行工件端面钻孔时，为了防止刀具折断而设置的指令。采用 G74 实现钻孔时，刀具每切进一定深度后自动退刀，以实现断屑和排屑。如此往复循环，直至钻到所需孔深为止。

指令格式：G74 R(e)；

G74 X(U)_Z(W)_P(Δi)Q(Δk)R(Δd)F(f)；

指令说明：

U—表示由 A 至 B 的增量坐标值的 2 倍；

W—表示由 A 至 C 的增量坐标值；

Δi—表示 X 轴方向背吃刀量，无正负号；

Δk—表示 Z 轴方向进给吃刀量，无正负号；

Δd—表示在切削底部刀具退回量；

f —钻孔时的钻孔速度。

G74 指令功能：该指令可用于断续切削，刀具路线如图 2-86 所示，如果把 X(U)、P(Δi)、R(Δd) 省略，则可用于钻孔加工。

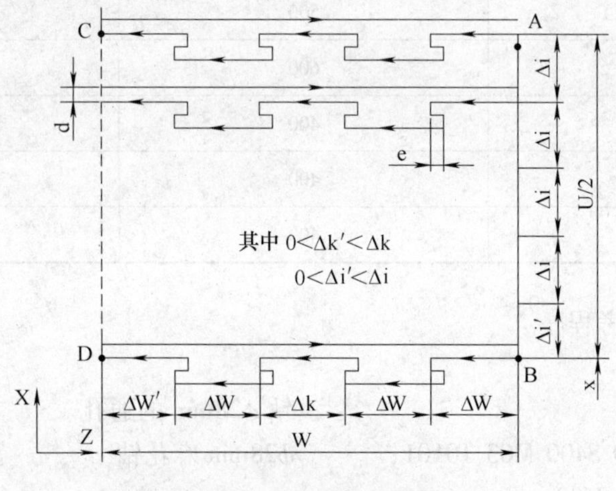

图 2-86　端面钻孔复合循环

【例 2.5.1】　编制程序完成对如图 2-87 所示零件的内、外表面加工，并完成工艺分析。毛坯为 ϕ102mm 的圆棒料，要求工件切断。

解：（1）工艺分析及处理

1）确定工艺方案及加工路线。以轴线为工艺基准，用自定心卡盘夹持 ϕ102mm 圆棒料的一端，使工件伸出卡盘 60mm，实现一次装夹完成粗、精加工。先钻 ϕ28mm 的通孔，接着调用循环指令，车零件的外形轮廓；然后利用内孔车刀，车削零件内腔体轮廓；切内螺纹退刀槽，加工 M60×2 的内螺纹，最后调用切断车刀，进行工件切断。

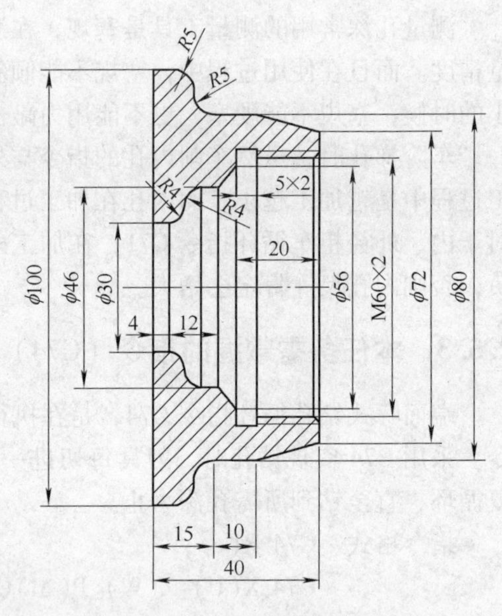

图 2-87　套类零件

2）选择刀具并确定换刀点。根据加工要求需选用七把刀具，1 号刀为 ϕ28mm 的麻花钻，2 号刀为粗车外圆车刀，3 号刀为精车外圆车刀，4 号刀为内孔车刀，5 号刀为内切槽车刀，6 号刀为内螺纹车刀，7 号刀为切断车刀。确定换刀点时，要避免换刀时刀具与车床、工件、夹具发生碰撞。为了安全起见，本例题将换刀点与对刀点选在同一个点（X150，Z200）。

3）确定切削用量。切削用量见表 2-5。

表 2-5　切削用量一览表

刀具 \ 切削用量	主轴转速/(r/min)	进给量/(mm/r)
麻花钻	400	0.1
外圆车刀（粗）	500	0.2
外圆车刀（精）	500	0.2
内孔车刀	600	0.15
内切槽车刀	400	0.15
内螺纹车刀	400	2.0
切断车刀	400	0.05

（2）精加工参考程序

```
O0001;
N1;                                   钻φ28mm 的通孔
  G40 G97 G99 S400 M03 T0101;         φ28mm 麻花钻
  G00 X0 Z2.0 M08;
  G74 R0.5;
  G74 Z-50.0 Q2000 F0.05;
  G00 X150.0 Z200.0;
  M05 M00;
```

```
N2;                                     车外形
  M03 T0202 S500;                       外圆车刀(粗)
  G00 X104.0 Z2.0;
  G71 U2.0 R0.5;
  G71 P10 Q20 U0.4 W0.2 F0.2;
N10 G42 X27.0 F0.15;
    G01 Z0;
        X72.0;
        X80.0 Z-15.0;
        Z-25.0;
    G02 X90.0 Z-30.0 R5.0;
    G03 X100.0 Z-35.0 R5.0;
    G01 Z-45.0;
N20 G40 X104.0;
    G00 X150.0 Z200.0;
    M05 M00;
    M03 T0303 S800;                     外圆车刀(精)
    G00 X104.0 Z2.0;
    G70 P10 Q20;
    G00 X150.0 Z200.0;
    M05 M00;
N3;                                     车削内腔
    M03 T0404 S600;                     内孔车刀
    G00 X27.0 Z2.0;
    G71 U2.0 R0.5;
    G71 P30 Q40 U-0.4 W0.2 F0.15;
N30 G00 G41 X57.4;
    G01 Z0 F0.05;
        Z-20.0;
        X56.0;
        X46.0 Z-24.0;
        Z-28.0;
    G03 X38.0 W-4.0 R4.0;
    G02 X30.0 W-4.0 R4.0;
    G01 Z-42.0;
N40 G40 X27.0;
    G00 Z2.0;
    M03 S800;
    G70 P30 Q40;
```

```
    G00 X150.0 Z200.0;
    M05 M00;
N4;                                    切退刀槽
    M03 T0505 S400;                    内切槽车切削,刃宽5mm,左侧刃对刀
    G00 X45.0;
        Z-20.0;
    G01 X61.4 F0.05;
        X50.0 F0.3;
    G00 X150.0;
        Z200.0;
    M05 M00;
N5;                                    车削内螺纹
    M03 T0606 S500;                    内螺纹车刀
    G00 X56.0 Z2.0;
    G92 X58.3 Z-17.0 F0.2;
        X58.9;
        X59.5;
        X59.9;
        X60.0;
  G00 X150.0 Z200.0;
  M05 M00;
N6;                                    切断
  M03 T0707 S400;                      切断车刀,切削刃宽5mm,左侧刃对刀
  G00 X105.0 Z-45.0;
  G75 R0.5;
  G75 X26.0 P8000 F0.05;
      W0.1;
  G00 X105.0 F0.4;
  G28 U0 W0 T0 M05;
M30;                                   程序结束
```

【例 2.5.2】 加工如图 2-88 所示的阶梯孔类零件，材料为铝合金，毛坯规格为 φ50mm×30mm，装夹后轴向余量为 5mm。按零件图要求加工完成该零件。

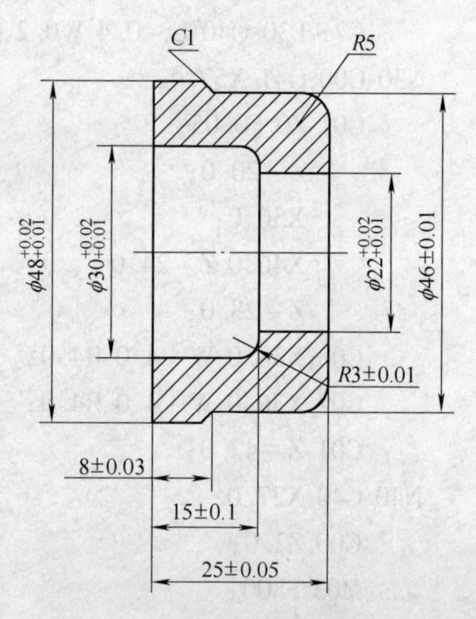

图 2-88 阶梯孔类零件

解：（1）工艺分析及处理

1）工艺分析。该零件表面由内外圆柱面、圆弧面等组成，工件要进行两次装夹才能够完成加工，同时根据在加工孔类零件时，一般按照先进行内腔加工，后进行外形加工的原则，首先进行孔的加工，然后进

行其他面的加工。

2）刀具的选择及切削用量的确定（见表2-6）

表2-6 刀具的选择及切削用量的确定

工步	工步内容	刀具	切削用量		
			背吃刀量/mm	主轴转速/(r/min)	进给量/(mm/r)
1	粗车工件端面	T11（90°外圆车刀）		<400	0.3
2	钻孔	中心钻		<400	
3	钻底孔	Φ15mm 麻花钻		<400	
4	扩孔	Φ20mm 麻花钻		<400	
5	粗加工 $\Phi46 \pm 0.01$ 外圆柱面、$R5$ 圆弧	T11（90°外圆车刀）	2	<500	0.3
6	精加工 Φ46 工件端面外圆柱面、$R5$ 圆弧	T22（90°外圆车刀）	0.3	<1000	0.1
7	掉头装夹工件找正				
8	车削工件端面，保证工件总长	T11（90°外圆车刀）		<400	0.3
9	粗加工阶梯孔、$R3$ 圆弧	通孔内孔车刀 T33	1	<500	0.2
10	精加工阶梯孔、$R3$ 圆弧	通孔内孔车刀 T44	0.2	<800	0.05
11	粗加工 $\phi48^{+0.02}_{+0.01}$外圆柱面	T11（90°外圆车刀）	2	<500	0.3
12	精加工 $\phi48^{+0.02}_{+0.01}$外圆柱面	T22（90°外圆车刀）	0.3	<1000	0.1

（2）参考程序

O0002;

M03 S600;　　主轴正转，转速为600r/min

T0101;　　调用1号刀具(90°/外圆车刀)粗加工

G00 X52.0 Z2.0;　　刀具定位

G71 U2.0 R0.5;

G71 P10 Q20 U0.3 W0.1 F0.3;

N10 G00 G42 X36.0;　　刀具快速进给至粗加工位置，粗加工开始

G01 Z0 F0.1;　　刀具进给至Z0位置，进给量为0.1mm/r

G03 X46.0 Z-5.0 R5.0 F0.1;　　加工 $R5$ 圆弧

G01 Z-17.0;　　加工 $\phi45 \pm 0.01$ 外圆柱面

X48.0 Z-18.0;　　加工 $\phi48^{+0.02}_{+0.01}$外圆柱面

Z-30.0;

N20 G40 X52.0;　　取消刀具补偿

G00 X100.0;

Z100.0;　　刀具退刀至安全位置

```
    M05;                                主轴停转
    T0202;                              调用2号刀具(90°外圆车刀)精加工
    G00 X52.0 Z2.0;                     刀具定位
    M03 S1000;                          主轴正转;转速为1000r/min
    G70 P10 Q20;
    G00 X100.0;
        Z100.0;                         刀具退刀至安全位置
    M30;
O0003;
    M03 S600;                           主轴正转,转速为600r/min
    T0303;                              调用3号刀具(通孔内孔车刀)粗加工内孔
    G00 X18.0 Z2.0;                     刀具定位
    G71 U1.0 R0.5;
    G71 P30 Q40 U-0.3 W0.1 F0.15;
N30 G00 G41 X30.0;                      刀具快速进给至加工位置
    G01 Z-12.0 F0.1;                    加工φ30(+0.02/+0.01)建立刀具补偿,进给量为0.1mm/r
    G03 X24.0 Z-15.0 R3.0;              加工R3圆弧
    G01 X22.0;
        Z-27.0;                         加工φ22(+0.02/+0.01)内孔,进给量为0.1mm/r
N40 X18.0;
    G00 G40 X18.0;                      取消刀具补偿
        Z100.0;                         刀具退刀至安全位置
    M00;                                程序停止
    M05;                                主轴停转
    T0404;                              调用四号刀具(通孔内孔车刀)精加工内孔
    M03 S800;                           主轴正转,转速为800r/min
    G00 X18.0 Z2.0;                     刀具定位
    G70 P30 Q40;
    G00 X100.0;
    Z100.0;                             刀具退刀至安全位置
M30;                                    程序结束,返回程序开始
```

【例2.5.3】 用内径复合循环指令编制如图2-89所示零件的加工程序，要求循环起始点设置在（6，3）位置，背吃刀量为1.5mm，退刀量为0.5mm，X方向精加工余量为0.4mm，Z方向精加工余量为0.1mm。

```
O1002;
    G00 X100.0 Z100.0;                  到程序起点或换刀点位置
    T0101;                              换1号刀,确定其坐标系
    M03 S600;                           主轴正转,转速为600r/min
    G00 X6.0 Z3.0;                      确定循环起点位置
```

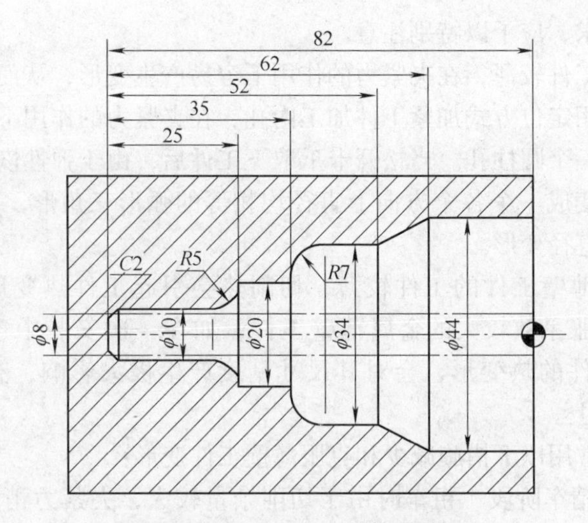

图 2-89　内径复合循环编程实例

```
    G71 U1.5 R0.5;
    G71 P10 Q20 U-0.4 W0.1 F0.15;          内径粗车循环加工
N10 G00 G41 X44.0;
    G01 Z-20.0;
        U-10.0 W-10.0;
        W-10.0;
    G03 U-14.0 W-7.0 R7.0;
    G01 W-10.0;
    G02 U-10.0 W-5.0 R5.0;
    G01 Z-80.0;
    U-4.0 W-2.0;
N20 G40 X4.0;                              加工轮廓结束，退出已加工表面，取消
                                           刀尖圆弧半径补偿
    G00 Z100.0;
        X100.0;                            回程序起点或换刀点位置
    M05 M00;
    M03 S800
    T0202;                                 换 2 号刀，确定其坐标系
    G00 X6.0 Z3.0;                         确定循环起点位置
    G70 P10 Q20;                           内径精车循环加工
    G00 Z100.0;
        X100.0;                            回程序起点或换刀点位置
    M30;                                   主轴停，主程序结束并复位
```

2.5.4　机床操作（薄壁工件的加工）

在实际生产中，经常会遇到薄壁工件。在车削薄壁工件时，由于工件的刚性差，为了保

证零件的加工精度要求，应予以特别注意。

由于薄壁工件的工件较薄，在夹紧力的作用下容易产生变形，从而影响工件的尺寸精度和几何精度。如果采用定位方式加紧工件加工内孔，在夹紧力的作用下，会略微变形，但车内孔后得到的一定是一个圆柱孔。当松开卡爪取下工件后，由于弹性恢复而使外圆柱面恢复成圆柱形，而内孔则变成一个各个方向上直径均相等的弧形三角形，而不是一个内圆柱面了，这就是常说的等直径变形。

同时，也是由于薄壁工件的工件较薄，切削热会引起工件热变形，从而使工件尺寸难于控制。对于线膨胀系数较大的金属薄壁工件，如在一次安装中连续完成半精车和精车，由切削热引起工件的热变形，会对其尺寸精度产生极大影响，有时甚至会因变形太大使工件卡死在夹具上。

在实际加工中，常用以下措施减少和克服薄壁工件变形：

（1）工件分粗、精车阶段　粗车时由于切削余量较大，夹紧力稍大些，变形也相应大些；精车时夹紧力可稍小些，一方面夹紧变形小，另一方面精车时还可以消除粗车时因切削力过大而产生的变形。而且，在加工过程中，还应通过充分浇注切削液，降低切削温度，减少工件热变形。

（2）合理选用刀具的几何参数　精车薄壁工件时对刀柄的刚度要求高，车刀的修光刃不宜过长（一般取0.2~0.3mm），切削刃要锋利。通常情况下，车刀的几何参数可参考下列要求：

1）外圆车刀（精）$\kappa_r=90°\sim93°$，$\kappa_r'=15°$，$\alpha_o=14°\sim16°$，$\alpha_{o1}=15°$，γ_o适当增大。

2）内孔车刀（精）$\kappa_r=60°$，$\kappa_r'=30°$，$\alpha_o=14°\sim16°$，$\alpha_{o1}=6°\sim8°$，$\gamma_o=35°$，$\lambda_s=5°\sim6°$。

（3）增加装夹接触面　采用开缝套筒或一些特制的软卡爪，使接触面增大，让夹紧力均匀分布在工件上，从而使工件夹紧时不易产生变形。而且在装夹过程中，尽量不使用径向夹紧装置，而优先选用轴向夹紧方法。

（4）增加工艺肋　有些薄壁工件在其装夹部位特制几根工艺肋，以增强此处刚性，使夹紧力作用在工艺肋上，以减少工件的变形，加工完毕后，再去掉工艺肋。

2.5.5 任务实施

1. 工艺性分析

（1）毛坯的选用　依据任务5所要加工的综合轴零件，可以选择切削加工性能较好的45钢棒料，直径为ϕ45mm。

（2）技术要求分析　该零件是综合轴类零件，既有外表面的加工，又有内表面的加工。外表面主要由圆锥面、圆弧面、圆柱面、螺纹等表面组成，内表面包括一个圆柱面和倒角。整个零件尺寸标注完整，复合数控加工尺寸标注要求，轮廓标注清楚完整，无热处理和硬度要求，零件所有表面粗糙度值Ra不大于3.2um，其中多个径向尺寸与轴向尺寸有较高的尺寸精度。

（3）确定装夹等方案　此工件必须两次装夹才能完成，第一次用自定心卡盘夹紧棒料的一端，保证工件伸出的长度为120mm，为了保证工件加工的稳定性，在工件的左端面（已加工）钻中心孔，用顶尖定位顶紧。先从工件的左端往右端进行外轮廓的加工，包括凹圆弧部分和圆锥面，然后加工螺纹，最后切断工件。掉头进行第二次装夹，为保护已加工的表面，需要用铜皮把螺纹处的表面包好，用自定心卡盘夹紧，以 $\phi43 \pm 0.03$ 圆柱的左端面为定位基准定位，加工工件的右端外轮廓及内孔。

（4）选择刀具

1）T0101，硬质合金90°外圆车刀；T0202，刃宽为4mm高速钢切断车刀；T0303，硬质合金外螺纹车刀。

2）对刀，输入刀具补偿值，掉头后T0303改为硬质合金内孔车刀，重新对刀，输入刀具补偿值。

（5）制定加工方案　制定加工方案时应考虑加工顺序按由粗到精、由近到远的原则确定，在一次装夹中应尽可能加工出较多的工件表面。结合本工件的结构特点，也考虑到加工效率，先不考虑工件中部的凹圆弧结构和尾部的圆柱，那么整个外轮廓的形状符合G71指令的加工规律，可以选择用G71循环指令加工工件最左端的螺纹面及整个外轮廓，中部的凹圆弧结构可以选择G73循环加工指令进行粗加工，然后运用复合循环指令G76粗、精加工外螺纹，用切断车刀把尾部的槽用直线插补方式加工出来，然后切断工件。

掉头装夹进行内孔加工，要先对零件进行钻孔，再使用内孔车刀进行相应的加工操作，即首先用中心钻在工件的右端面上打一个中心孔，为后面的钻孔起到自动定心的作用，然后用 $\Phi10$ 的麻花钻钻孔，保证孔的深度为20mm。按照先内后外的加工原则，工件右端的内孔轮廓的形状尺寸符合复合循环指令G71的加工规律，运用其进行粗加工，再运用指令G70进行精加工。外轮廓直接运用单一循环指令G90进行粗加工，再运用直线插补指令G01进行精加工，控制好尺寸。

2. 参考程序

程序	说明
O0101	装夹工件的右端，左端钻中心孔，顶尖顶紧，加工工件
N10 G50 X100 Z100 M99；	建立工件坐标系（单位为mm/r）
N20 S600 M03；	主轴以600r/min转速正转
N30 T0101；	调用1号刀
N40　G00 X47 Z3；	快速定位，接近工件
N50　G71 U1.5 R0.5；	方法一：运用复合固定循环指令G71加工
N60　G71 P70 Q130 U0.5 F0.15；	径向尺寸留0.5mm的精加工余量
N70　G00 X26；	描述零件精加工刀具路径第一段程序
N80 G01 Z0 F0.06；	
N90 X30 Z－2；	
N100　Z－18；	
N110　X41；	
N120 X43 Z－19；	
N130　Z－85；	描述零件精加工刀具路径最后一段程序
G90 X43.5 Z－83 F0.15；	方法二：运用单一固定循环指令加工
X41 Z－18；	
X39；	

```
X37;
X35;
X33;
X31;
X30.5;                          径向尺寸留 0.5mm 的精加工余量
N140 G00 X100 Z100 M05;
N150 M00;
N160 M03 S 1000;                主轴以 1000r/min 转速正转
N170   G00 X47 Z3;              快速定位到循环起点
N180   G70 P70 Q130;            方法一:运用 G70 指令精加工 G71 指令的刀具路径
G01 X26 F0.06;                  方法二:运用 G01 指令精加工 G90 指令的刀具路径
Z0;
X30 Z-2;
Z-18;
X47;
N190   G00 X100 Z100 M05;       退刀,主轴停
N200   M00;                     程序暂停,主轴停
N210   M03 S500;                主轴以 500r/min 转速正转
N220   T0202;                   调用 2 号刀
N230   G00 X45 Z-16;            快速定位
N240   G73 U7.5 R0.008;         运用复合固定循环指令加工 R20 的圆弧面及斜面
N250   G73 P260 Q350 U0.4 F0.15; 径向尺寸留 0.4mm 精加工余量
N260   G00 X41;                 描述零件精加工刀具路径第一段程序
N270   G01 Z-18 F0.06;
N280   X43 Z-19;
N290   W-3.38;
N300   G02 X28 Z-38 R20;
N310   X43 W-15.612 R20;
N320   G01 W-4.388;
N330   X35.947 W-20;
N340   W-5;
N350   X45;                     描述零件刀具路径最后一段程序
N360   G00 X100 Z100 M05;       快速退刀,主轴停
N370   M00;                     程序暂停
N380   M03 S800;                主轴以 800r/min 转速正转
N390   G00 X45 Z-16;            快速移动,定位
N400   G70 P260 Q350;           运用 G70 指令精加工
N410   G00 X100 Z100 M05;       退刀,主轴停
N420   M00;                     程序暂停,测量尺寸
```

```
N430  M03 S400;                    主轴以400r/min转速正转
N440  T0404;                       调用4号刀
N450  G00 X34 Z4;                  快速定位到循环起点
N460  G76 P010060 Q20 R0.02;       运用复合循环指令G76加工螺纹
N470  G76 X27.4 Z-15 P1300 Q250 F2;
N480  G00 X100 Z100 M05;           快速退刀,主轴停
N490  M00;                         程序暂停
N500  M03 S200;                    主轴以200r/min转速正转
N510  T0303;                       调用3号刀
N520  G00 X45 Z-81;                快速定位
N530  G01 X26 F0.05;               加工5×2的退刀槽
N540  G00 X45;                     退刀
N550  W-2;                         第二次进刀定位
N560  G01 X26 F0.05;               加工5×2的退刀槽
N570  G00 X50;                     退刀
N580  Z-100;                       重新定位到切断处
N590  G01 X-1 F0.05;               切断工件
N600  G00 X100;                    X向退刀
N610  Z100 M05;                    Z方向退刀,主轴停
N620  M30;                         程序结束

O0102 掉头加工工件
N10  G50 X100 Z100 M99;            建立工件坐标系,选择进刀速度(单位为mm/r)
N20  M03 S500;                     主轴以500r/min转速正转
N30  T0303;                        调用3号刀
N40  G00 X16 Z2;                   快速定位
N50  G71 U1.5 R0.5;                运用复合固定循环指令G71加工直径为20的孔
N60  G71 P70 Q100 U-0.4 W0 F0.12;
N70  G00 X22;                      描述零件精加工轨迹第一段程序
N80  G01 Z0 F0.06;
N90  X20 Z-1;
N100 Z-20;                         描述零件精加工轨迹最后一段程序
N110 G00 X100 Z100 M05;            快速退刀
N120 M00;                          程序暂停,测量尺寸
N130 M03 S600;                     主轴以600r/min转速正转
N140 T0101;                        调用1号刀
N150 G00 X47 Z2;                   快速定位
N160 G90 X43 Z-18 F0.15;           运用单一固定循环指令加工
N170 X41;
```

```
N180 X39;
N190 X37;
N200 X35;
N210 X33;
N220 X31;
N230 X30.5;                      径向尺寸留 0.5mm 的精加工余量
N240 G00 X100 Z100 M05;          快速退刀,主轴停
N250 M00;                        程序暂停,测量尺寸
N260 M03 S800;                   主轴以 800r/min 转速正转
N270 T0303;                      调用内孔车刀
N280 G00 X16 Z2;                 快速定位
N290 G70 P70 Q100;               进行内孔的精加工
N300 G00 X100 Z100 M05;          退刀,主轴停
N310 M00;
N320 M03 S1000;                  主轴以 1000r/min 转速正转
N330 T0202;                      调用 2 号刀
N340 G00 X32 Z2;                 快速定位
N350 G01 X28 F0.06;              运用 G01 精加工
N360 Z0;
N370 X30 W-1;                    倒角
N380 Z-18;
N390 G00 X100 Z100 M05;          快速退刀,主轴停
N400 M00;                        程序暂停,测量
N410 M30;                        程序结束
```

3. 加工成品

综合轴加工成品如图 2-90 所示。

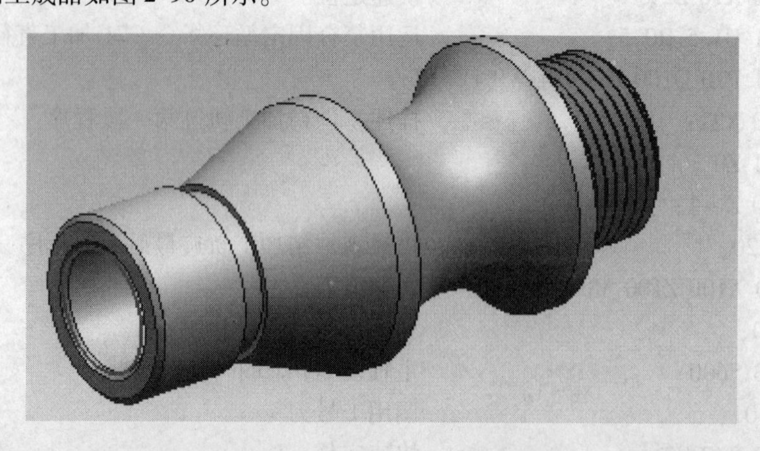

图 2-90　综合轴加工成品

4. 考核与评价

实训任务						
班级		姓名（学号）		组号		
序号	内容及要求	评分标准	配分	自评	互评	教师评分
1	手工编程	语法错误2分/次 数据错误1分/次	10			
2	程序输入	手工输入	5			
3	仿真加工轨迹	图形模拟走刀路径	5			
4	试切对刀	不会者取消操作	10			
5	直径 $\phi43$	每超差0.01mm扣2分	10			
6	直径 $\phi30$	每超差0.01mm扣2分	10			
7	直径 $\phi28$	每超差0.01mm扣2分	10			
	M30×2	不符合要求不得分	10			
	轴向尺寸	每超差0.01mm扣2分	10			
8	整体外形	形状准确	5			
9	表面粗糙度	小于 $Ra3.2\mu m$	5			
10	安全操作	违章视情节轻重扣分	10			
额定工时		实际加工时间				
完成日期		总得分				

2.5.6 任务小结

1）掌握数控编程的基本知识，数控编程的相关指令的功能、作用、使用范围，指令的编程格式、编程参数的含义及选用。

2）掌握数控加工工艺相关的知识，包括能正确地分析加工零件，合理地选择装夹方案，选择刀具、量具制定出最佳的加工方案，能计算编程所需的尺寸，编制加工的程序等。

3）能熟练地操作数控车床，掌握加工中如何正确地测量零件的尺寸，并根据实际测量的数值与理想的尺寸作比较，掌握通过修改程序、刀具补偿或通过分半精加工与精加工的操作更好地控制尺寸等。

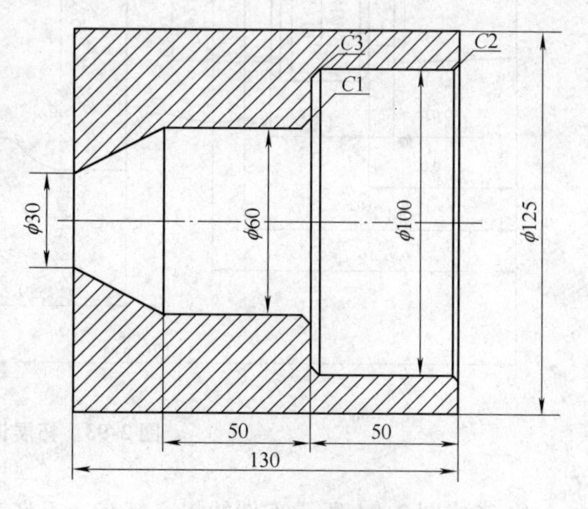

图2-91 拓展训练项目1

2.5.7 任务拓展

1. 完成图2-91所示零件的粗、精车，毛坯直径为 $\phi125$ 的铝料。

2. 完成图 2-92 所示零件的粗、精车，毛坯直径为 ϕ45 的 45 圆钢。

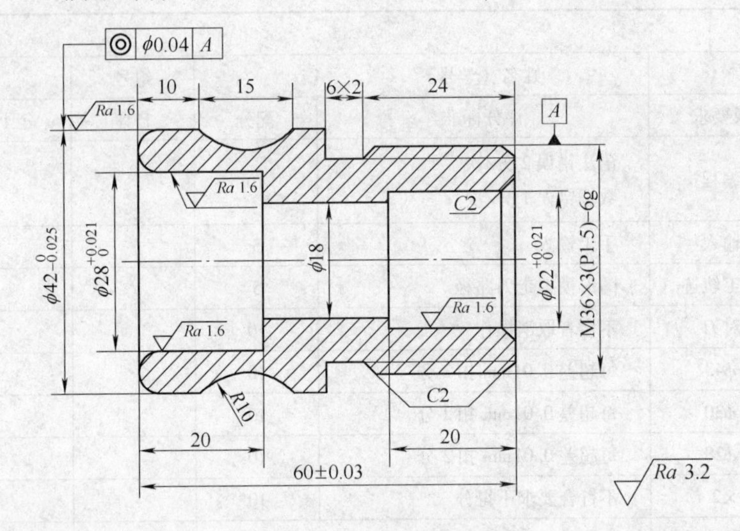

图 2-92　拓展训练项目 2

3. 完成图 2-93 所示零件的粗、精车，毛坯直径为 ϕ60 的铝料。

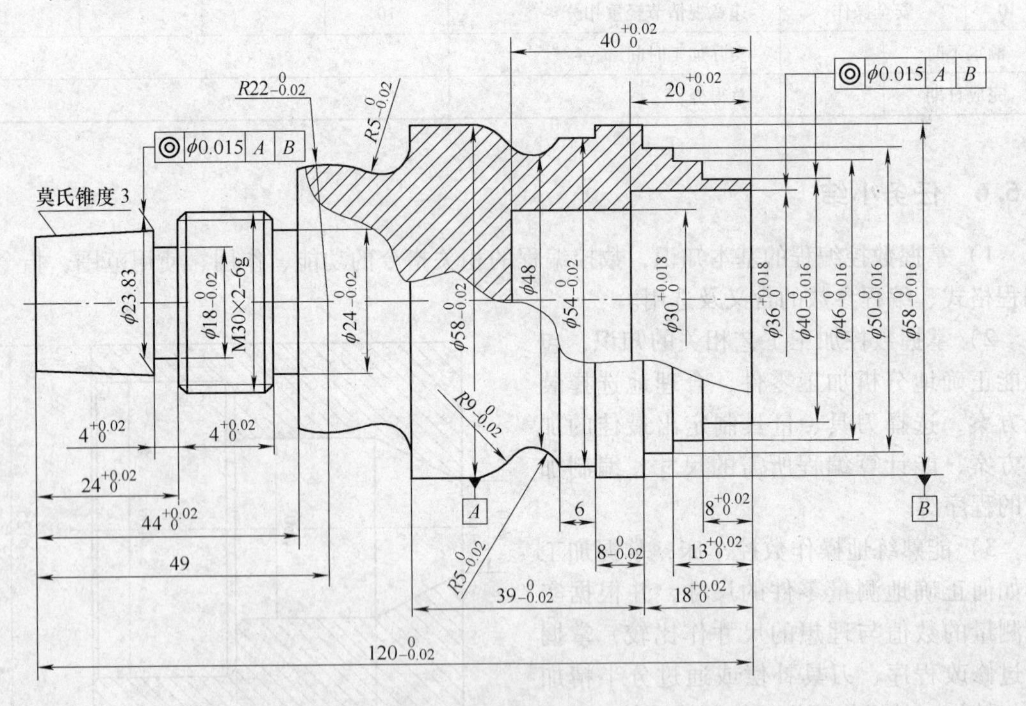

图 2-93　拓展训练项目 3

4. 完成图 2-94 所示零件的粗、精车，毛坯直径为 ϕ60 的铝料。

5. 完成图 2-95 所示零件的粗、精车，毛坯直径为 ϕ55 的 45 圆钢。

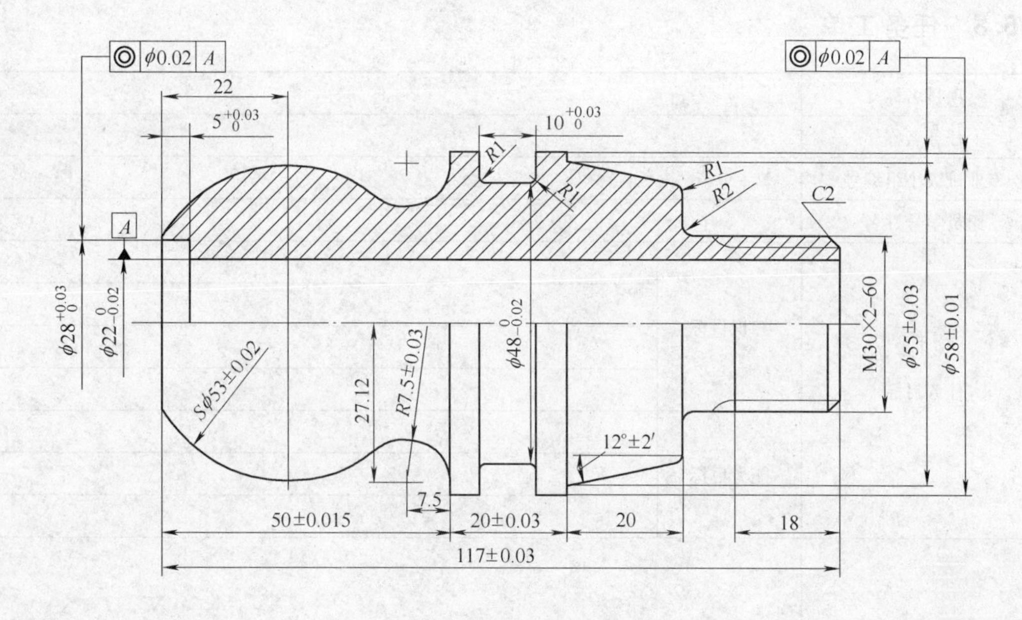

图 2-94　拓展训练项目 4

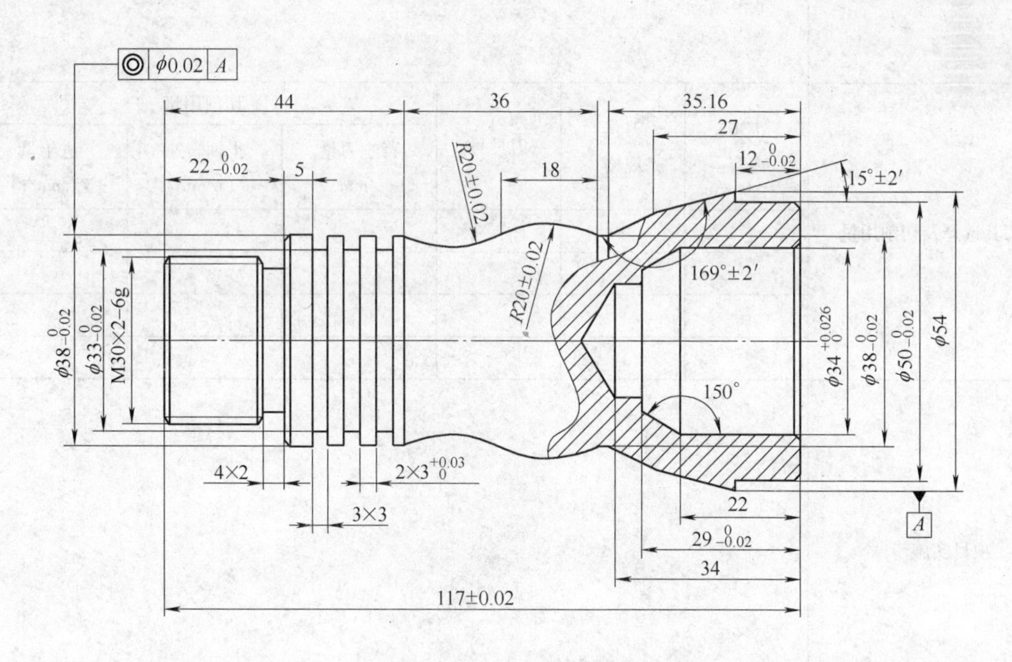

图 2-95　拓展训练项目 5

2.5.8 任务工单

<table>
<tr><td>项目名称</td><td colspan="6"></td></tr>
<tr><td>任务名称</td><td colspan="6"></td></tr>
<tr><td>专业班级小组编号</td><td colspan="6"></td></tr>
<tr><td>组员学号姓名</td><td colspan="6"></td></tr>
<tr><td rowspan="7">任务目标</td><td rowspan="4">知识目标</td><td colspan="5"></td></tr>
<tr><td colspan="5"></td></tr>
<tr><td colspan="5"></td></tr>
<tr><td colspan="5"></td></tr>
<tr><td rowspan="3">能力目标</td><td colspan="5"></td></tr>
<tr><td colspan="5"></td></tr>
<tr><td colspan="5"></td></tr>
<tr><td>需要完成的任务</td><td colspan="6"></td></tr>
<tr><td rowspan="6">刀具选择及切削用量</td><td rowspan="2">工步
内容</td><td rowspan="2">刀具
规格</td><td rowspan="2">刀具号</td><td colspan="3">切削用量</td></tr>
<tr><td>背吃刀量
/mm</td><td>主轴转速
/(r/min)</td><td>进给量
/(mm/r)</td></tr>
<tr><td></td><td></td><td></td><td></td><td></td><td></td></tr>
<tr><td></td><td></td><td></td><td></td><td></td><td></td></tr>
<tr><td></td><td></td><td></td><td></td><td></td><td></td></tr>
<tr><td></td><td></td><td></td><td></td><td></td><td></td></tr>
<tr><td>项目实施步骤</td><td colspan="6"></td></tr>
</table>

（续）

<table>
<tr><td>加工程序</td><td colspan="3"></td></tr>
<tr><td>项目实施过程中遇到的问题及解决方法</td><td colspan="3"></td></tr>
<tr><td>学习收获</td><td colspan="3"></td></tr>
<tr><td rowspan="6">评价（详见考核表）</td><td colspan="3">个人评价10% +小组评价20% +教师评价50% +贡献系数20%</td></tr>
<tr><td>姓名</td><td>各项得分</td><td>综合得分</td></tr>
<tr><td></td><td></td><td></td></tr>
<tr><td></td><td></td><td></td></tr>
<tr><td></td><td></td><td></td></tr>
<tr><td></td><td></td><td></td></tr>
</table>

项目3 数控铣床编程与加工

任务1 链接套板轮廓的铣削加工

3.1.1 任务综述

学习任务	链接套板轮廓的铣削加工	参考学时：8
主要加工对象	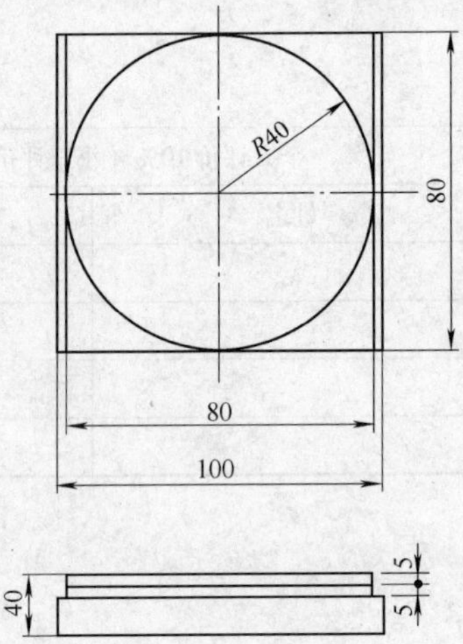	
重点与难点	（1）数控铣床的对刀原理与对刀操作 （2）下刀点的选择 （3）刀具半径补偿指令的应用 （4）切削用量的确定 （5）数控铣床简单故障排除与加工运行控制	
学习目标	（1）了解数控铣床的基本结构组成，基本掌握数控铣床的操控方法，会进行机床的日常维护和保养，具有环保意识 （2）了解铣削加工工艺基础，会识别并简单选用铣削刀具 （3）掌握内外轮廓与平面基本指令编程方法、刀具补偿的轮廓精铣编程方法，并能进行简单零件的加工工艺设计 （4）能在数控铣床上录入、运行、调试和修正基本加工程序，掌握对刀方法并能进行简单零件的铣削加工 （5）针对简单零件的加工内容使用量具对零件进行加工质量评估、分析	
所需教学设备	数控铣床、刀具、毛坯、量具、零件图、工艺卡、仿真软件、多媒体课件、计算机等	
教学方法	项目驱动、任务导向法；案例教学法；小组研讨；引导讲授，教学做一体化	

3.1.2　任务信息

1. 数控铣床简介

（1）数控铣床的主要功能及加工范围

数控铣床是一类很重要的数控机床，在数控机床中所占的比例最大，在航空航天、汽车制造、一般机械加工和模具制造业中应用非常广泛。数控铣床至少有三个控制轴，即 *X*、*Y*、*Z* 轴，可同时控制其中的任意两个坐标轴联动，也可以控制三个甚至更多个坐标轴联动，主要用于各类较复杂的平面、曲面和壳体类零件的加工。此外，也可以对工件进行钻、扩、铰、锪、镗及攻螺纹等功能的加工。数控铣床加工零件实例如图3-1所示。因此，其编程方法与车床不尽相同。不同的数控铣床，不同的数控系统，其编程原理基本上是相同的，但所用指令有不同之处。这里主要以 FUNAC-0T 系统为例来介绍数控铣削编程。

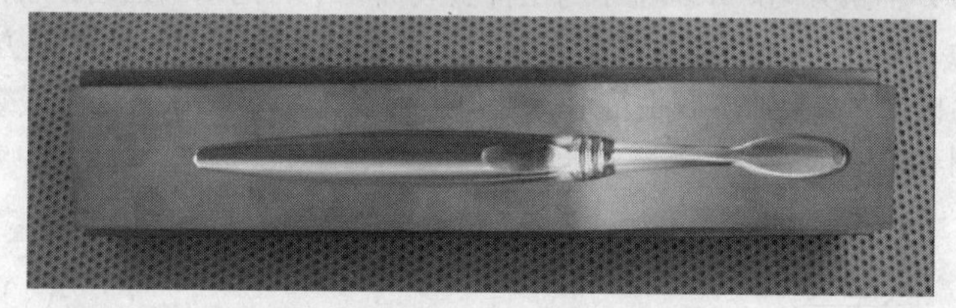

图3-1　数控铣床加工零件实例

（2）数控铣床的分类

1）立式数控铣床。

图3-2为立式数控铣床。

2）卧式数控铣床。

图3-3为卧式数控铣床。

图3-2　立式数控铣床

图3-3　卧式数控铣床

3）龙门数控铣床。

图 3-4 为龙门数控铣床。

4）五面体数控铣床

图 3-5 为五面体数控铣床。

图 3-4 龙门数控铣床

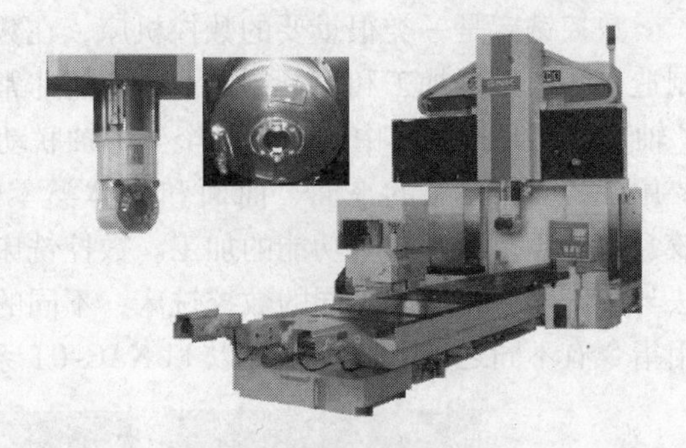

图 3-5 五面体数控铣床

2. 数控铣床的坐标系

（1）数控铣床的坐标系及运动方向　数控铣床是以机床主轴轴线方向为 Z 轴，刀具远离工件的方向为 Z 轴正方向。X 轴位于与工件安装面相平行的水平面内，若是立式铣床，则主轴右侧方向为 X 轴正方向；若是卧式铣床，则人面对主轴正向时的左侧方向为 X 轴正方向。Y 轴方向可根据 Z、X 轴按右手笛卡尔直角坐标系来确定。立式和卧式数控铣床的坐标系如图 3-6 和图 3-7 所示。

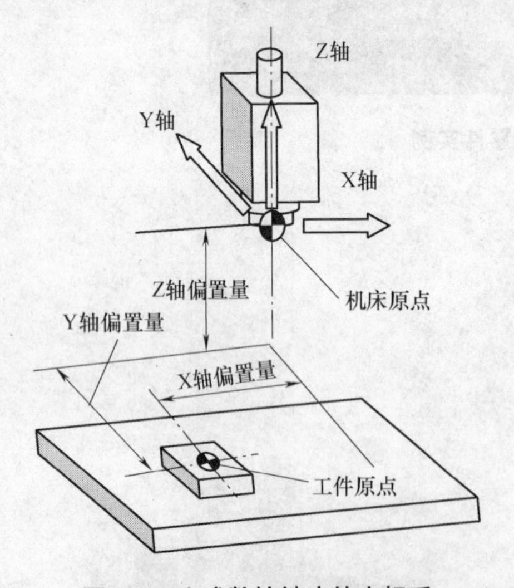

图 3-6 立式数控铣床的坐标系

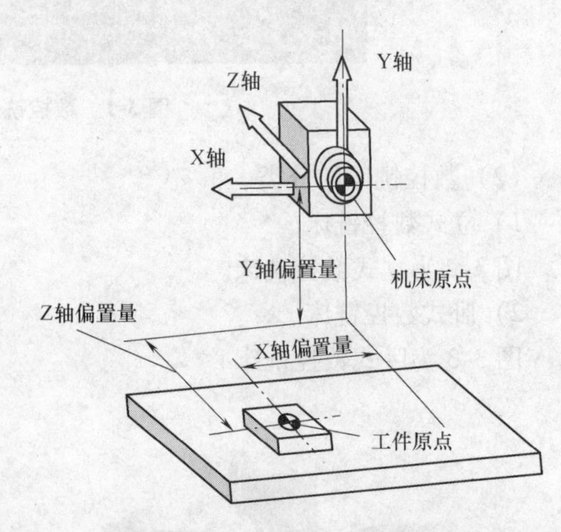

图 3-7 卧式数控铣床的坐标系

（2）机床原点　机床坐标系的原点也称机床原点或者机械原点，它在机床装配、调试时就已经确定下来，用户一般不能随意改动。对于数控铣床，机床原点通常设在主轴端面回转中心处，如图 3-8 所示。

（3）机床参考点　机床参考点可以与机床零点重合，也可以不重合，通过参数指定机床参考点到机床零点的距离。机床回到了参考点位置，就建立起了机床坐标系。机床坐标轴

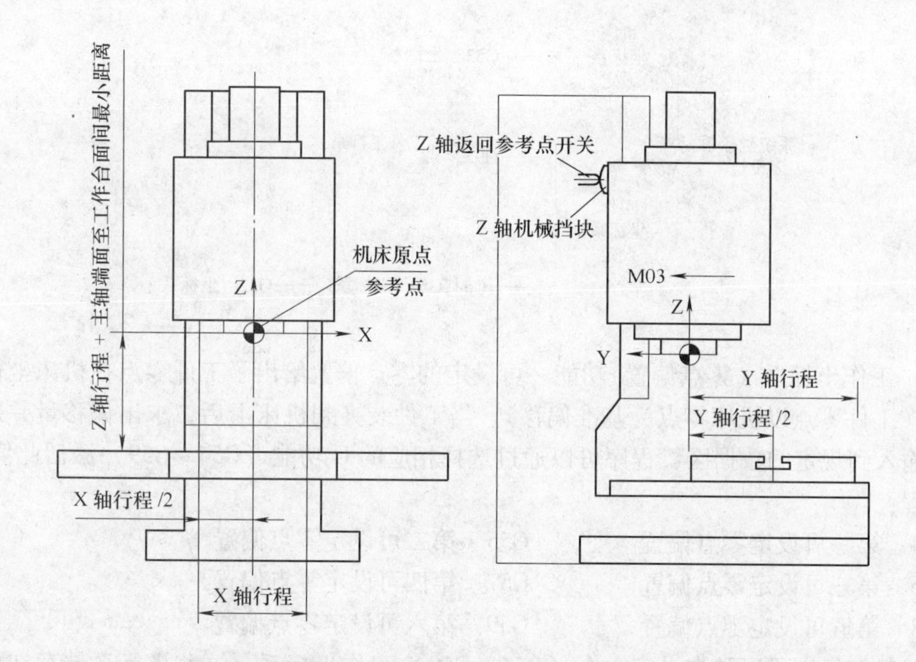

图 3-8　机床原点与机床参考点重合

的有效行程范围是由软件限位来确定的，其值由制造商定义机床原点（OM）、机床参考点（R）构成数控机床机械行程及有效行程。

（4）工件坐标系及工件原点　工件坐标系又称编程坐标系，是编程时用来定义工件形状和刀具相对工件运动的坐标系。工件坐标系实际上是不带“′”的机床坐标系的平移，它符合右手笛卡儿直角坐标系规则，也就是说编程时永远假定工件不动，刀具围绕工件运动。工件坐标系的原点也称编程原点或工件零点，如图 3-9 所示。

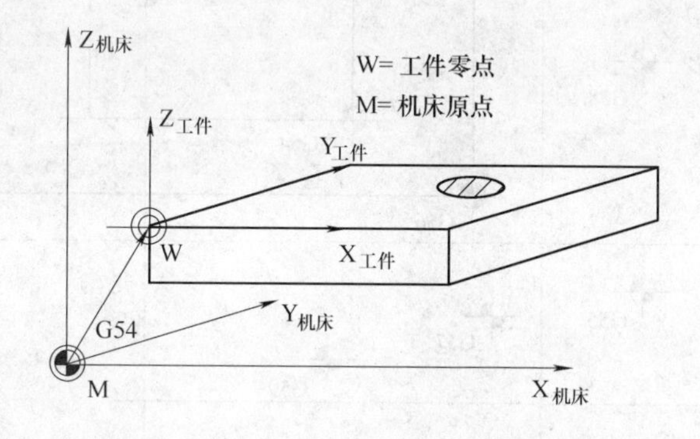

图 3-9　工件坐标系

3. 坐标系系统设定

（1）分类　数控机床的系统坐标系通常分为机床坐标系和工作坐标系两种。其中工作坐标系要根据实际需要通过 G54 ~ G59 指令来设定。具体如下：

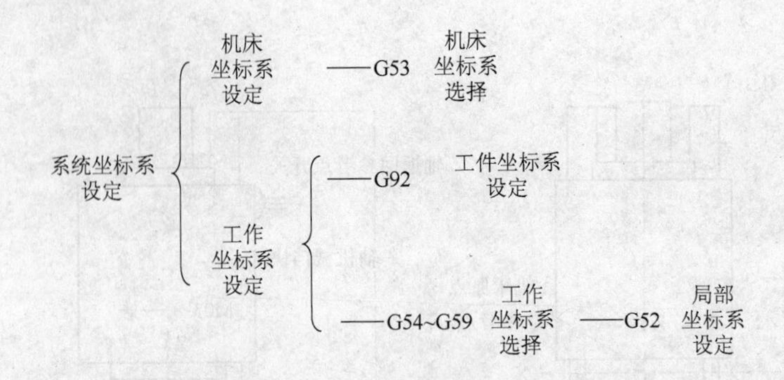

（2）工作坐标系（零点偏置）功能　可设定的零点偏置给出了工件零点在机床坐标系中的位置（工件零点以机床零点为基准偏移）。当工件装夹到机床上后，求出偏移量并通过操作面板输入到规定的数据区，程序可以通过选择相应的G功能（G54～G59）激活此值。

编程：

G54	第一可设定零点偏置	G55	第二可设定零点偏置
G56	第三可设定零点偏置	G57	第四可设定零点偏置
G58	第五可设定零点偏置	G59	第六可设定零点偏置

一般数控机床可以预先设定六个（G54～G59）工作坐标系，这些坐标系储存在机床存储器内，在机床重开机时仍然存在，在程序中可以分别选区其中之一使用。六个工作坐标系都以机床原点为参考点，分别以各自与机床原点的偏移量表示，需要提前输入到机床内部，如图3-10所示。

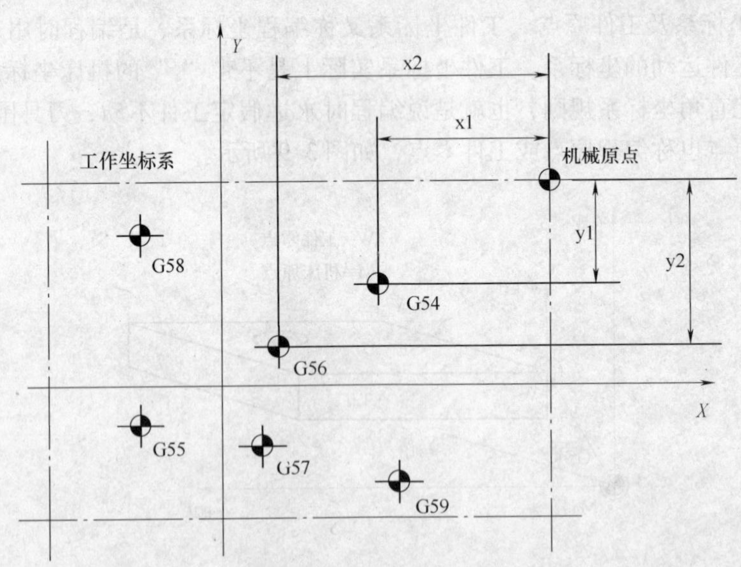

图3-10　工作坐标系的设定

（3）工作坐标系设定举例

1）机床主轴定位到加工工件上方所期望的地方，记录下该点相对于机床机械原点的相对距离（显示屏上有具体显示），如图3-11所示。

2）通过工作坐标系设定界面，将刚才记录下来的相对距离值X1和Y1输入到指定的某一个工作坐标系下对应的位置，用来标记该点的X0和Y0。如图3-12所示。

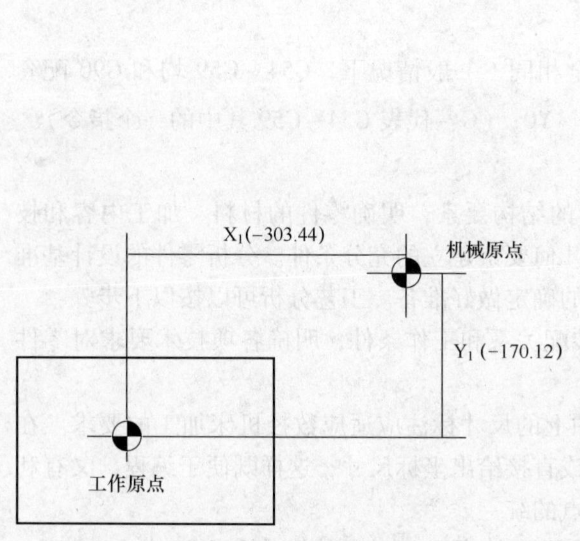

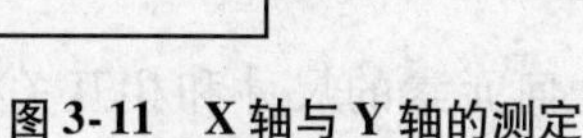

图3-11　X轴与Y轴的测定

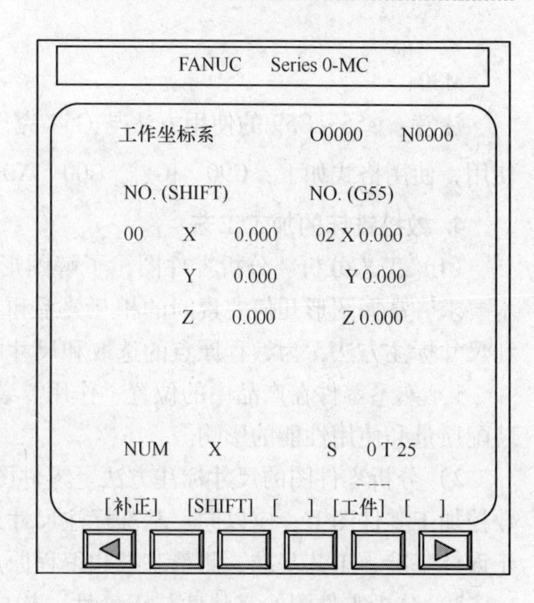

图3-12　工作坐标系设定界面

3）将一个具体的实际刀具移动到加工工件表面上所期望成为Z0的点上，并记录该点Z向相对于机床机械原点的相对距离值Z1，如图3-13所示。

4）通过工作坐标系设定界面下，将刚才记录下来的相对距离值Z1输入到指定的工作坐标系下对应的位置，用来标记该点的Z0，如图3-14所示。

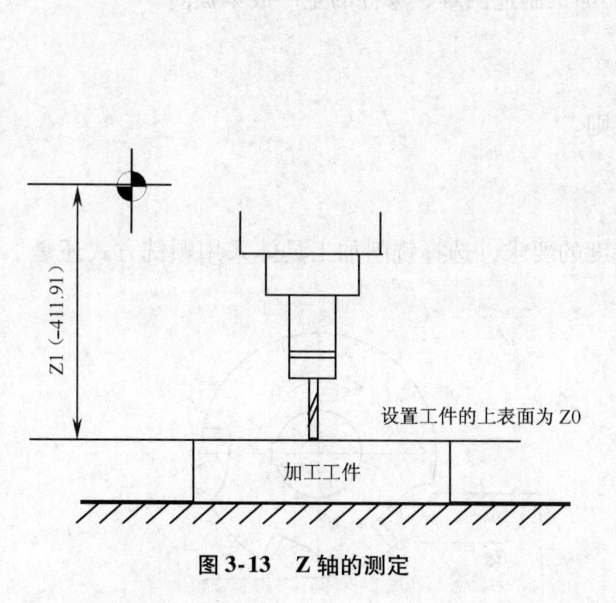

图3-13　Z轴的测定

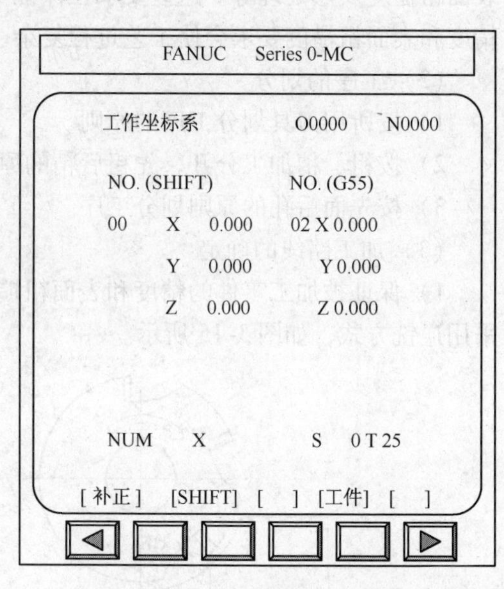

图3-14　工作坐标系的设定

5）在编制程序时，利用具体的一个G代码（G54～G59）来具体设置相应的工作坐标系原点。例如：

O0001；

G90　G54　G00　X0　Y0；----------定位于由G54指定的工作坐标系原点(X0,Y0)

…

M30;

注意：G55 ~ G59 的使用方法与 G54 完全相同。一般情况下，G54 ~ G59 均和 G90 配套使用，使用格式如下：G90　G?　G00　X0　Y0；（G？代表 G54 ~ G59 其中的一个指令）

4. 数控铣床的加工工艺

（1）工艺分析　分析零件图，了解图形的结构要素，明确零件的材料、加工内容和技术要求。掌握图形几何要素间的相互关系和几何要素建立的充分条件。分析零件的设计基准和尺寸标注方法，为编程原点的选取和尺寸的确定做好准备。工艺分析可以按以下步骤：

1）熟悉零件在产品中的位置、作用、装配关系和工作条件，明确各项技术要求对零件装配质量和使用性能的影响。

2）分析零件图的尺寸标注方法。零件图上的尺寸标注应适应数控机床加工的要求。在数控加工零件图上，应以同一基准标注尺寸或直接给出坐标尺寸，这样既便于编程，又有利于设计基准、工艺基准、测量基准和编程原点的统一。

3）分析零件图的完整性与正确性。构成零件轮廓几何元素的尺寸和相互关系（相交、相切、同心、垂直、平行等），是数控编程的主要依据。手工编程时，要依据这些条件计算每一个基点或节点的坐标；自动编程时，要根据这些条件对构成零件的所有几何元素进行定义，无论哪一个条件不正确，编程都无法进行。

4）分析零件的技术要求。零件的技术要求主要是指尺寸精度、形状精度、位置精度、表面粗糙度及热处理等。这些要求在保证零件使用性能的前提下，应该适度、合理。过高的精度和表面粗糙度要求会使工艺过程复杂、加工制造困难、零件的生产成本提高。

（2）工序的划分

1）按所用刀具划分工序的原则。

2）按粗、精加工分开，先粗后精的原则。

3）按先面后孔的原则划分工序。

（3）加工路线的确定

1）保证被加工零件的精度和表面粗糙度的要求，选择铣削加工具体采用顺铣方式还是采用逆铣方式，如图 3-15 所示。

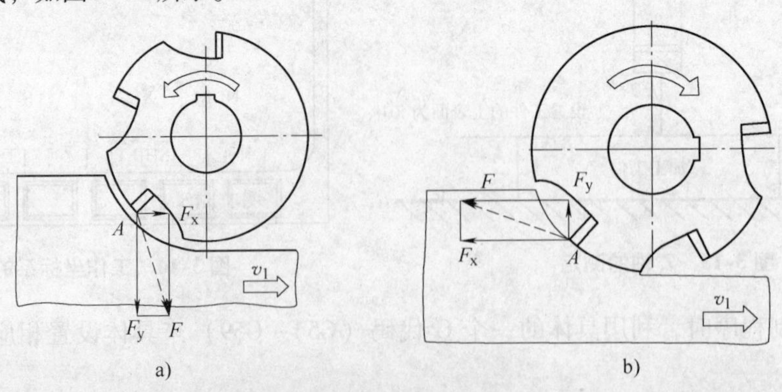

图 3-15　选择铣削方式

a）顺铣　b）逆铣

在铣削加工中，采用顺铣还是逆铣方式是影响加工表面粗糙度的重要因素之一。逆铣时切削力 F 的水平分力 F_x 的方向与进给运动 v_f 方向相反，顺铣时切削力 F 的水平分力 F_X 的方向与进给运动 v_f 的方向相同。

为了降低表面粗糙度值，提高刀具寿命，对于铝镁合金、钛合金和耐热合金等材料，尽量采用顺铣加工。但如果零件毛坯为黑色金属锻件或铸件，表皮硬而且余量一般较大，这时采用逆铣较为合理。通常，由于数控机床传动采用滚珠丝杠结构，其进给传动间隙很小，顺铣的工艺性就优于逆铣。

2）尽量使走刀路线最短，以减少走刀时间。例如，有大量孔加工点阵类零件，要尽量使各点的运动路线总和为最短。在开始接近工件加工时，为了缩短加工时间，通常在刀具Z轴方向快速运动到离零件表面2～5mm处（称为参考高度），然后以工作进给速度开始加工，如图3-16所示。

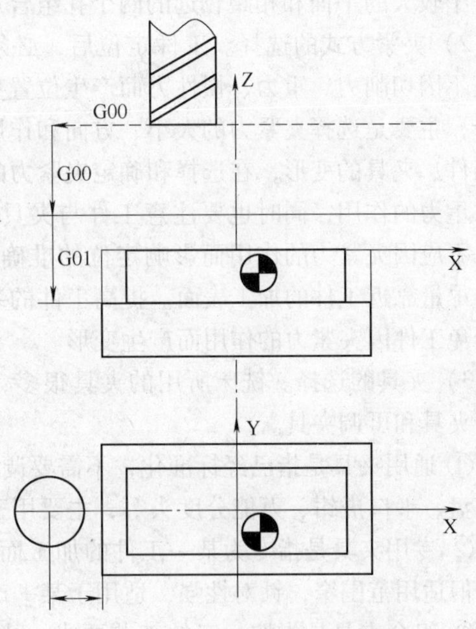

图3-16 刀具下刀方式

3）在数控编程时，还要考虑切入点和切出点留下刀痕，应沿轮廓外形的延长线切出或切入。切入点和切出点一般选在零件轮廓两几何元素的交点处。延长线可由相切的圆弧和直线组成，以保证加工出的零件轮廓形状平滑。在铣削平面轮廓零件时，还应避免在零件垂直表面的方向上进刀，因为这样会留下划痕，影响零件表面的粗糙度，如图3-17所示。

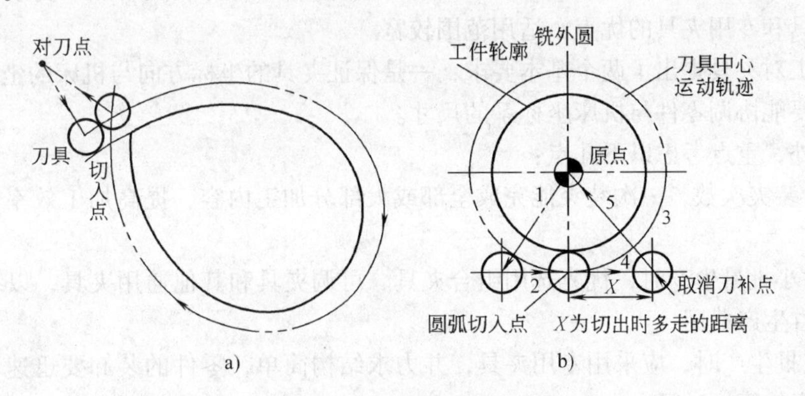

图3-17 走刀路线的确定

a）对刀点与切入点 b）切入点与切出

（4）工件的装夹与定位

1）定位方式的选择。工件的定位是指通过工件上的定位基准面和夹具上的定位元件工作表面之间的配合或接触实现的，常见的定位方式有平面定位、圆孔定位和外圆柱面定位等。工件以平面定位时，常用的定位元件有固定支承、可调支承、浮动支承和辅助支承等；工件以圆孔方式定位时，常用的定位元件有定位销、圆柱心轴和圆柱销等；工件以外圆柱面定位时，常用的定位元件有V形块、支承板或支承钉、定位套、半圆孔衬套、锥套和自定心卡盘等。数控铣床加工过程中最常用的定位方式之一就是“一面两孔定位”，即以工件上的一个较大的平面和相距较远的两个孔组合定位。

2）夹紧方式的选择。工件定位后，必须通过一定的机构，把工件压紧在定位元件上，使其不因切削力、重力、惯性力而产生位置变化和振动，保证准确的定位位置。夹紧方式的选择，主要是选择夹紧力的大小、方向和作用点。夹紧力的大小直接影响工件安装的可靠性和工件、夹具的变形，在选择和确定夹紧力的大小时，主要考虑切削力、惯性力、离心力和工件重力的作用，同时也要注意工件与夹具的刚度影响。夹紧力的方向应指向主要定位基准，不应因夹紧力的作用而影响定位的准确。夹紧力的作用点应落在定位元件的支承范围内，尽量靠近工件的加工表面。提高工件的装夹稳定性，防止和减小工件产生振动。同时，要避免工件因夹紧力的作用而产生变形。

3）夹具的选择。铣床所用的夹具很多，根据专门化程度可分为通用夹具、专用夹具、组合夹具和可调夹具。

① 通用夹具是指已经标准化，不需要调整或稍加调整就可以用来装夹不同工件的夹具。如卡盘、平口虎钳、万能分度头等，主要用于单件小批量生产的场合。

② 专用夹具是指专为某一工件的加工而设计制造的夹具。这类夹具使用方便，结构紧凑，但适用范围窄，针对性强，适用于某一产品的大批量生产的场合。

③ 组合夹具是指按一定的工艺要求，由一套通用的标准元件和部件组合而成的夹具。这类夹具可以根据工件的具体结构和工艺内容，选择不同的元件和部件组合而成，使用完毕后，可以拆成元件或部件，待加工其他工件时重新组合使用。它适用于中小批量生产或新产品的试制加工。

④ 可调夹具是指通过调整或更换少量元件，就能满足工件装夹与加工要求的夹具。它兼有通用夹具和专用夹具的优点，适用范围较宽。

数控加工对夹具提出了两个基本要求：一是保证夹具的坐标方向与机床的坐标方向相对固定；二是要能协调零件与机床坐标系的尺寸。

除此之外，重点考虑以下几点：

1）减少装夹次数，一次装夹能完成全部或大部分加工内容，提高加工效率，保证加工精度。

2）单件小批量生产时，优先选用组合夹具、可调夹具和其他通用夹具，以缩短生产准备时间和节省生产费用。

3）在成批生产时，应采用专用夹具，并力求结构简单，零件的装卸要迅速、方便、可靠，缩短机床的停顿时间。

4）大批量生产时，可以采用多工位、气动或液动夹具。

5）夹具要敞开，避免加工过程中刀具与夹具元件发生碰撞。

（5）刀具的选择　正确选择刀具是数控加工工艺中的重要内容，不但影响生产效率和加工精度，而且可能导致打断刀具的事故。选择刀具通常考虑机床的加工能力、工件的材料、加工面类型、机床的切削用量、刀具寿命、刚度等。数控机床加工具有高速、高效的特点，所以数控机床刀具的选择比普通机床严格得多。选择刀具时要依据被加工工件的表面尺寸和形状优选刀具的参数。刀具的种类、规格很多，要考虑不同种类和规格刀具的不同加工特点。

按铣刀的材料分为高速钢铣刀、硬质合金铣刀等。按铣刀结构形式可分为整体式铣刀、镶齿式铣刀、可转位式铣刀。按铣刀的安装方法可分为带孔铣刀、带柄铣刀。按铣刀的形状和用途又可分为圆柱铣刀、面铣刀、立铣刀、键槽铣刀、球头铣刀等。

1）面铣刀：用于面积较大的平面铣削和比较平坦的立体轮廓的多坐标加工，如图3-18所示。

图3-18 面铣刀

2）立铣刀：立铣刀是数控机床上用得最多的一种铣刀，主要用于铣削面轮廓、槽面、台阶等，如图3-19所示。

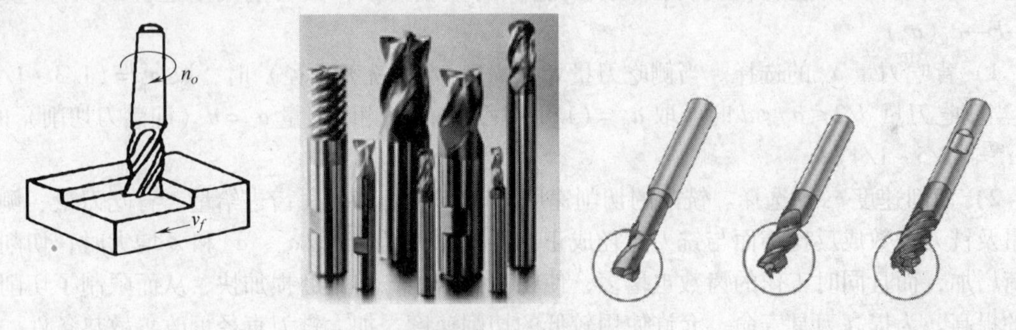

图3-19 立铣刀

3）键槽铣刀：键槽铣刀主要用于铣槽面、键槽等，如图3-20所示。

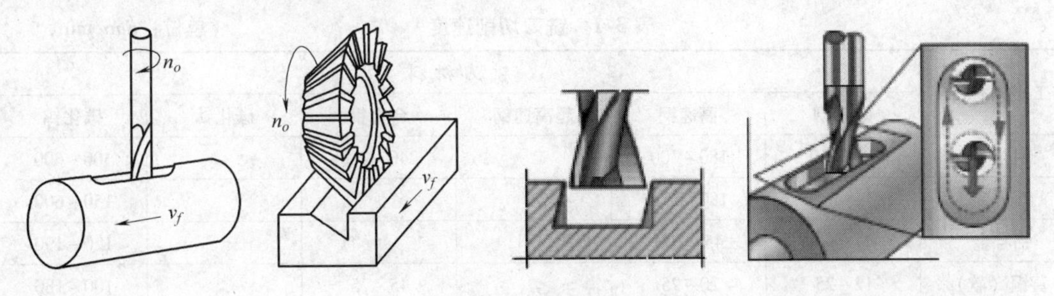

图3-20 键槽铣刀

（6）刀柄

1）莫氏锥度刀柄：它适用于莫氏锥度刀杆的钻头、铣刀等，如图3-21所示。

2）侧固式刀柄：它采用侧向夹紧，适用于切削力大的加工，但一种尺寸的刀具需对应配备一种刀柄，规格较多，如图 3-22 所示。

3）ER 弹簧夹头刀柄：它采用 ER 型卡簧，夹紧力不大，适用于夹持直径在 16mm 以下的铣刀，如图 3-23 所示。

图 3-21 莫氏锥度刀柄

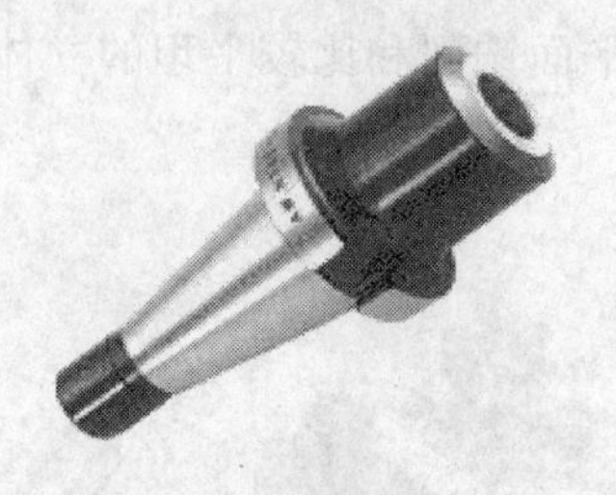

图 3-22 侧固式刀柄

图 3-23 ER 弹簧夹头刀柄

（7）切削用量的确定 铣削时采用的切削用量，应在保证工件加工精度和刀具寿命、不超过数控机床允许的动力和转矩前提下，获得最高的生产率和最低的成本。铣削过程中，如果能在一定的时间内切除较多的金属，就有较高的生产率。从刀具寿命的角度考虑，切削用量选择的次序是，根据侧吃刀量 a_e 先选择较大的背吃刀量 a_p，其次选择进给速度 F，再次选择铣削速度 v_c（最后转换为主轴转速 S）。对于高速铣削机床（主轴转速在 10000r/min 以上），为发挥其高速旋转的特性、减少主轴的重载磨损，其切削用量选择的次序应是：$v_c \to F \to a_p(a_e)$。

1）背吃刀量 a_p 的选择。当侧吃刀量 $a_e < d/2$（d 为铣刀直径）时，取 $a_p = (1/3 \sim 1/2)d$；当侧吃刀量 $d/2 \leqslant a_e < d$ 时，取 $a_p = (1/4 \sim 1/3)d$；当侧吃刀量 $a_e = d$（即满刀切削）时，取 $a_p = (1/5 \sim 1/4)d$。

2）切削速度 v_c 的选择。铣削的切削速度 v_c 与刀具寿命、每齿进给量、背吃刀量、侧吃刀量及铣刀齿数成反比，而与铣刀直径成正比。其原因是当 f_z、a_p、a_e 和 Z 增大时，切削刃负荷增加，而且同时工作的齿数也增多，使切削热增加，刀具磨损加快，从而限制了切削速度的提高。为提高刀具寿命，允许使用较低的切削速度。加大铣刀直径可改善散热条件，可提高切削速度。

铣削加工的切削速度 v_c 可参考表 3-1 选取，也可参考有关切削用量手册。

表 3-1 铣刀切削速度 （单位：mm/min）

工件材料	铣刀材料					
	碳素钢	高速钢	超高速钢	合金钢	碳化钛	碳化钨
铝合金	75~150	180~300		240~260		300~600
镁合金		180~270				150~600
铝合金		45~100				120~190
黄铜（软）	12~25	20~25		45~75		100~180
青铜	10~20	20~40		30~50		60~130
青铜（硬）		10~15	15~20			40~60
铸铁（软）	10~12	15~20	18~25	28~40		75~100

（续）

工件材料	铣刀材料					
	碳素钢	高速钢	超高速钢	合金钢	碳化钛	碳化钨
铸铁（硬）		10~15	10~20	18~28		45~60
（冷）铸铁			10~15	12~18		30~60
可锻铸铁	10~15	20~30	25~40	35~45		75~110
钢（低碳）	10~14	18~28	20~30		45~70	
钢（中碳）	10~15	15~25	18~28		40~60	
钢（高碳）		180~300	12~20		30~45	
合金钢					35~80	
合金钢（硬）					30~60	
高速钢					45~70	

主轴转速 n(r/min) 主要根据允许的切削速度 v_c(m/min) 选取。在数控铣床切削过程中，切削速度 v_c 查表取得，主轴转速 n 为

$$n = \frac{1000v_c}{\pi D} \tag{3-1}$$

式中 v_c——切削速度，由刀具的耐用度决定；

D——工件或刀具直径（mm）。

主轴转速 n 要根据计算值在机床说明书中选取标准值，并填入程序单中。

3）进给量 F 的选择。粗铣时铣削力大，进给量的提高主要受刀具强度、机床、夹具等工艺系统刚性的限制。根据刀具形状、材料及被加工工件材质的不同，在强度刚度许可的条件下，进给量应尽量取大。精铣时，限制进给量的主要因素是加工表面的粗糙度，为了减小工艺系统的弹性变形，减小已加工表面的粗糙度，一般采用较小的进给量。进给量 F 与铣刀每齿进给量 f_z、铣刀齿数 z 及主轴转速 S(r/min) 的关系为

$$F = f_z \times z \qquad F = f_z \times z \times S \tag{3-2}$$

式中，z 为齿数；每齿进给量 f_z 可以查表。每齿进给量的确定可参考表3-2选取。

表3-2 铣刀每齿进给量 f_z （单位：mm/齿）

工件材料＼铣刀	平铣刀	面铣刀	圆柱铣刀	面铣刀	成形铣刀	高速钢镶刃刀	硬质合金镶刃刀
铸铁	0.2	0.2	0.07	0.05	0.04	0.3	0.1
可锻铸铁	0.2	0.15	0.07	0.05	0.04	0.3	0.09
低碳钢	0.2	0.12	0.07	0.05	0.04	0.3	0.09
中高碳钢	0.15	0.15	0.06	0.04	0.03	0.2	0.08
铸铁	0.15	0.1	0.07	0.05	0.04	0.2	0.08
镍铬钢	0.1	0.1	0.05	0.02	0.02	0.15	0.06
高镍铬钢	0.1	0.1	0.04	0.02	0.02	0.1	0.05
黄铜	0.2	0.2	0.07	0.05	0.04	0.03	0.21

（续）

工件材料 \ 铣刀	平铣刀	面铣刀	圆柱铣刀	面铣刀	成形铣刀	高速钢镶刃刀	硬质合金镶刃刀
青铜	0.15	0.15	0.07	0.05	0.04	0.03	0.1
铝	0.1	0.1	0.07	0.05	0.04	0.02	0.1
Al-Si 合金	0.1	0.1	0.07	0.05	0.04	0.18	0.1
Mg-Al-Zn	0.1	0.1	0.07	0.04	0.03	0.15	0.08
Al-Cu-Mg	0.15	0.1	0.07	0.05	0.04	0.02	0.1
Al-Cu-Si							

3.1.3 本任务需掌握的指令

在数控加工程序中，数控系统不同时，编程指令的功能会有所不同，编程时需参考机床制造厂的编程说明书。在这里，我们主要介绍 FANUC 0i – Mate 系统的 G 指令（见表 3-3）。

表 3-3 FANUC 0i-Mate 数控系统 G 指令表

代码	模态	功能	代码	模态	功能	代码	模态	功能
G00	01	点定位	G40	07	刀具半径补偿取消	G65	00	宏程序调用
G01	01	直线插补	G41	07	刀具半径补偿，左侧	G66	12	宏程序模态调用
G02	01	顺圆弧/螺旋线插补 CW	G42	07	刀具半径补偿，右侧	G67	12	宏程序模态调用取消
G03	01	逆圆弧/螺旋线插补 CCW	G43	08	正向刀具长度补偿	G68	16	坐标旋转有效
G04	00	暂停、准确停止	G44	08	负向刀具长度补偿	G69	16	坐标旋转取消
G05.1	00	预读控制	G45	00	刀具位置偏置加	G73	09	深孔断屑钻循环
G07	00	圆柱插补	G46	00	刀具位置偏置减	G74	09	左旋攻螺纹循环
G08	00	预读控制	G47	00	刀具位置偏置加 2 倍	G76	09	精镗孔循环
G09	00	准确停止	G48	00	刀具位置偏置减 2 倍	G80	09	固定循环取消
G10	00	可编程数据输入开	G49	08	刀具长度补偿取消	G81	09	点钻循环
G11	00	可编程数据输入关	G50	11	比例缩放取消	G82	09	锪孔循环
G15	17	极坐标指令消除	G51	11	比例缩放有效	G83	09	深孔排屑钻循环
G16	17	极坐标指令	G50.1	22	可编程镜像取消	G84	09	右旋攻螺纹循环
G17	02	选择 XY 平面	G51.1	22	可编程镜像有效	G85	09	镗孔循环
G18	02	选择 XZ 平面	G52	00	局部坐标系设定	G86	09	镗孔循环
G19	02	选择 YZ 平面	G53	00	选择机床坐标系	G87	09	背镗循环
G20	06	英寸输入	G54	14	选择工件坐标系 1	G88	09	镗孔循环
G21	06	毫米输入	G54.1	14	选择附加工件坐标系	G89	09	镗孔循环
G22	04	存储行程检测通	G55	14	选择工件坐标系 2	G90	03	绝对值编程
G23	04	存储行程检测断	G56	14	选择工件坐标系 3	G91	03	增量值编程
G27	00	返回参考点检测	G57	14	选择工件坐标系 4	G92	00	设定工件坐标系
G28	00	返回参考点	G58	14	选择工件坐标系 5	G92.1	00	工件坐标系预置
G29	00	从参考点返回	G59	14	选择工件坐标系 6	G94	05	每分钟进给
G30	00	返回第 2~4 参考点	G60		单方向定位	G95	05	主轴每转进给
G31	00	跳转功能	G61	15	准确停止方式	G96	13	恒线速控制
G33	01	螺纹切削	G62	15	自动拐角倍率	G97	13	恒线速控制取消
G37	00	自动刀具长度测量	G63	15	攻螺纹方式	G98	10	循环返回初始点
G39	00	拐角偏置圆弧插补	G64	15	切削方式	G99	10	循环返回到 R 点

注：表中的 G 功能以组别可区分为二类，属于“00”组别者，为非模态指令；属于“非 00”组别者，为模态指令。

1. 平面选择指令 G17、G18、G19

指令格式：G17/G18/G19

指令功能：在三坐标机床上加工时，如进行圆弧插补，要规定加工所在的平面，用 G 代码可以进行平面选择，该组指令用于选择直线、圆弧插补的平面。G17 选择 *XY* 平面，G18 选择 *XZ* 平面，G19 选择 *YZ* 平面，如图 3-24 所示。

指令说明：对于数控铣床和加工中心镗铣床，通常都是在 *XY* 坐标平面内进行轮廓加工。该组指令为模态指令，一般系统初始状态为 G17 状态，故 G17 可省略。

2. 绝对值 G90 与增量值 G91

指令格式：G90（G91）

指令功能：绝对或相对坐标值编程。

指令说明：在 G90 方式下，刀具运动的终点坐标一律用该点在工作坐标系下相对于坐标原点的坐标值表示；在 G91 方式下，刀具运动的终点坐标是执行本程序段时刀具终点相对于起点的增量值，G90、G91 均为模态代码。

【例 3.1.1】 用绝对坐标或增量坐标移动刀具从 A→B→C→D，坐标对比如图 3-25 所示。

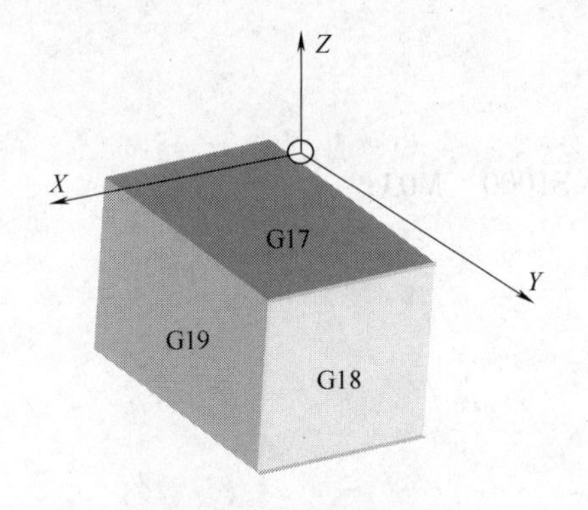

图 3-24　插补平面选择

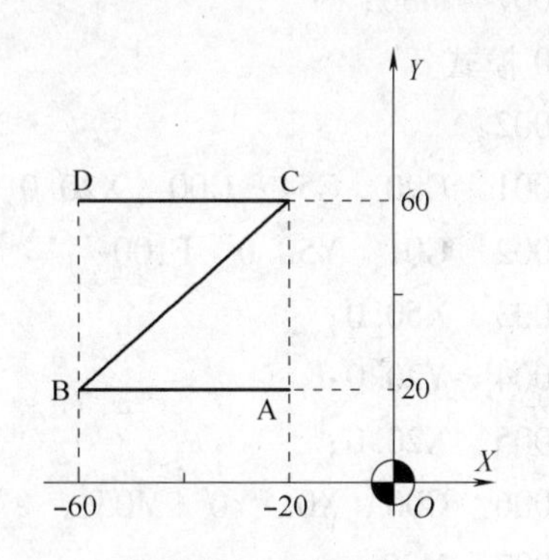

图 3-25　坐标对比

```
01;
G90   G54   G01   X-60.0  (Y20.0);
                  X-20.0   Y60.0;
                  X60.0;
                  M30;
02;
G91   G54   G01 (X-40.0)  (Y0);
                  X40.0   Y40.0;
                  X40.0;
                  M30;
```

3. 快速定位（G00）

指令格式：G00 X_Y_Z_;

指令功能：用 G00 快速点定位指令，命令刀具以点位控制方式，从刀具所在点以最快的速度移动到目标点。

4. 直线切削进给（G01）

指令格式：G01 X_Y_Z_F_；

指令功能：该命令将刀具以直线形式，按 F 代码指定的速率，从它的当前位置移动到程序要求的位置。

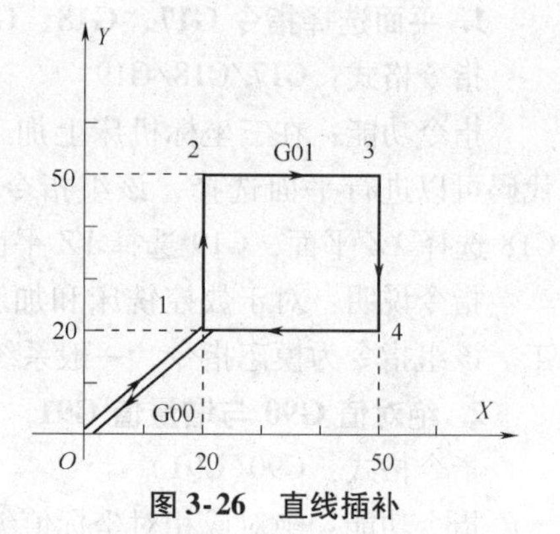

图 3-26 直线插补

【**例 3.1.2**】 编写如图 3-26 所示的行走路线的程序代码。

G91 模式

```
O0001;
N0001  G91  G00  X20.0  Y20.0  S1000  M03;
N0002  G01  Y30.0  F100;
N0003  X30.0;
N0004  Y-30.0;
N0005  X-30.0;
N0006  G00  X-20.0  Y-20.0  M05;
N0007  M30;
```

G90 模式

```
O0002;
N0001  G90  G54  G00  X20.0  Y20.0  S1000  M03;
N0002  G01  Y50.0  F100;
N0003  X50.0;
N0004  Y20.0;
N0005  X20.0;
N0006  G00  X0  Y0  M05;
N0007  M30;
```

5. 圆弧切削（G02/G03　G17/G18/G19）

指令格式：

圆弧在 XY 面上：G17 G02（G03）G90（G91）X_Y_R_（I_ J_）F_；

圆弧在 ZX 面上：G18 G02（G03）G90（G91）X_Z_R_（I_ K_）F_；

圆弧在 YZ 面上：G19 G02（G03）G90（G91）Y_Z_R_（J_ K_）F_；

指令功能：圆弧插补只能在选定的平面内以给定的进给速度进行。顺/逆圆弧插补方向与平面选择的关系如图 3-27 所示。判断方法是：站在插补平面第三轴向负方向看，在插补平面上顺时针圆弧插补是 G02，逆时针圆弧插补是 G03。

指令说明：

1）用半径模式的圆弧插补：G17 G02(G03)X_Y_R_F_；/G18 G02(G03)X_Z_R_F_；/G19 G02(G03)Y_Z_R_F_；其中 R 为圆弧半径，有正负之分。当圆弧所对应的圆心角是0°~180°时，R 取正值；圆心角是 180°~360°时，R 取负值；圆心角是 180°时，R 可正可负。

2）I、J、K 为增量坐标，它是圆心相对于圆弧起点在 X、Y、Z 轴方向上的增量值，也

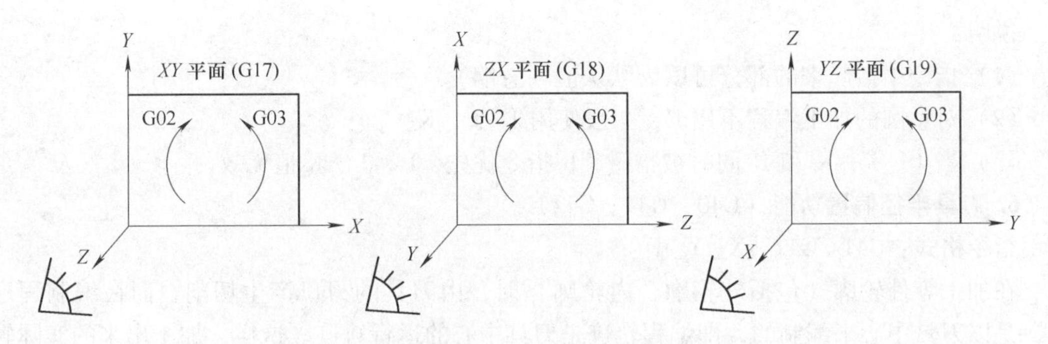

图3-27　圆弧插补方向与平面选择的关系

可以理解为圆弧起点到圆心的矢量（矢量方向指向圆心），它们的值不会因为选取G90或G91而变化。

3）注意事项

① 指令中的“I”“J”和“K”，必须是圆弧起点到圆弧中心的增量值。

② 命令里的“I0”“J0”和“K0”可以省略。

③ 整圆不能用半径R编程，只能用“I”“J”和“K”。

【例3.1.3】　如图3-28所示，A点为圆弧的起点，B点为圆弧的终点。圆弧半径为50。用绝对坐标：G90　G02　X70.0　Y20.0　R50.0　F100 用相对坐标：G91　G02　X50.0　Y－50.0　R50.0　F100

【例3.1.4】　多半圆圆弧插补如图3-29所示。

用绝对坐标：G90　G02　X70.0　Y20.0　R－50.0　F100

用相对坐标：G91　G02　X50.0　Y－50.0　R－50.0　F100

说明：当被加工圆弧的圆心角等于或大于180°时半径必须用负值。

【例3.1.5】　对整圆插补时，加工编程一般用I、J、K而不用R。插补如图3-30所示的一个整圆，试编写程序。

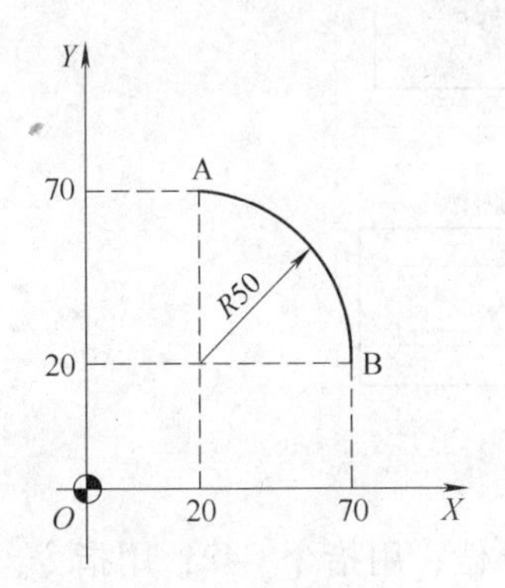

图3-28　半径圆弧插补

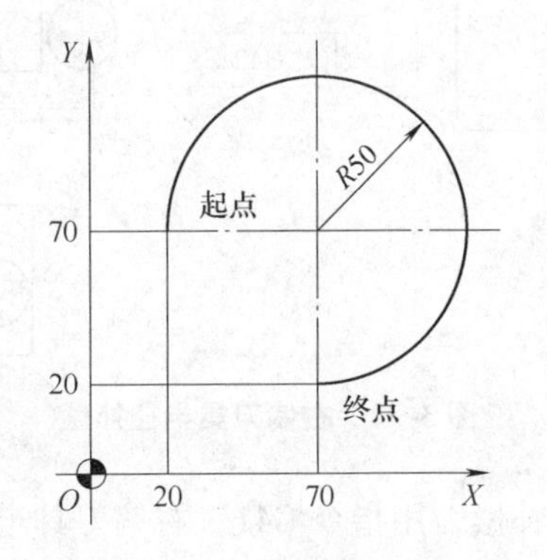

图3-29　多半圆圆弧插补

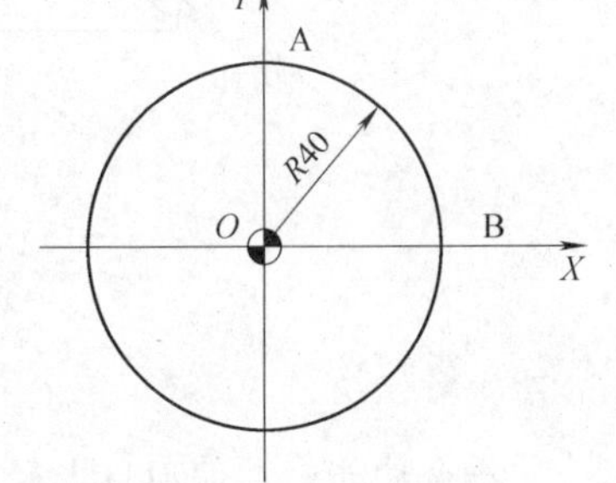

图3-30　整圆圆弧插补

从A开始的顺切

G90　G02　X0　Y40　I－40.0　F100

G91　G02　X0　Y0　I－40.0　F100

说明：

(1) 指令中括起来的部分可以为默认值（忽略）。

(2) 对整圆的加工编程不用 R，一般使用 I、J 、K。

(3) 当 I 、J 、K 和 R 同时被指时，R 指令优先，I 、J 、K 值无效。

6. 刀具半径偏置功能（G40、G41、G42）

指令格式：G41/ G42　X_ Y_ D_;

在加工零件轮廓（包括外轮廓、内轮廓）时，由刀具的刃口产生切削，而在编制程序时，是以刀具中心来编制的，即编程轨迹是刀具中心的运行轨迹。这样，加工出来的实际轨迹与编程轨迹存在着刀具半径的偏差，这是在进行实际加工时所不允许的。为了解决这个矛盾，可以建立刀具半径补偿，如图 3-31 和图 3-32 所示，使刀具在加工工件时，能够自动偏移刀具半径，即刀具中心的运行轨迹偏移编程轨迹，形成正确加工。

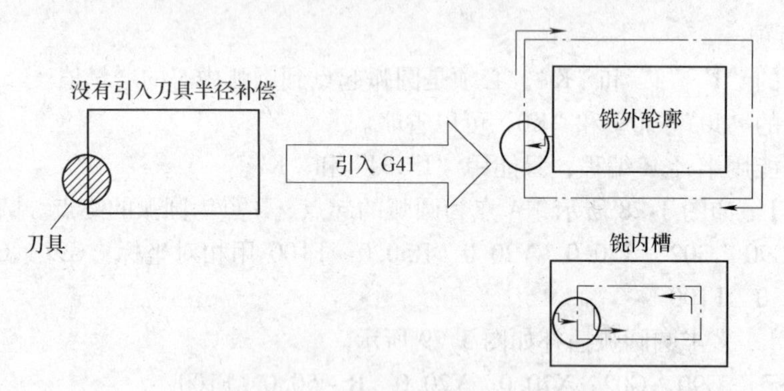

图 3-31　左偏刀具半径补偿

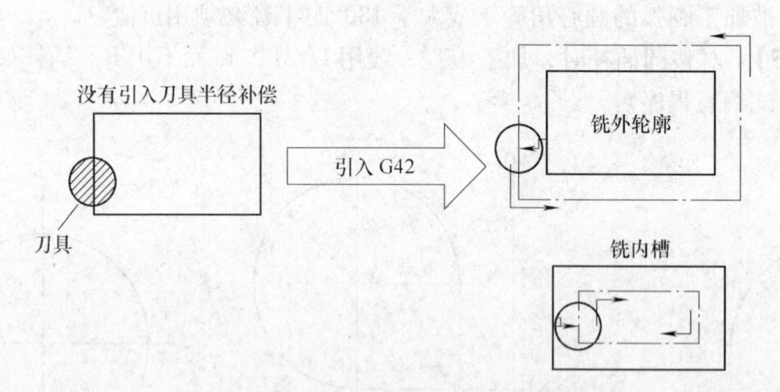

图 3-32　右偏刀具半径补偿

指令功能：左偏刀具半径补偿，用指令 G41；右偏刀具半径补偿，用指令 G42；用指令 G40 取消刀具半径补偿。

指令说明：

(1) 刀具补偿判断方法　首先确定刀具前进方向，沿着前进方向看，刀具始终在工件的左侧，为左刀具补偿，用指令 G41 表示。反之，为右刀具补偿，用指令 G42 表示。轮廓中建立刀具补偿如图 3-31 和图 3-32 所示，型腔建立刀具补偿顺序刚好相反。

（2）刀具半径补偿的实施过程

1）开始偏置：刀具的半径补偿通常通过指明 G41 或 G42 来实现。为了能够顺利实现补偿功能，要注意以下问题。

① G41、G41 通常和指令连用（激活），但一般情况下 G41、G41 和 G02、G03 不能出现在同一程序段内，否则会引起报警。

② 必须指定偏置平面（默认为 XY 平面）。

③ 在偏置平面内要指定轴的移动。

④ 必须指定偏置号（Dxx）。

```
N1 G90 G54 [G17] [G00] X0 Y0 S1000 M03;
N2 [G41] X20.0 Y10.0 [D01];
N3 G01 Y50.0 F100;
```

当读到 G41 时，要往下预读两个程序段，以便确定偏移量及偏置矢量。

注意以下程序段将不能够实现刀具偏置：

G41 D01;（没有移动）

G02 G41 X10.0 Y10.0 R10.0 D01;（引起报警）

2）偏置过程：在指明刀具偏置完成以后，要想进入刀具偏置（刀具半径补偿）状态，还需要被激活。激活刀具偏置不但可以用直线插补指令 G01，还可以通过快速点定位指令 G00。

【例 3.1.6】 在 XY 平面内，铣削加工如图 3-33 所示的工件，编写程序。

程序：

```
O0002;
N1 G90 G54 [G17] G00 X0 Y0 S1000 M03;
N2 [G41] X20.0 Y10.0 [D01];
N3 G01 Y50.0 f100;
N4 X50.0;
N5 Y20.0;
N6 X10.0;
N7 [G40] G00 X0 Y0 M05;
N8 M30;
```

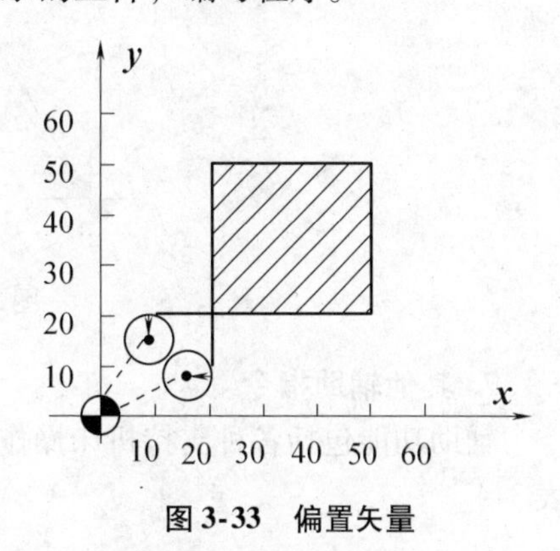

图 3-33　偏置矢量

当进入刀具偏置状态后，通常要往下预读两个程序段，以便确定偏置量及偏置矢量。当执行到 N3 程序段时，确定了左偏移矢量；然后，通过 N3、N4、N5 和 N6 程序段确定出了刀具偏移路径和刀具的进给方向。

在刀具偏置状态中，对刀尖移动的轨迹确定，是通过预读的两个程序段的数据计算得出的。即这个程序段的终点在下一程序段始点位置，同时与程序中刀具路径垂直的方向线过刀尖圆心。如图 3-34 所示。

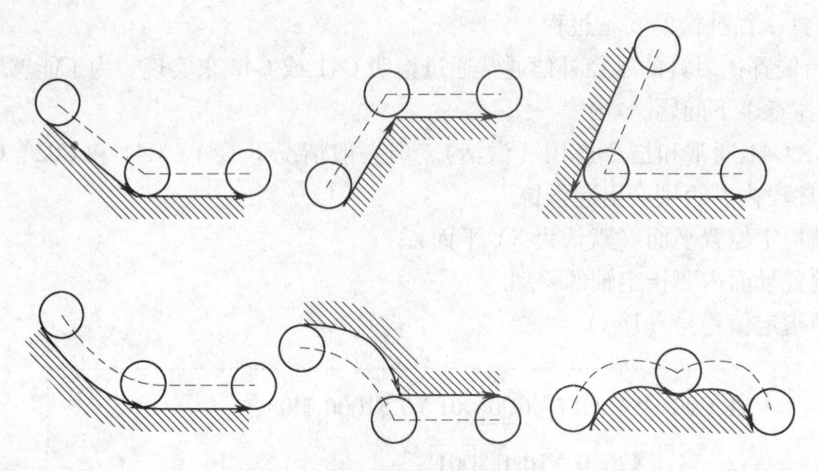

图 3-34　对刀尖移动的轨迹确定

3）取消偏置的方法：如图 3-35 所示，用 G40 可以取消偏置（和轴的移动一起被指定），通过指定 D00 刀具补偿的刀具也可以取消偏置。如：

```
N6 X10.0；
N7 G40 G00 X0 Y0 M05；
N8 M30；
```

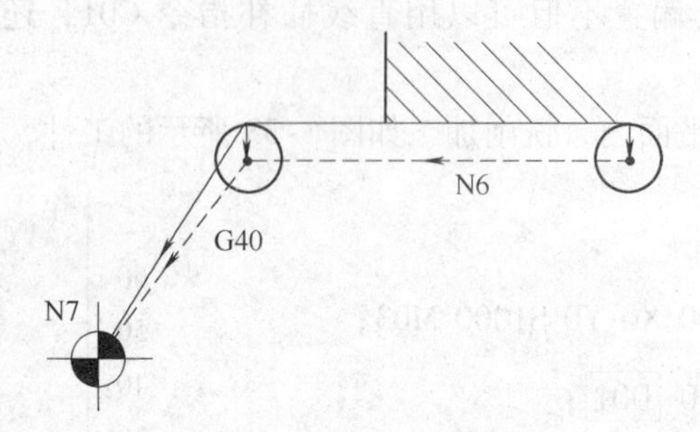

图 3-35　取消偏置刀具路径

7. 其他辅助指令

辅助功能包括各种支持机床操作的功能，像主轴的启停、程序停止和切削液开关等，见表 3-4。

表 3-4　辅助功能（M 功能）

代　码	说　明	代　码	说　明
M00	程序停	M30	程序结束（复位）并回到开头
M01	选择停止	M48	主轴过载取消 不起作用
M02	程序结束（复位）	M49	主轴过载取消 起作用
M03	主轴正转（CW）	M60	APC 循环开始
M04	主轴反转（CCW）	M80	分度台正转（CW）
M05	主轴停	M81	分度台反转（CCW）

（续）

代　码	说　明	代　码	说　明
M06	换刀	M94	镜像取消
M08	切削液开	M95	X坐标镜像
M09	切削液关	M96	Y坐标镜像
M19	主轴定向停止	M98	子程序调用
M28	返回原点	M99	子程序结束

3.1.4　机床操作

1. 操作面板及说明

（1）操作面板　FANUC 0I MATE TONMAC 铣床面板如图3-36所示。

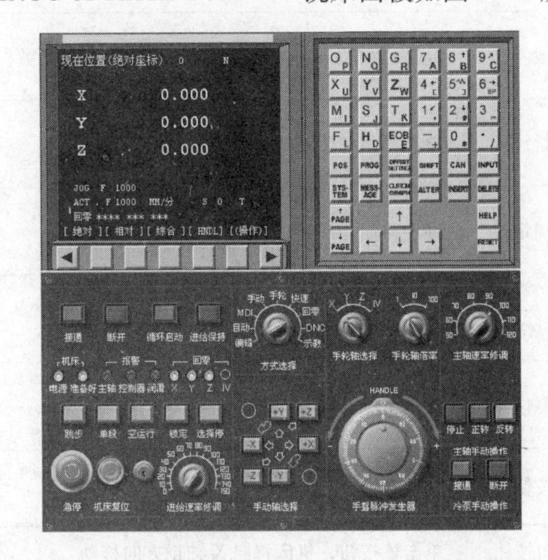

图3-36　FANUC 0I MATE TONMAC 铣床面板

（2）面板按钮说明

控制面板按钮说明见表3-5。

表3-5　控制面板按钮功能

按　钮	名　称	功能说明
方式选择	编辑	旋钮打至该位置后，系统进入程序编辑状态
	自动	旋钮打至该位置后，系统进入自动加工模式
	MDI	旋钮打至该位置后，系统进入MDI模式，手动输入并执行指令
	手动	旋钮打至该位置后，机床处于手动模式，连续移动
	手轮	旋钮打至该位置后，机床处于手轮控制模式
	快速	旋钮打至该位置后，机床处于手动快速状态
	回零	旋钮打至该位置后，机床处于回零模式
	DNC	旋钮打至该位置后，输入输出资料
	示教	本软件不支持

（续）

按　钮	名　称	功能说明
接通	接通	接通电源
断开	断开	关电源
循环启动	循环启动	程序运行开始；系统处于“自动运行”或“MDI”位置时按下有效，其余模式下使用无效
进给保持	进给保持	程序运行暂停，在程序运行过程中，按下此按钮运行暂停。按“循环启动”恢复运行
跳步	跳步	此按钮被按下后，数控程序中的注释符号“/”有效
单段	单段	此按钮被按下后，运行程序时每次执行一条数控指令
空运行	空运行	单击该按钮后系统进入空运行状态
锁定	机床锁定	锁定机床
选择停	选择停	此按钮被按下后，“M01”代码有效
机床复位	机床复位	复位机床
急停	急停按钮	按下急停按钮，使机床移动立即停止，并且所有的输出如主轴的转动等都会关闭
+X	X 正方向按钮	单击该按钮，机床将向 X 轴正方向移动
-X	X 负方向按钮	单击该按钮，机床将向 X 轴负方向移动
+Y	Y 正方向按钮	单击该按钮，机床将向 Y 轴正方向移动
-Y	Y 负方向按钮	单击该按钮，机床将向 Y 轴负方向移动
+Z	Z 正方向按钮	单击该按钮，机床将向 Z 轴正方向移动
-Z	Z 负方向按钮	单击该按钮，机床将向 Z 轴负方向移动
	手摇脉冲发生器	也称为手轮，用于零位补正和信号分割
	手轮轴选择	在手轮控制模式下选择进给轴
	手轮轴倍率	在手轮控制模式下选择轴的进给倍率
	主轴速率修调	将光标移至此旋钮上后，通过单击鼠标的左键或右键来调节主轴旋转倍率
	进给速率修调	调节数控程序运行时的进给速度倍率
停止 正转 反转	主轴控制按钮	依次为：主轴停止、主轴正转、主轴反转

2. 机床准备

（1）激活机床　单击“接通”按钮，此时机床电源和准备好的指示灯变亮。检查“急停”按钮是否松开至状态，若未松开，单击“急停”按钮，将其松开。

（2）机床回参考点　检查操作面板上的方式选择旋钮是否“回零”，若已回零，则已进入回参考点模式；若未打在该位置，则单击方式选择旋钮，转入回参考点模式。

在回参考点模式下，先将 X 轴回参考点，单击操作面板上的“X 正方向”按钮，此时 X 轴将回参考点，X 轴参考原点灯变亮，CRT 上的 X 坐标变为“0.000”。同样，再分别单击 Y 轴，Z 轴正方向按钮，，使指示灯变亮，此时 Y 轴和 Z 轴将回参考点，Y 轴和 Z 轴回参考点灯变亮，此时 CRT 界面如图 3-37 所示。

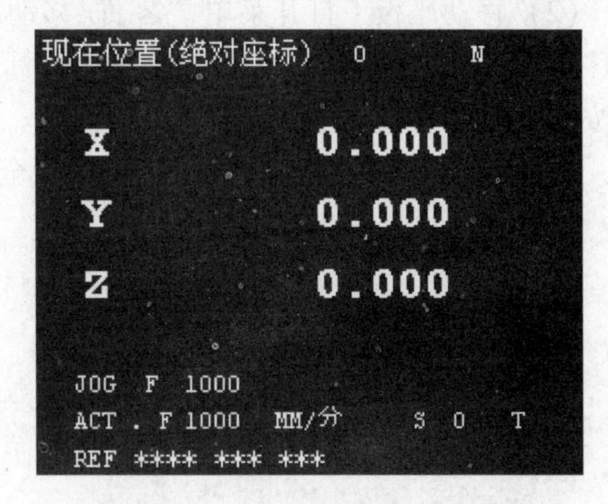

图 3-37　回参考点后的 CRT 界面

3. 使用夹具

打开菜单“零件/安装夹具”命令或者在工具条上选择图标，打开操作对话框。首先在“选择零件”列表框中选择毛坯。然后在“选择夹具”列表框中间选夹具，长方体零件可以使用工艺板或者平口钳，圆柱形零件可以选择工艺板或者卡盘。选择夹具界面如图 3-38所示。

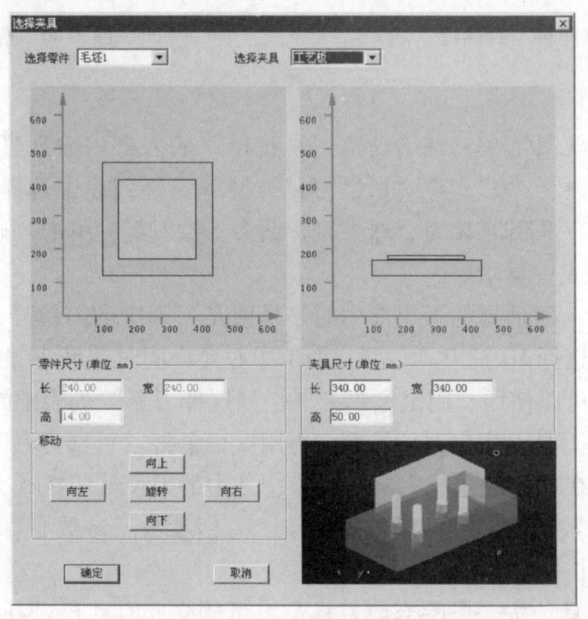

图 3-38　选择夹具界面

“夹具尺寸”输入框显示的是系统提供的尺寸，用户可以修改工艺板的尺寸。各个方向的“移动”按钮供操作者调整毛坯在夹具上的位置。车床没有这一步操作，铣床和加工中心也可以不使用夹具，让工件直接放在机床台面上。

4. 使用压板

当使用工艺板或者不使用夹具时，可以使用压板。

(1) 安装压板　打开菜单“零件/安装压板”，系统打开“选择压板”对话框，如图3-39所示。对话框中列出各种安装方案，可以拉动滚动条浏览全部许可的方案。然后选择所需要的安装方案，单击“确定”按钮，压板将出现在台面上。在“压板尺寸”中可更改压板长、高、宽。范围：长30.00~100.00mm；高10.00~20.00mm；宽10.00~50.00mm。

(2) 移动压板　打开菜单“零件/移动压板”。系统弹出小键盘，操作者可以根据需要平移压板，但是不能旋转压板。首先用鼠标选择需移动的压板，被选中的压板变成灰色；然后按动小键盘中的方向按钮操纵压板移动。

选择菜单“零件/拆除压板”，可拆除全部压板，如图3-40所示。

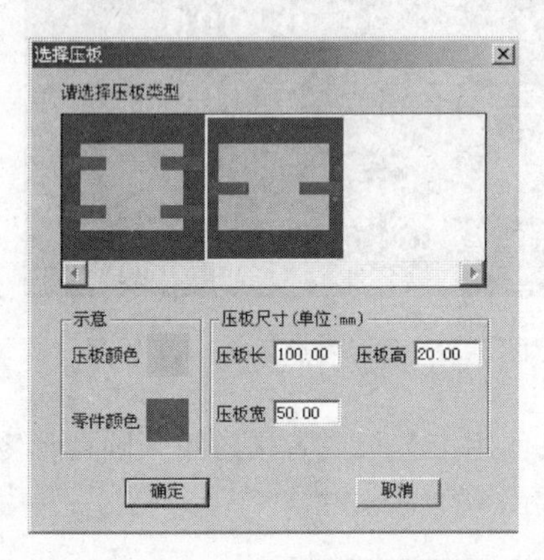

图3-39 “选择压板”对话框

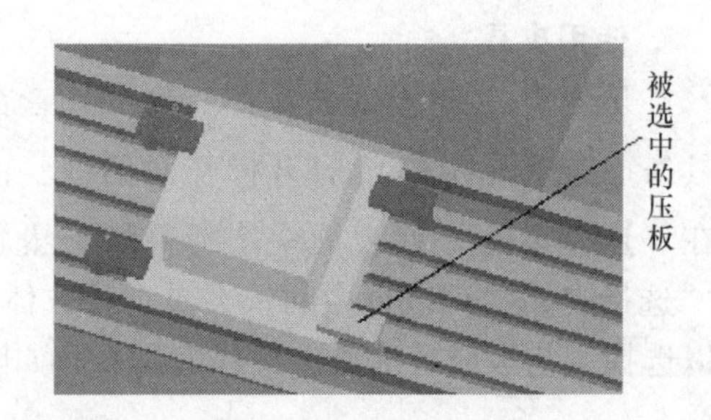

图3-40 拆除压板

5. 选择刀具

(1) 按条件列出工具清单　在“所需刀具直径”输入框内输入直径，如果不把直径作为筛选条件，请输入数字“0”。在“所需刀具类型”选择列表中选择刀具类型。可供选择的刀具类型有平底刀、平底带R刀、球头刀、钻头、镗刀等，单击“确定”，符合条件的刀具在“可选刀具”列表中显示。

(2) 指定刀位号　对话框的下半部中的序号就是刀库中的刀位号，如图3-41所示。卧式加工中心允许同时选择20把刀具；立式加工中心允许同时选择24把刀具。对于铣床，对话框中只有1号刀位可以使用。用鼠标单击“已经选择刀具”列表中的序号制定刀位号。

(3) 选择需要的刀具　指定刀位号后，再用鼠标单击“可选刀具”列表中的所需刀具，选中的刀具对应显示在“已经选择刀具”列表中选中的刀位号所在行。

(4) 输入刀柄参数　操作者可以按需要输入刀柄参数。参数有直径和长度两个，总长度是刀柄长度与刀具长度之和。

(5) 删除当前刀具　按“删除当前刀具”键可删除此时“已选择的刀具”列表中光标所在行的刀具。

(6) 确认选刀　选择完全部刀具，按“确认”键完成选刀操作。或者按“取消”键退出选刀操作。加工中心的刀具在刀库中，如果在选择刀具的操作的同时，要指定某把刀安装

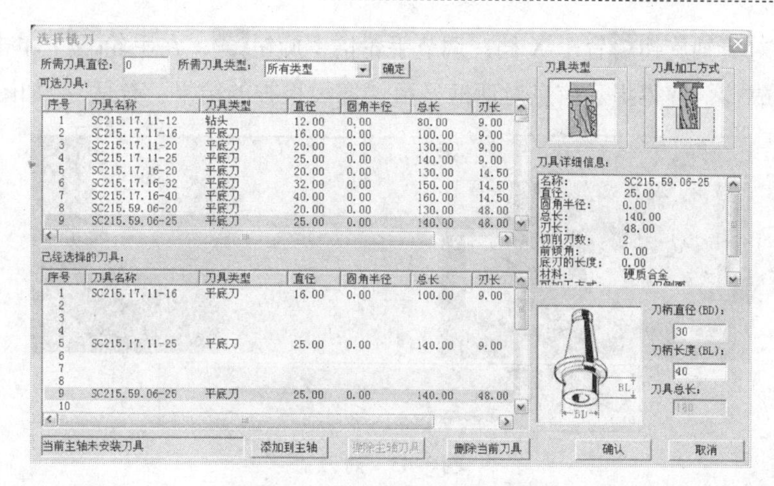

图3-41 “指定刀位号”对话框

到主轴上，可以先用光标选中，然后单击“添加到主轴”按钮。铣床的刀具自动装到主轴上。

6. 对刀

（1）刚性靠棒X，Y轴对刀　刚性靠棒采用检查塞尺松紧的方式对刀，采用将零件放置在基准工具的左侧（正面视图）的方式，具体过程如下：

单击菜单“机床/基准工具…”，弹出的基准工具对话框中，图3-42a是刚性靠棒基准工具，图3-42b是寻边器。

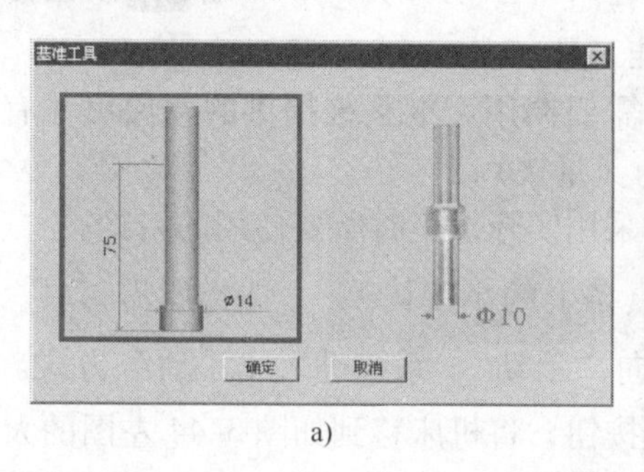

a)

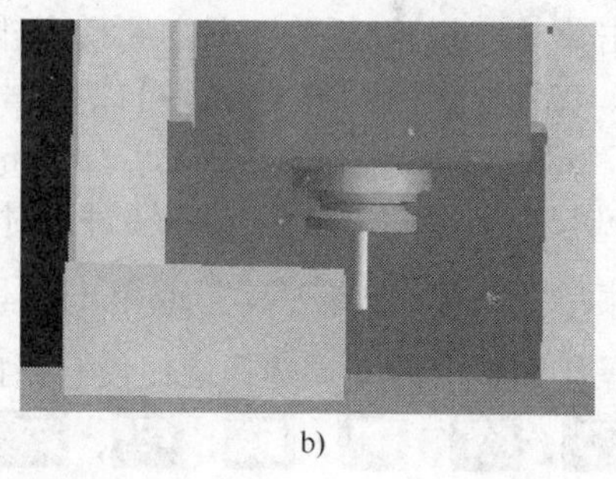

b)

图3-42 “基准工具”对话框

a）刚性靠棒基准工具　b）寻边器

1）X轴方向对刀。单击操作面板上的方式选择旋钮使它指向“手动”，系统进入“手动”方式。

单击MDI键盘上的POS，使CRT界面上显示坐标值；借助“视图”菜单中的动态旋转、动态放缩、动态平移等工具，适当单击+X、-X、+Y、-Y、+Z、-Z按钮，将机床移动到如图3-43所示的大致位置。

移动到大致位置后，可以采用手轮调节方式移动机床，单击菜单“塞尺检查/1mm”，基准工具和零件之间被插入塞尺。在机床下方显示如图3-43所示的局部放大图（紧贴零件的红色物件为塞尺）。

单击操作面板上的方式选择旋钮使它指向“手轮”，采用手轮即手动脉冲方式精确移动机床，将手轮对应轴旋钮置于X档，调节手轮倍率旋钮，在手轮上单击鼠标左键或右键精确移动靠棒。使得提示信息对话框显示“塞尺检查的结果：合适”，如图3-43所示。

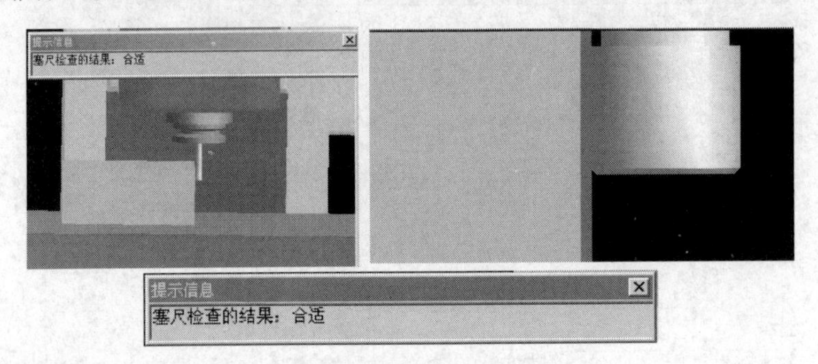

图3-43 对刀

记下塞尺检查结果为“合适”时CRT界面中的X坐标值，此为基准工具中心的X坐标，记为X1；将定义毛坯数据时设定的零件的长度记为X2；将塞尺厚度记为X3；将基准工件直径记为X4（可在选择基准工具时读出）。

则工件上表面中心的X的坐标为基准工具中心的X的坐标减去零件长度的一半减去塞尺厚度减去基准工具半径，记为X。

2）Y轴方向对刀。Y方向对刀采用同样的方法，得到工件中心的Y坐标，记为Y。

完成X，Y方向对刀后，单击菜单“塞尺检查/收回塞尺”将塞尺收回，单击操作面板上的方式选择旋钮使它指向“手动”，系统进入“手动”方式，单击+Z按钮，将Z轴提起，再单击菜单“机床/拆除工具”拆除基准工具。

注意：塞尺有各种不同尺寸，可以根据需要调用。本系统提供的塞尺尺寸有0.05mm，0.1mm，0.2mm，1mm，2mm，3mm，100mm（量块）。

（2）塞尺法Z轴对刀　铣床Z轴对刀时采用实际加工时所要使用的刀具。

单击菜单“机床/选择刀具”或单击工具条上的小图标，选择所需刀具。装好刀具后，单击操作面板上的方式选择旋钮使它指向“手动”，系统进入“手动”方式。利用操作面板上的+X，-X，+Y，-Y，+Z，-Z按钮，将机床移到如图3-44左图的大致位置。

类似在X，Y方向对刀的方法进行塞尺检查，得到“塞尺检查：合适”时Z的坐标值，记为Z1，如图3-44右图所示。则坐标值为Z1减去塞尺厚度后数值为Z坐标原点，此时工件坐标系在工件上表面。

7. 设置工件坐标

用于铣床、加工中心及标准车床。以设置工件坐标G58 X－100.00 Y－200.00 Z－300.00为例。用PAGE ↓或↑键在No1～No3坐标系页面和No4～No6坐标系界面之间切换，如图3-45所示。

用CURSOR ↓或↑选择所需的坐标系G58；输入地址字（X/Y/Z）和数值到输入域，即“X－100.00”。按INPUT键，把输入域中的内容输入到所指定的位置；再分别输入“Y－200.00”按INPUT键，“Z－300.00”按INPUT键，即完成了工件坐标原点的设定。

8. 输入刀具补偿

单击MENU OFSET直到切换进入半径补偿参数设定界面，如图3-46左图所示：选择要修改的补偿

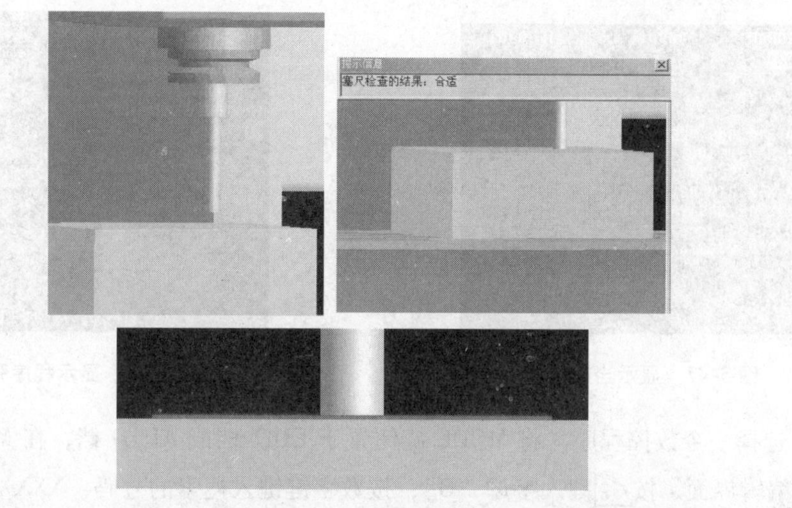

图 3-44　Z 轴对刀

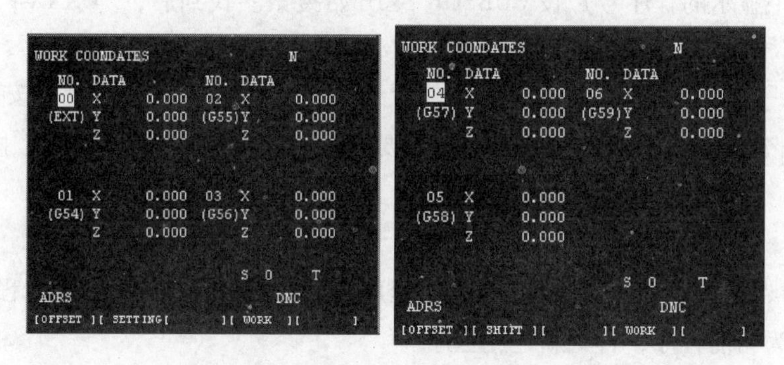

图 3-45　No1 ~ No6 分别对应 G54 ~ G59

参数编号，单击 MDI 键盘，将所需的刀具半径输入到输入域内。按INPUT键，把输入域中间的补偿值输入到所指定的位置。

同样的方法进入长度补偿参数设定界面，图 3-46 右图所示，设置长度补偿。

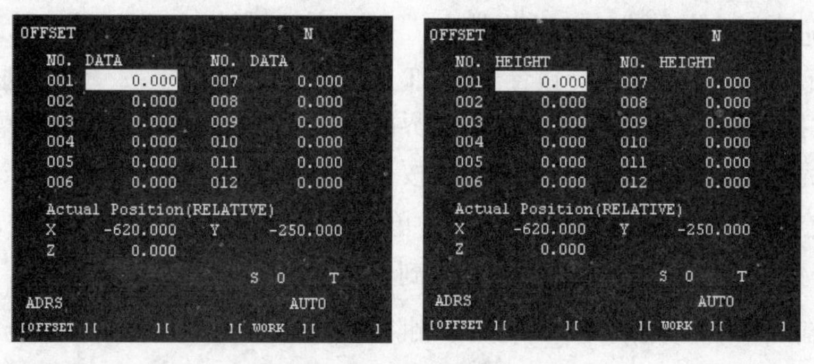

图 3-46　刀具补偿参数设定

9. 程序管理

单击PRGRM进入程序管理界面，单击［PROGAM］显示当前程序，如图 3-47 所示。单击［LIB］显示程序列表，如图 3-48 所示。PROGRAM 一行显示当前程序号 O0001、行号 N0001。

```
PROGRAM      O0001          N 0001
O0001 ;
G28 X0 Y0 ;
T1 M6 ;
G55 ;
G00 X12.045 Y25.830 Z5. S1000 M03 ;
G01 Z-4. F100. ;
X2.719 Y5.831 ;
G02 X-2.719 R3. ;
G01 X-12.045 Y25.830 ;
G00 Z5. ;
X27.529 Y7.376 ;
                          S 0    T 3
 ADRS                    DNC
[PROGRAM][ LIB ][      ][CHECK] [      ]
```

图 3-47　显示当前程序

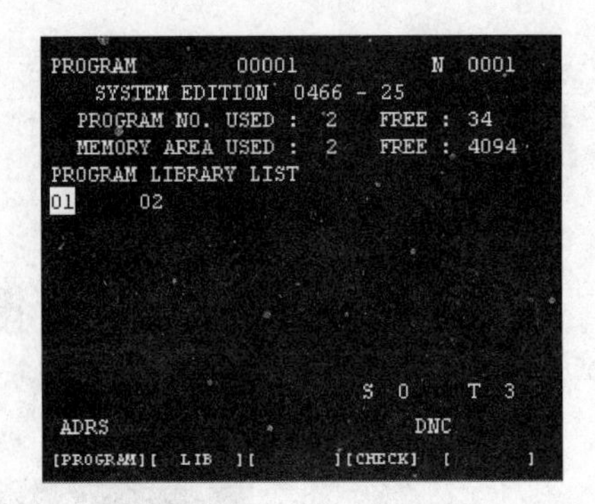

图 3-48　显示程序列表

（1）选择一个数控程序　将 MODE 旋钮置于 EDIT 档或 AUTO 档，在 MDI 键盘上按 PRGRM 键，进入编辑界面，按 O 键入字母“O”；按数字键键入搜索的号码：XXXX；（搜索号码为数控程序目录中显示的程序号）按 CURSOR ↓ 开始搜索。找到后，“OXXXX”显示在屏幕右上角程序号位置，NC 程序显示在屏幕上。

（2）删除一个数控程序　将 MODE 旋钮置于 EDIT 档，（在 MDI 键盘上按 PRGRM 键，进入编辑页面，按 O 键入字母“O”；按数字键键入要删除的程序的号码：XXXX；按 DELET 键，程序即被删除。

（3）新建一个 NC 程序　将 MODE 旋钮置于 EDIT 档，在 MDI 键盘上按 PRGRM 键，进入编辑页面，按 O 键入字母“O”；按数字键键入程序号。按 INSRT 键，若所输入的程序号已存在，将此程序设置为当前程序，否则新建此程序。

注意：MDI 键盘上的数字/字母键，第一次按下时输入的是字母，以后再按下时均为数字。若要再次输入字母，需先将输入域中已有的内容显示在 CRT 界面上（按 INSRT 键，可将输入域中的内容显示在 CRT 界面上）。

（4）删除全部数控程序　将 MODE 旋钮置于 EDIT 档，在 MDI 键盘上按 PRGRM 键，进入编辑页面，按 O 键入字母“O”；按 - 键件入“-”；按 9 键键入“9999”；按 DELET 键。

（5）编辑程序　将 MODE 旋钮置于 EDIT 档，在 MDI 键盘上按 PRGRM 键，进入编辑页面，选定了一个数控程序后，此程序显示在 CRT 界面上，可对数控程序进行编辑操作。

1）移动光标。按 PAGE ↓ 或 ↑ 翻页，按 CURSOR ↓ 或 ↑ 移动光标。

2）插入字符。先将光标移到所需位置，单击 MDI 键盘上的数字/字母键，将代码输入到输入域中，按 INSRT 键，把输入域的内容插入到光标所在代码后面。

3）删除输入域中的数据。按 CAN 键用于删除输入域中的数据。

4）删除字符。先将光标移到所需删除字符的位置，按 DELET 键，删除光标所在的代码。

5）查找。输入需要搜索的字母或代码；按 CURSOR ↑，开始在当前数控程序中光标所在位置后搜索。（代码可以是一个字母或一个完整的代码。例如：“N0010”“M”等。）如果此数控程序中有所搜索的代码，则光标停留在找到的代码处；如果此数控程序中光标所在位置后没有所搜索的代码，则光标停留在原处。

6）替换。先将光标移到所需替换字符的位置，将替换成的字符通过 MDI 键盘输入到输入域中，按ALTER键，把输入域的内容替代光标所在的代码。

3.1.5　任务实施

1. 零件工艺性分析

（1）任务分析　分析零件的毛坯形状直接选用机械或液压平口钳装夹工件，工件的复杂程度一般，由于只有外轮廓部分需要加工，可以采用一把刀具。各被加工部分的尺寸要求不高，但表面粗糙度要求较高，在精铣时注意选择好切削用量。编程时，以工件上表面为 Z 向坐标零点平面，在平口钳装夹工件时用两垫铁紧贴钳口，同时合理选择垫铁高度，避免加工外轮廓时铣到平口钳钳口。

（2）确定加工路线

1）用面铣刀铣削平面。用面铣刀加工工件上表面从 *A* 点下刀，然后直线铣削至 *B* 点后抬刀，如图 3-49 所示。点 *A*、*B* 到工件毛坯边缘的距离为 60（刀具半径 50 + 安全距离 10），从 *A* 点到 *B* 点方向走刀，铣屑往内侧飞，不会伤人。

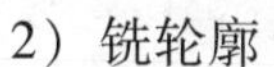

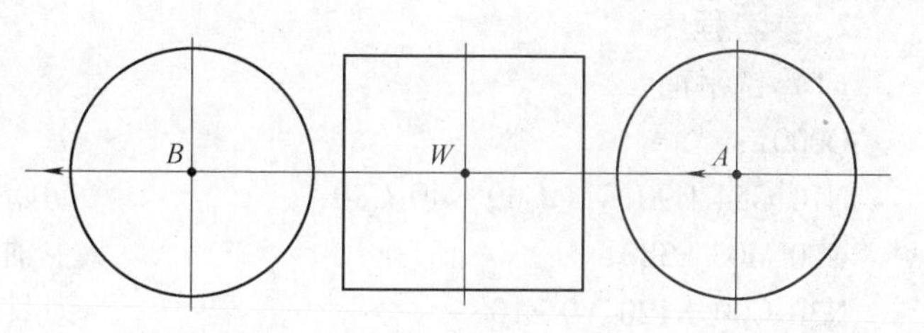

图 3-49　面铣刀铣削平面示意图

2）铣轮廓

① 铣圆形。用立铣刀铣削圆形轮廓，如图 3-50 所示切削工艺路线。从 1 点下刀，到 2 点建立刀具补偿，沿切线切入到 3 点，然后 3－4－5－6－3，切线切出到 7，取消刀具补偿回到 8 点（注意让轮廓光滑过渡）。

② 铣正方形。用立铣刀铣削正方形轮廓，如图 3-51 所示工艺路线。从 1 点下刀，到 2 点建立刀具补偿，沿延长线切入到 3－4－5，延长线切出到 6，取消刀具补偿回到 1 点（注意让轮廓光滑过渡）。

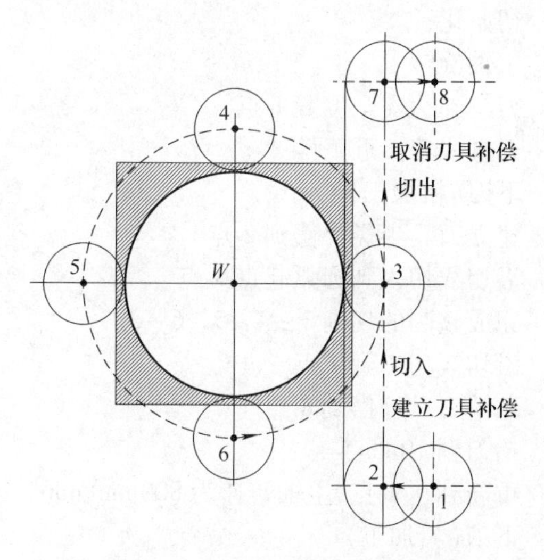

图 3-50　圆形轮廓切线切削路线图

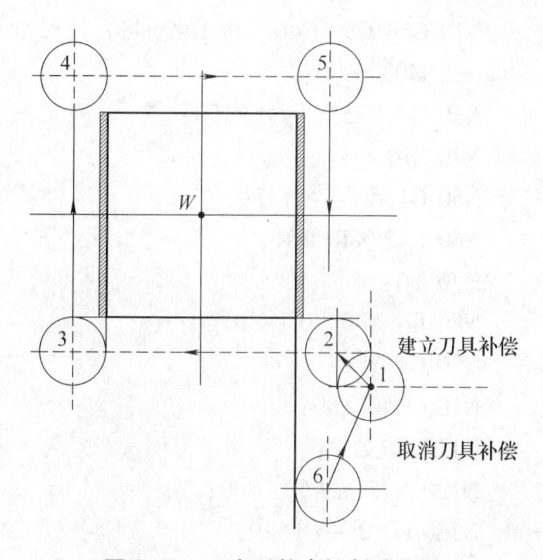

图 3-51　正方形轮廓切削路线图

（3）工艺安排

<table>
<tr><td>零件名称</td><td colspan="2">板状零件</td><td colspan="2">数量（件）</td><td>1</td><td>日期</td><td></td></tr>
<tr><td>零件材料</td><td colspan="2">铝</td><td colspan="2">尺寸单位</td><td>mm</td><td>工作者</td><td></td></tr>
<tr><td>零件规格</td><td colspan="5">100×80×40</td><td>备注</td><td></td></tr>
<tr><td>工序</td><td>名称</td><td colspan="7">工艺要求</td></tr>
<tr><td>1</td><td>下料</td><td colspan="7">100×80×40 板料一块</td></tr>
<tr><td rowspan="6">2</td><td rowspan="6">数控铣</td><td>工步</td><td>工步内容</td><td>刀具号</td><td>刀具类型</td><td>刀具直径
/mm</td><td>主轴转速
/(r/min)</td><td>进给速度
/(mm/min)</td></tr>
<tr><td>1</td><td>铣上表面</td><td>T01</td><td>面铣刀</td><td>$\phi100$</td><td>380</td><td>240</td></tr>
<tr><td>2</td><td>粗铣圆形轮廓</td><td>T02</td><td>立铣刀</td><td>$\phi16$</td><td>600</td><td>180</td></tr>
<tr><td>3</td><td>精铣圆形轮廓</td><td>T02</td><td>立铣刀</td><td>$\phi16$</td><td>800</td><td>120</td></tr>
<tr><td>4</td><td>粗铣圆形轮廓</td><td>T02</td><td>立铣刀</td><td>$\phi16$</td><td>600</td><td>180</td></tr>
<tr><td>5</td><td>精铣圆形轮廓</td><td>T02</td><td>立铣刀</td><td>$\phi16$</td><td>800</td><td>120</td></tr>
</table>

2. 参考程序

（1）铣平面

```
O0001;
N10 G54 G90 G17 G49 G40 G80;        初始化;
N20 M03 S380;                        主轴正转
N30 G00 X120 Y0 Z100;                刀具到达安全位置 A 点
N40 Z10;                             快速接近工件表面
N50 G1 Z-0.5 F240;                   下刀
N60 X-120;                           切削平面到对面 B 点
N70 G0 Z100;                         抬刀
N80 M30;                             主程序结束,复位
```

（2）铣圆形

```
O0002;
N10 G54 G90 G40 G17 G49 G80;        初始化;
N20 M03 S600;                        主轴旋转
N30 G0 X75 Y-60 Z100;                刀具到达安全位置 1 点
N40 Z10;                             刀具快速接近工件
N50 G1 Z-4.8 F180;                   下刀(粗加工)
N60 G42 X40 D01;                     建立刀具半径补偿到 2 点
N70 Y0;                              沿切线切入到圆弧起点 3 点
N80 G3 X40 Y0 I-40 J0;               完成整圆的切削 3-4-5-6-3
N90 G1 Y80;                          沿切线切出到 7 点
N100 G40 X80;                        取消刀具补偿到 8 点
N110 G0 Z10;                         抬刀到 10mm
N120 X75 Y-60 S800;                  重新到达 1 点,主轴转速为 800mm/min
N130 G1 Z-5 F120;                    下刀(精加工)
N140 G42 X40 D01;                    建立刀具半径补偿到 2 点
```

```
N150 Y0;                          沿切线切入到圆弧起点3点
N160 G3 X40 Y0 I-40 J0;           完成整圆的切削3-4-5-6-3
N170 G1 Y80;                      沿切线切出到7点
N180 G40 X80;                     取消刀具补偿到8点
N190 G0 Z10;                      抬刀到100mm
N200 M30;                         主程序结束,复位
```

（3）铣正方形

```
O0003;
N10 G54 G90 G40 G17 G49 G80;      初始化;
N20 M03 S600;                     主轴旋转
N30 G0 X75 Y-55 Z100 S600;        刀具到达安全位置1点
N40 Z10;                          刀具快速接近工件
N50 G1 Z-9.8 F180;                下刀(粗加工)
N60 G41 X60 Y-40 D01;             建立刀具半径补偿到2点
N70 X-40;                         延长线切入到3点
N80 Y40;                          4点
N90 X40;                          5点
N100 Y-80;                        6点
N110 G40 X75 Y-55;                取消刀具补偿到1点
N120 G0 Z10;                      抬刀
N130 G1 Z-10 F120 S800;           下刀(精加工)
N140 G41 X60 Y-40 D01;            建立刀具半径补偿到2点,
N150 X-40;                        延长线切入到3点
N160 Y40;                         4点
N170 X40;                         5点
N180 Y-80;                        6点
N190 G40 X75 Y-55;                取消刀具补偿到1点
N200 G0 Z100;                     抬刀
N210 M30;                         主程序结束,复位
```

3. 加工成品

连接套板成品如图3-52所示。

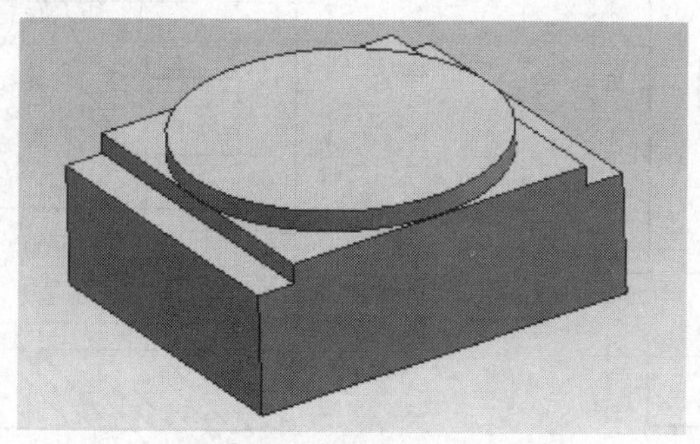

图3-52 连接套板成品图

4. 考核与评价

实训任务						
班级		姓名（学号）		组号		
序号	内容及要求	评分标准	配分	自评	互评	教师评分
1	手工编程	程序或语法错误 2 分/处 数据错误 1 分/次	15			
2	程序输入	手工输入	5			
3	仿真加工轨迹	图形模拟走刀路径	5			
4	铣平面	每超差 0.01mm 扣 2 分	15			
5	铣圆形	每超差 0.01mm 扣 2 分	15			
6	铣正方形	每超差 0.01mm 扣 2 分	15			
7	整体外形	圆弧曲线连接圆滑，形状准确	5			
8	表面粗糙度	小于 $Ra3.2\mu m$	15			
9	安全操作	违章视情节轻重扣分	10			
额定工时		实际加工时间				
完成日期		总得分				

3.1.6 任务小结

1）通过本任务的学习应该对数控铣床的基本结构组成及基本操控方法有所了解，会进行机床的日常维护和保养。

2）了解铣削加工工艺基础，会识别并简单选用铣削刀具。

3）掌握内外轮廓与平面基本指令编程方法，并能进行简单零件的加工工艺设计。

4）能在数控铣床上录入、运行、调试和修正基本加工程序，掌握对刀方法，并能进行简单零件的铣削加工。

3.1.7 任务拓展

在 FANUC 系统数控铣床上加工如图 3-53 ~ 图 3-55 所示零件，试编写加工程序。材料为铝合金。

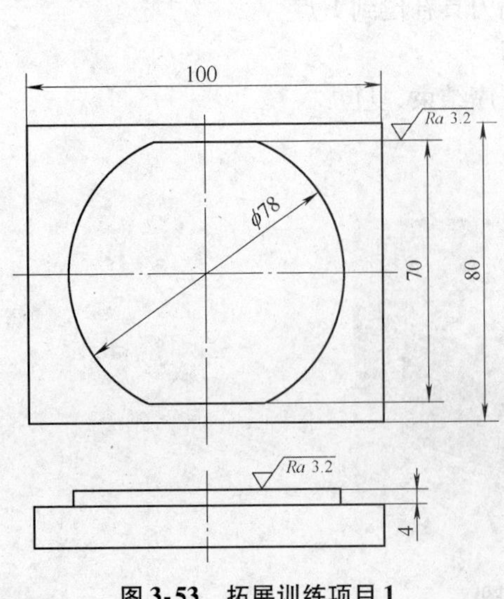

图 3-53 拓展训练项目 1

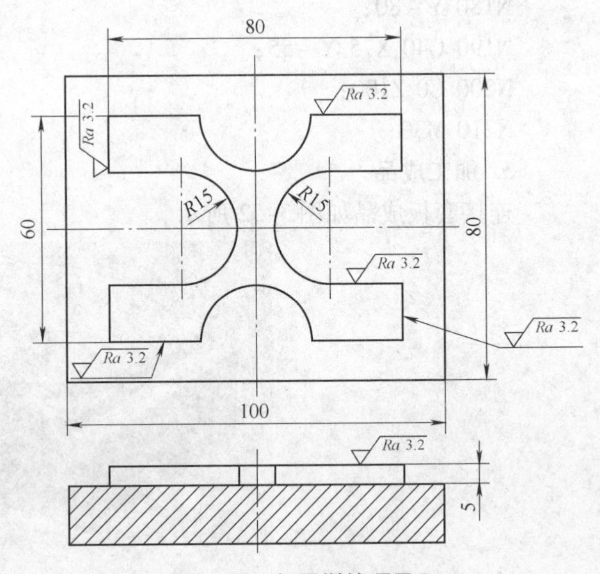

图 3-54 拓展训练项目 2

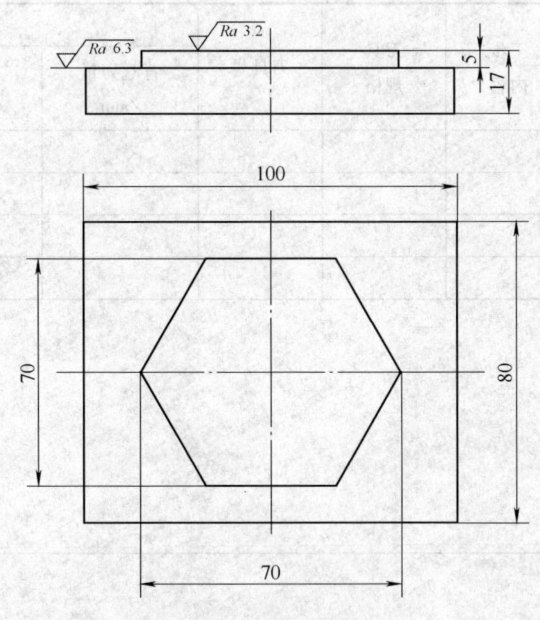

图3-55　拓展训练项目3

3.1.8　任务工单

<table>
<tr><td>项目名称</td><td colspan="2"></td></tr>
<tr><td>任务名称</td><td colspan="2"></td></tr>
<tr><td>专业班级小组编号</td><td colspan="2"></td></tr>
<tr><td>组员学号姓名</td><td colspan="2"></td></tr>
<tr><td rowspan="7">任务目标</td><td rowspan="4">知识目标</td><td></td></tr>
<tr><td></td></tr>
<tr><td></td></tr>
<tr><td></td></tr>
<tr><td rowspan="3">能力目标</td><td></td></tr>
<tr><td></td></tr>
<tr><td></td></tr>
<tr><td>需要完成的任务</td><td colspan="2"></td></tr>
</table>

（续）

<table>
<tr><td rowspan="6">刀具选择及切削用量</td><td rowspan="2">工步
内容</td><td rowspan="2" colspan="2">刀具
规格</td><td rowspan="2" colspan="2">刀具号</td><td colspan="3">切削用量</td></tr>
<tr><td>背吃刀量
/mm</td><td>主轴转速
/(r/min)</td><td>进给量
/(mm/r)</td></tr>
<tr><td></td><td colspan="2"></td><td colspan="2"></td><td></td><td></td><td></td></tr>
<tr><td></td><td colspan="2"></td><td colspan="2"></td><td></td><td></td><td></td></tr>
<tr><td></td><td colspan="2"></td><td colspan="2"></td><td></td><td></td><td></td></tr>
<tr><td></td><td colspan="2"></td><td colspan="2"></td><td></td><td></td><td></td></tr>
<tr><td>项目实施步骤</td><td colspan="8"></td></tr>
<tr><td>加工程序</td><td colspan="8"></td></tr>
<tr><td>项目实施过程中遇到的
问题及解决方法</td><td colspan="8"></td></tr>
<tr><td>学习收获</td><td colspan="8"></td></tr>
<tr><td rowspan="6">评价（详见考核表）</td><td colspan="8">个人评价 10% + 小组评价 20% + 教师评价 50% + 贡献系数 20%</td></tr>
<tr><td colspan="2">姓名</td><td colspan="3">各项得分</td><td colspan="3">综合得分</td></tr>
<tr><td colspan="2"></td><td colspan="3"></td><td colspan="3"></td></tr>
<tr><td colspan="2"></td><td colspan="3"></td><td colspan="3"></td></tr>
<tr><td colspan="2"></td><td colspan="3"></td><td colspan="3"></td></tr>
<tr><td colspan="2"></td><td colspan="3"></td><td colspan="3"></td></tr>
</table>

任务2　槽型盘的数控铣削加工

3.2.1　任务综述

学习任务	槽型盘的数控铣削加工	参考学时：8
主要加工对象	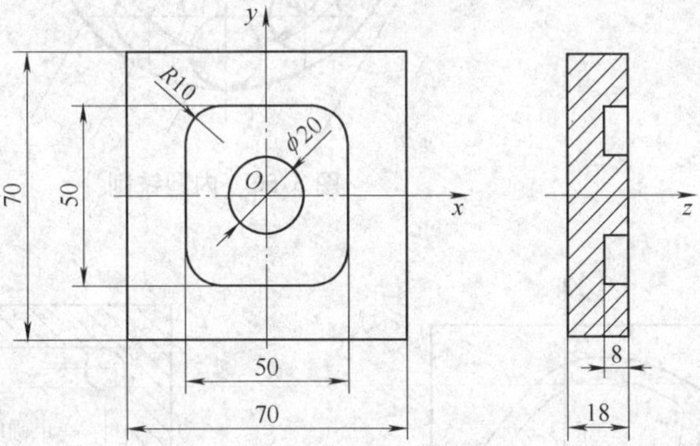	
重点与难点	（1）挖槽和型腔加工中的进刀方式 （2）挖槽和型腔加工走刀路线 （3）刀具干涉原因排查	
学习目标	（1）熟练掌握数控铣床的操控方法，掌握机床程序文件管理的基本方法，会进行程序文件的维护 （2）了解槽的铣削加工工艺知识，会使用键槽铣刀、立铣刀和成形铣刀，初步了解机夹刀片的标识方法和刀片选用知识 （3）掌握主、子程序编程方法及挖槽加工的分层编辑技巧 （4）能熟练地在数控铣床上录入、运行、调试和修正加工程序，能使用机床铣削加工各类槽型零件 （5）会使用基本量具对零件进行加工质量评估和分析	
所需教学设备	数控铣床、刀具、毛坯、量具、图样、工艺卡、仿真软件、多媒体课件、计算机等	
教学方法	项目驱动、任务导向法；案例教学法；小组研讨；引导讲授，教学做一体化	

3.2.2　任务信息

1. 铣削内轮廓的加工路线

铣削封闭的内轮廓表面时，因内轮廓曲线不允许外延，此时刀具可以沿一过渡圆弧切入和切出零件轮廓，可提高内轮廓表面的加工精度和质量。内圆铣削如图3-56所示。

铣削封闭的内轮廓表面，若内轮廓曲线不允许外延，如图3-57左图所示。刀具只能沿内轮廓曲线的法向切入、切出。此时刀具的切入、切出点，应尽量选在内轮廓曲线两几何元素的交点处。

当内部几何元素相切无交点时，为防止刀具补偿取消时在轮廓拐角处留下凹口，刀具切入、切出点应远离拐角。如图3-57右图所示。

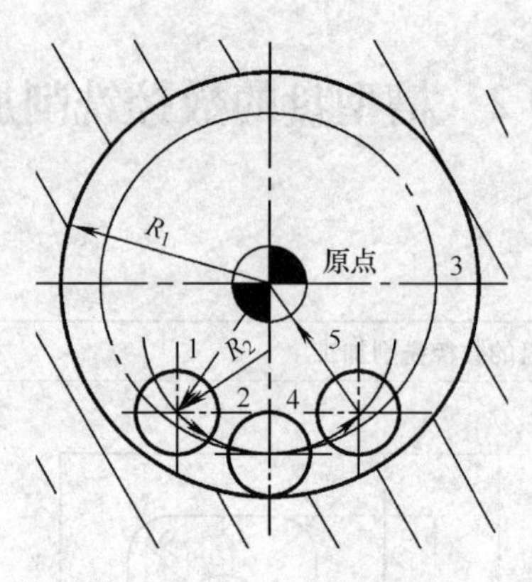

图 3-56　内圆铣削

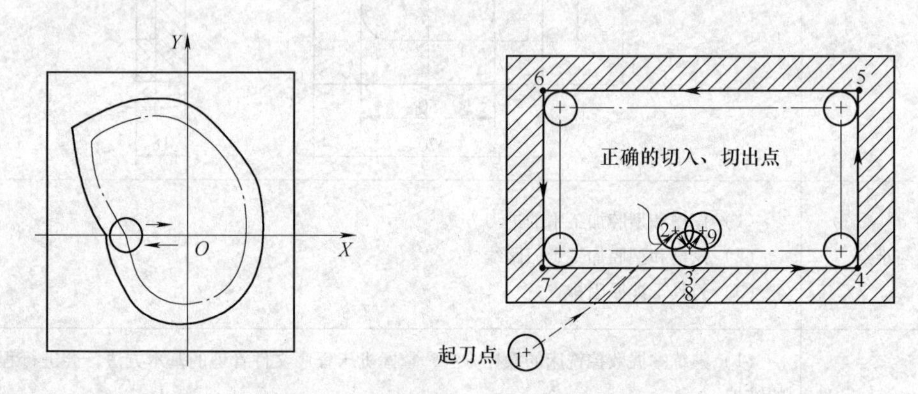

图 3-57　内轮廓加工刀具的切入和切出

2. 铣削型腔的加工路线

型腔是指以封闭曲线为边界的平底凹槽。加工采用平底立铣刀，且刀尖圆弧半径应符合型腔的图样要求。

图 3-58 所示为加工型腔三种加工路线方案：图 a 为行切法；图 b 为环切法；图 c 为先用行切法，最后环切一刀光整轮廓表面。三种方案中，图 a 方案最差，图 c 方案最好。

行切法和环切法的共同点：不留死角，不伤轮廓，减少重复走刀的搭接量。不同点：行切法加工路线比环切法短，行切法表面粗糙度值较大，环切法需要逐次向外扩展轮廓线，刀位点计算稍复杂。

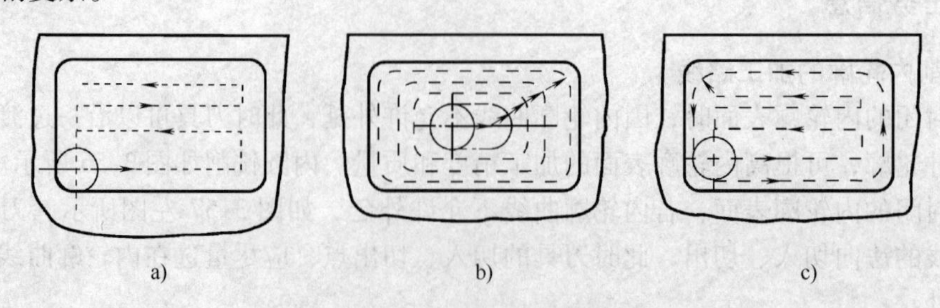

图 3-58　型腔铣削路线

a）行切法　b）环切法　c）先行切后环切

3. 铣削加工时刀具在 Z 向的加工路线

铣削加工时刀具在 Z 向快速移动进给常采用下列加工路线，如图 3-59 所示。

1）铣削开口不通槽。

2）铣削封闭槽。

3）铣削轮廓及通槽。

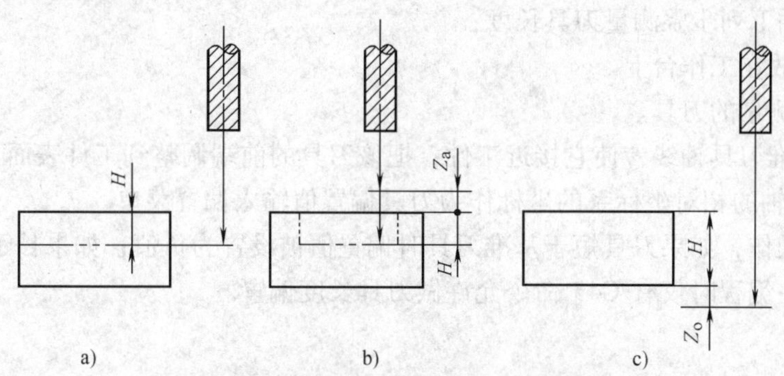

图 3-59　铣削加工时刀具 Z 向加工路线

a）铣削开口不通槽　b）铣削封闭槽　c）铣削轮廓及通槽

3.2.3　本任务需掌握的指令

1. 刀具长度补偿

（1）刀具长度补偿原理

数控铣床或加工中心运行时要经常交换刀具，而每把刀具长度的不同给工作坐标系的设定带来了困难。可以想象第一把刀具正常切削工件，而更换一把稍长的刀具后如果工作坐标系不变，零件将被过切。刀具长度补偿原理如图 3-60 所示。

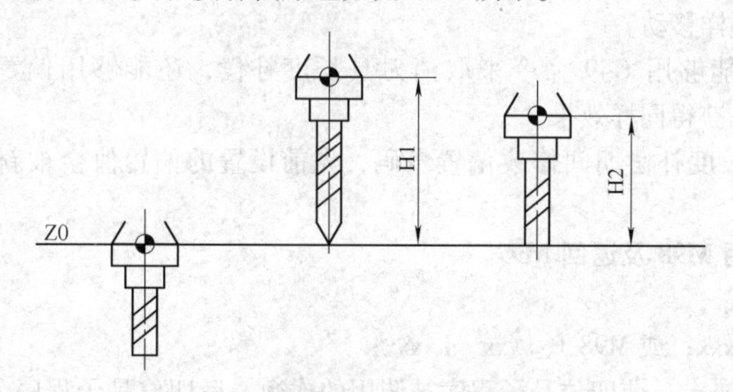

图 3-60　刀具长度补偿原理

设定工作坐标系时，让主轴锥孔的基准面与工件上表面理论上重合。在使用每一把刀具时可以让机床按刀具长度升高一段距离，使刀尖正好在工件上表面上，这段高度就是刀具长度补偿值，其值可在刀具预调仪或自动测长装置上测出。

（2）刀具长度偏置指令（G43/G44/G49）

1）指令格式：G43 Z_ H_；/ G44 Z_ H_；/ G49 Z_；。如果程序所用的刀具较短，那么在加工时刀具不可能接触到工件，即便机床移动到位置 Z0。反之，如果刀具比基准刀具长，有可能引起与工件碰撞损坏机床。为了防止出现这种情况，把每一把刀具与基准刀具的相对长度差输入到刀具偏置内存，并且在程序里让机床执行刀具长度偏置功能。

2）指令功能。要把指定的刀长偏置值加到命令的 Z 坐标值上，应使用 G43；要把指定的刀长偏置值从命令的 Z 坐标值上减去，应使用 G44；想取消刀长偏置值，应使用 G49。

3）操作说明。在设置偏置的长度时，使用正/负号。如果改变了（+/-）符号，G43 和 G44 在执行时会反向操作。因此，该命令有各种不同的表达方式。

首先，遵循下列步骤测量刀具长度：

① 把工件放在工作台上。

② 更换要测量的刀具。

③ 调整基准刀具轴线，使它接近工件；把该刀具的前端调整到工件表面上。

④ 此时 Z 轴的相对坐标系的坐标作为刀具偏置值输入偏置菜单。

通过这么操作，如果刀具短于基准刀具时偏置值被设置为负值；如果长于基准刀具则为正值。因此，在编程时仅有 G43 命令允许做刀具长度偏置。

举例：

G00 Z0；

G00 G43 Z0 H01；

G00 G43 Z0 H03；或者 G00 G44 Z0 H02；或者 G00 G44 Z0 H02；

4）指令说明

① G43，G44 或 G49 命令一旦被发出，它们的功能会保持着，因为它们是“模态命令”。因此，G43 或 G44 命令在程序里紧跟在刀具更换之后，G49 命令在该刀具加工结束，更换刀具后再次调用。

② 在用 G43（G44）H 或者用 G49 命令的指派来省略 Z 轴移动命令时，偏置操作就会像 G00、G91、Z0 命令指派的那样执行。也就是说，用户应当时常小心谨慎，因为它就像有刀具长度偏置值那样移动。

③ 用户除了能够用 G49 命令来取消刀具长度补偿，还能够用偏置号码 H0 的设置（G43/G44 H0）来获得同样效果。

④ 若在刀具长度补偿期间修改偏置号码，先前设置的偏置值会被新近赋予的偏置值替换。

2. 子程序调用 M98 及返回 M99

（1）指令格式

M98 P_xxxx xxxx；或 M98 P_xxxx　Lxxxx；

其中 P_xxxx xxxx_：前四位是子程序被调用的次数，后四位是子程序名；如果子程序只被调用 1 次，可以省略。L：重复调用次数。

（2）指令功能　M98 用来调用子程序；M99 用来表示子程序结束，执行 M99 使控制返回主调主程序。

（3）指令说明　如图 3-61 所示，子程序中可再次调用子程序，形成嵌套，共计最多四层。

【例 3.2.1】一次装夹加工多个相同零件或一个零件有重复加工部分的情况下，可使用子程序。每次调用子程序的坐标系、刀具半径值、坐标位置、切削用量等可根据情况改变，甚至对子程序进行镜像、缩放、旋转、复制等。试编写加工如图 3-62 所示两工件的程序。

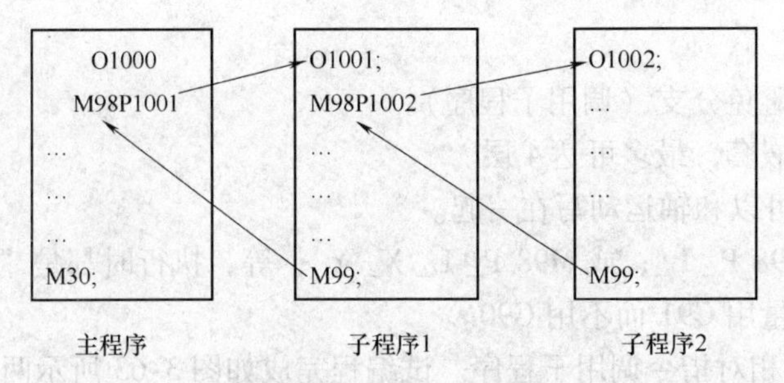

图 3-61　子程序嵌套

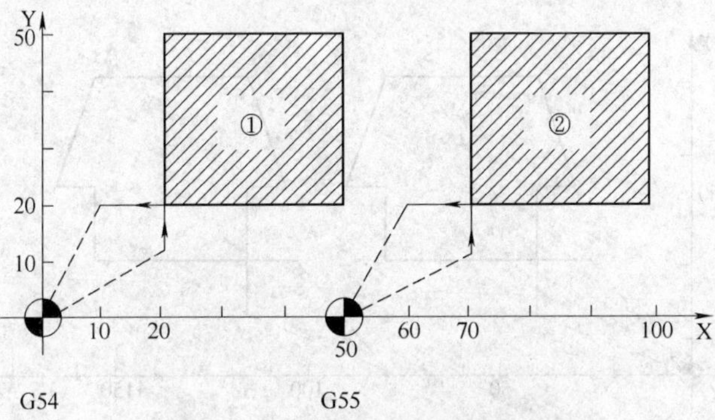

图 3-62　用绝对指令调用子程序

程序：

```
O0001;
S1000 M03;
G90 G54 G00 X0 Y0;
Z100. 0;
M98 P10;
G90 G55 G00 X0 Y0;
Z100. 0;
M98 P10;
M30;

O0010;
G90 G00 Z5. 0;
G40 X20. 0 Y10. 0 D01;
G01 Z -10. 0 F200;
Y50. 0 F100;
X50. 0;
Y20. 0;
X10. 0;
G00 Z100. 0;
G40 X0 Y0;
M99;
```

说明：

1）编程模式下避免分支（调用子程序）。

2）子程序可以嵌套，最多可达 4 层。

3）M98 P_ L_ 可以和轴运动写在一起。

例如：X_ Y_ M98 P_ L_；或 M98 P_ L_ X_ Y_；等，执行时都是“先移后调”。

4）子程序中尽量用 G91 而不用 G90。

【例 3.2.2】 用相对指令调用子程序。试编程完成如图 3-63 所示两个工件的加工任务。Z 轴开始点为工件上方 100mm 处，铣削深度 10mm。

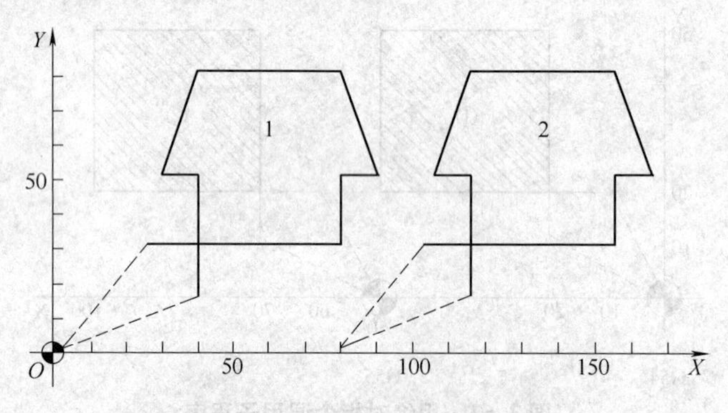

图 3-63 用相对指令调用子程序

程序：

```
O0001;
S1000 M03;
G90 G54 G00 X0 Y0;
Z100.0;
M98 P100;
G90 G00 X80.0;
M98 P100;
G90 G00 X0 Y0 M05;
M30;

O0100;
G91 G00 Z-95.0;
G41 X40.0 Y20.0 D01;
G01 Z-15.0 F200;
Y30.0 F100;
X-10.0;
X10.0 Y30.0;
X40.0;
X10.0 Y-30.0;
X-10.0;
```

```
Y -20.0;
X -50.0;
G00 Z100.0;
G40 X -30.0 Y -30.0;
M99;
```

调用子程序时的注意事项：

1）小心变换主、子程序之间的模式代码。

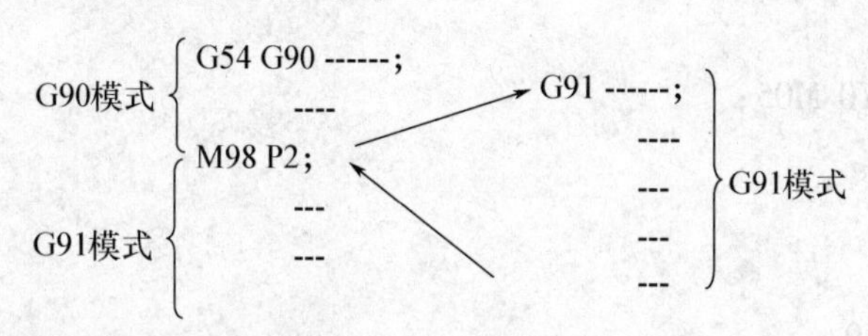

2）在半径补偿模式中的程序不能被分支。

在以上情况下，执行 N2 G41 ---时，N3 M98 P2 与 O0002（Sub）两段程序被预读，因为没有轴向移动，会产生过切。除非有特殊的考虑，否则这样的程序要尽量避免。

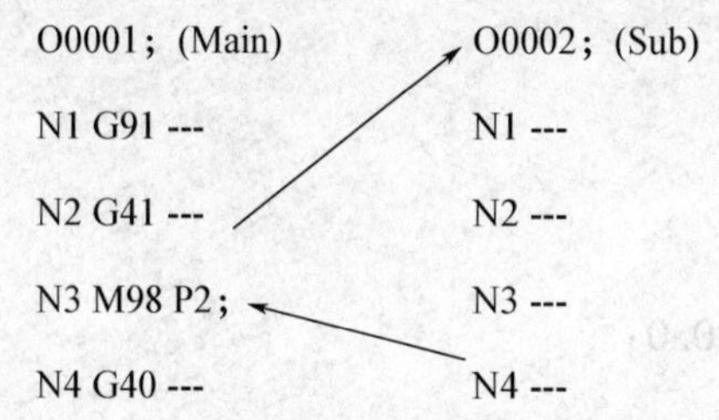

3）子程序中应用 G91 模式，是因为使用 G90 模式将会使刀具在同一个位置加工。所以，调用 G90 模式的子程序时，要用不同的工作坐标系。

【例 3.2.3】　如图 3-64 所示，Z 轴起始高度为 100mm，铣削深度 10mm，使用 L 命令编程。

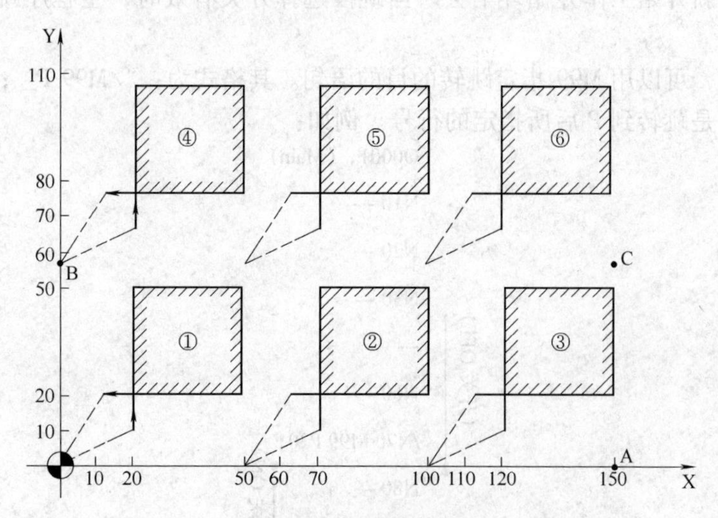

图 3-64　子程序调用

程序：

```
O0001；
N1 S1000 M03；
N2 G90 G54 G00 G17 X0 Y0；
N3 Z100.0；
N4 M98 P100 L3；
N5 G90 G00 X0 Y60.0；
N6 M98 P100 L3；
N7 G90 G00 X0 Y0 M05；
N8 M30；

O0100；
N100 G91 Z-95.0；
N101 G41 X20.0 Y10.0 D01；
N102 G01 Z-15.0 F200；
N103 Y40.0 F100；
N104 X30.0；
N105 Y-30.0；
N106 X-40.0；
N107 G00 Z110.0；
N108 G40 X-10.0 Y-20.0；
N109 X50.0；
N110 M99；
```

(4) 其他编程技巧　当 M99 在主程序中出现时，程序将返回程序头。例如在主程序中加入"/M99;"，当跳段选择开关关闭时（机床控制面板上的一个按钮），主程序执行 M99 并返回程序头重新开始工作并循环下去。当跳段选择开关有效时，主程序跳过 M99 语句并执行下面程序。

有些情况下，可以用 M99 指定跳转的目的语句。其格式为："/M99 P_ ;"，程序不是跳转到程序头，而是跳转到 P 后所指定的行号。例如：

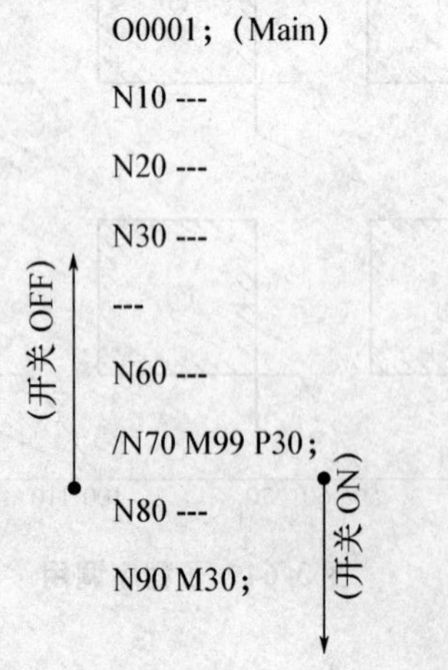

3.2.4　机床操作

1. 对刀（用寻边器对刀）

寻边器有固定端和测量端两部分组成。固定端由刀具夹头夹持在机床主轴上，中心线与主轴轴线重合。在测量时，主轴以400r/min旋转。通过手动方式，使寻边器向工件基准面移动靠近，让测量端接触基准面。在测量端未接触工件时，固定端与测量端的中心线不重合，两者呈偏心状态。当测量端与工件接触后，偏心距减小，这时使用点动方式或手轮方式微调进给，寻边器继续向工件移动，偏心距逐渐减小。当测量端和固定端的中心线重合的瞬间，测量端会明显偏出，出现明显的偏心状态。这是主轴中心位置距离工件基准面的距离等于测量端的半径。

（1）X轴方向对刀　单击操作面板上的方式选择旋钮使它指向“手动”，系统进入“手动”方式。

单击MDI键盘上的POS使CRT界面显示坐标值；借助“视图”菜单中的动态旋转、动态放缩、动态平移等工具，适当单击操作面板上的+X，-X，+Y，-Y，+Z，-Z按钮，将机床移动到如图3-65所示的大致位置。

在手动状态下，单击操作面板上的正转或反转按钮，使主轴转动。未与工件接触时，寻边器测量端大幅度晃动。

单击操作面板上的方式选择旋钮使它指向“手轮”，采用手轮即手动脉冲方式精确移动机床，将手轮对应轴旋钮置于X档，调节手轮进给速度旋钮，在手轮上单击鼠标左键或右键精确移动寻边器。寻边器测量端晃动幅度逐渐减小，直至固定端与测量端的中心线重合，如图3-65所示，若此时用增量或手轮方式以最小脉冲当量进给，寻边器的测量端突然大幅度偏移，如图3-66所示。即认为此时寻边器与工件恰好吻合。

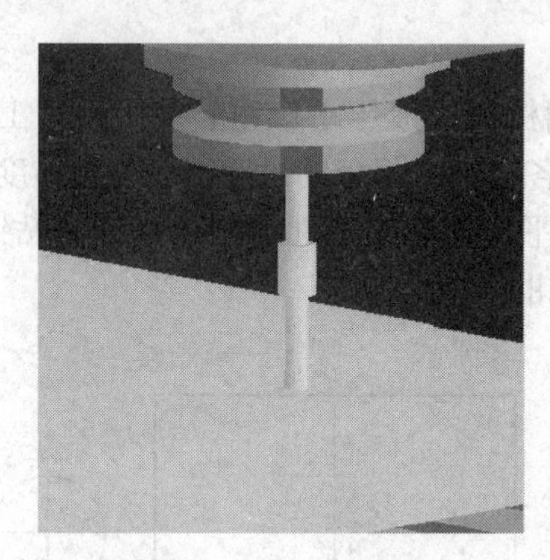

图3-65　对刀初始位置

图3-66　对刀极限位置

记下寻边器与工件恰好吻合时CRT界面中的X坐标，此为基准工具中心的X坐标，记为X1；将定义毛坯数据时设定的零件的长度记为X2；将基准工件直径记为X3。（可在选择基准工具时读出）

则工件上表面中心的X的坐标为基准工具中心的X的坐标减去零件长度的一半减去基

准工具半径，记为X。

（2）Y轴方向对刀　Y方向对刀采用同样的方法。得到工件中心的Y坐标，记为Y。完成X，Y方向对刀后，单击+Z按钮，将Z轴提起，停止主轴转动，再单击菜单“机床/拆除工具”拆除基准工具。

2. 导入零件模型

机床在加工零件时，除了可以使用原始定义的毛坯，还可以对经过部分加工的毛坯进行再加工，这个毛坯称为零件模型，可以通过导入零件模型的功能调用零件模型。

打开菜单“文件/导入零件模型”，若已通过导出零件模型功能保存过成型毛坯，则系统将弹出“打开”对话框，在此对话框中，选择并且打开所需的后缀名为“PRT”的零件文件，则选中的零件模型被放置在工作台面上。

3. 机床位置界面

单击POS进入机床位置界面。单击［ABS］，［REL］，［ALL］对应的软键分别显示绝对位置（见图3-67）、相对位置（见图3-68）和所有位置（见图3-69）。坐标下方显示进给速度F、转速S、当前刀具T、机床状态（如“回零”）。

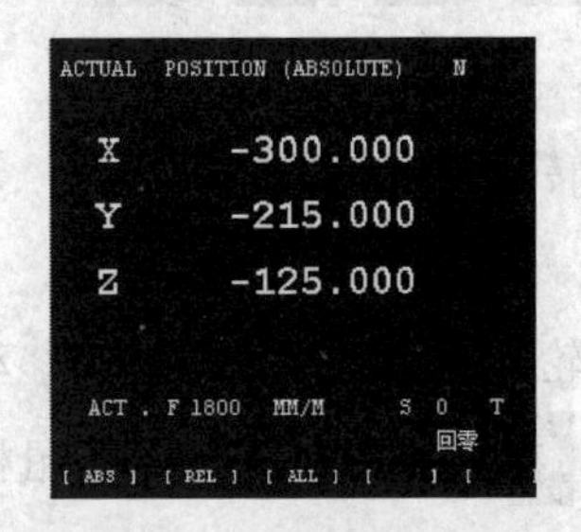

图3-67　显示绝对位置

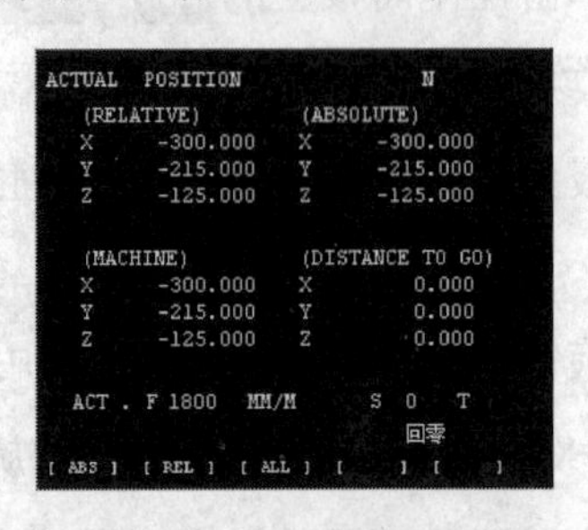

图3-68　显示相对位置

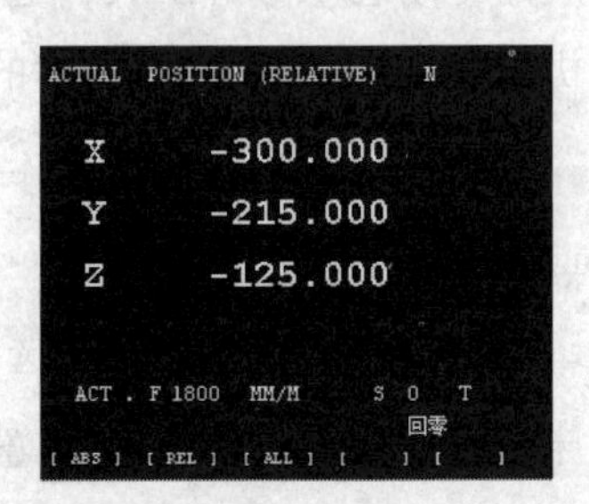

图3-69　显示所有位置

3.2.5　任务实施

1. 零件工艺性分析

（1）任务分析　零件的毛坯形状规则，直接选用机械或液压平口钳装夹工件，工件的复杂程度一般，内轮廓铣削时注意刀具半径的选择。各被加工部分的尺寸、表面粗糙度要求不高，编程时以工件上表面为Z向坐标零点平面，在平口钳装夹工件时用两垫铁紧贴钳口，同时合理选择垫铁高度，避免加工外轮廓时铣到平口钳钳口。

（2）确定加工路线

1）用立铣刀铣削平面。用立铣刀加工工件的平面，要使用子程序调用才能完成切削任务。子程序的进给路线：从*A*点下刀，然后直线铣削至*B*点后，沿*A*－*B*－*C*－*D*－*E*点路线铣削，前述如图3-70所示。

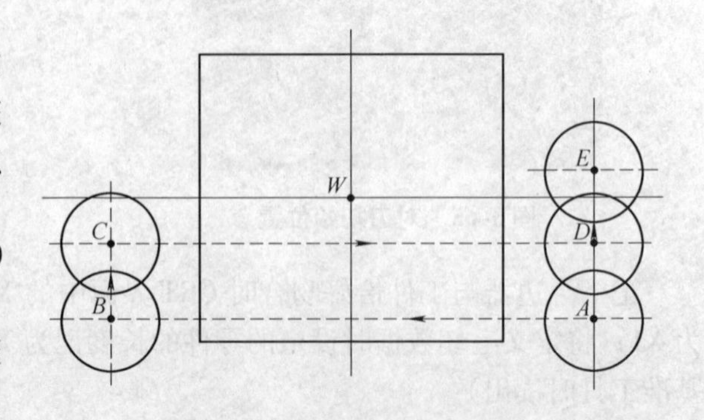

图3-70　立铣刀铣削平面示意图

2）铣菱形外轮廓。用立铣刀铣削菱形轮廓，如图3-71所示切削工艺路线。从1点下刀，到2点建立刀具补偿，沿延长线切入到3点，然后3－4－5，延长线切出到6，取消刀具补偿回到1点。因四角还有残料，所以在四个角落走斜线，用于切削残料，注意让轮廓光滑过渡。（提示：残料还可以用改变半径刀具补偿值来切削）。

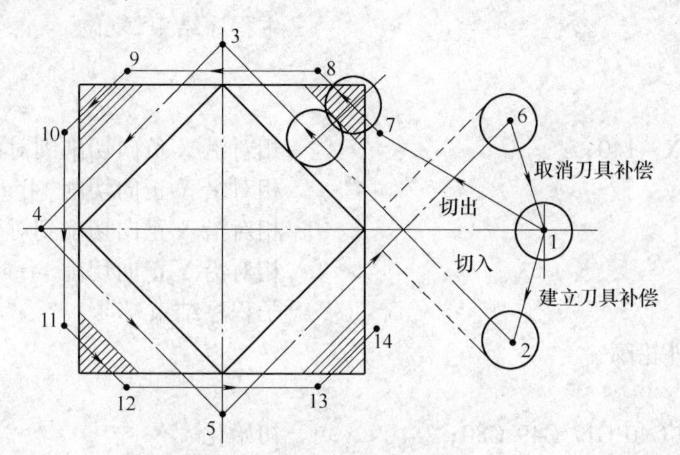

图3-71　菱形轮廓切削路线图

3）铣圆形型腔。用立铣刀铣削圆形型腔，注意让轮廓光滑过渡。下刀时因为钢件，硬度比较大，所以采用折线下刀，即调用子程序。

（3）工艺安排

<table>
<tr><td colspan="2">零件名称</td><td colspan="2">板状零件</td><td>数量（件）</td><td>1</td><td>日期</td><td colspan="2"></td></tr>
<tr><td colspan="2">零件材料</td><td colspan="2">45钢</td><td>尺寸单位</td><td>mm</td><td>工作者</td><td colspan="2"></td></tr>
<tr><td colspan="2">零件规格</td><td colspan="4">80×80×40</td><td>备注</td><td colspan="2"></td></tr>
<tr><td>工序</td><td>名称</td><td colspan="7">工艺要求</td></tr>
<tr><td>1</td><td>下料</td><td colspan="7">80×80×40板料一块</td></tr>
<tr><td rowspan="4">2</td><td rowspan="4">数控铣</td><td>工步</td><td>工步内容</td><td>刀具号</td><td>刀具类型</td><td>刀具直径/mm</td><td>主轴转速/(r/min)</td><td>进给速度/(mm/min)</td></tr>
<tr><td>1</td><td>铣上表面</td><td>T01</td><td>立铣刀</td><td>$\phi16$</td><td>600</td><td>180</td></tr>
<tr><td>2</td><td>铣菱形外轮廓</td><td>T01</td><td>立铣刀</td><td>$\phi16$</td><td>600</td><td>180</td></tr>
<tr><td>3</td><td>铣圆形内轮廓</td><td>T01</td><td>立铣刀</td><td>$\phi16$</td><td>600</td><td>180</td></tr>
</table>

2. 参考程序

（1）铣平面

1）主程序

```
O0001;
N10 G54 G90 G40 G17 G49 G80;          初始化;
N20 M03 S600;                         主轴旋转
N30 G0 X70 Y-35 Z100;                 刀具到达安全位置A点
N40 Z10;                              刀具快速接近工件
```

```
N50 G1 Z -0.5 F180;                  下刀
N60 M98 P40101;                      调用名为 O0101 子程序 4 次
N70 G90 G0 Z100;                     抬刀
N80 M30;                             主程序结束,复位
```

2）子程序

```
O0101;
N10 G91 G1 X -140;                   相对沿 X 负向切削到对面 B 点
N20 Y14;                             相对沿 Y 正向切削 14mm 到 C 点
N30 X140;                            相对沿 X 正向切削到对面到 D 点
N40 Y14;                             相对沿 Y 正向切削 14mm 到 E 点
N50 M99;                             子程序结束
```

（2）铣菱形外轮廓

```
O0002;
N10 G54 G90 G40 G17 G49 G80;         初始化
N20 M03 S600;                        主轴旋转
N30 G0 X100 Y0 Z100;                 刀具到达安全位置 1 点
N40 Z10;                             刀具快速接近工件
N50 G1 Z -5 F180;                    下刀
N60 G42 X70 Y -30 D01;               建立刀具半径补偿到 2 点
N70 Y40;                             沿切线切入到圆弧起点 3 点
N80 X -40;                           4 点
N90 Y -40;                           5 点
N100 X70 Y30;                        6 点
N110 G40 X100 Y0;                    取消刀具补偿回到 1 点
N120 G0 X50 Y32;                     快进到 7 点(去切削残料)
N130 G1 X32 Y50;                     切削到 8 点
N140 G0 X -32;                       快进到 9 点
N150 G1 X -50 Y32;                   切削到 10 点
N160 G0 Y -32;                       快进到 11 点
N170 G1 X -32 Y -50;                 切削到 12 点
N180 G0 X32;                         快进到 13 点
N190 G1 X50 Y -32;                   切削到 14 点
N200 G0 Z10;                         抬刀到 10mm
N210 M30;                            主程序结束,复位
```

（3）铣圆形内轮廓

1）主程序

```
O0003;
N10 G54 G90 G40 G17 G49 G80;         初始化
N20 M03 S600;                        主轴旋转
N30 G00 X0 Y0 Z100;                  快速到达圆心上方
```

```
N40 Z10;                          刀具快速接近工件
N50 G1 Z0 F180;                   下刀
N60 M98 P100303;                  调用名为 O0303 子程序10 次
N70 G0 Z100;                      抬刀
N80 M30;                          主程序结束,复位
```

2）子程序

```
O0303;
N10 G91 G01 Z-0.5 F100;           每次切深0.5mm
N20 G90 G41 X20 Y0 D01;           到圆型腔 X20Y0 处,建立刀具补偿
N30 G03 X20 Y0 I20 J0;            整圆切削
N40 G00 G40 X0 Y0;                切回到圆心
N50 M99;                          子程序结束,返回主程序
```

3. 加工成品

槽型盘加工成品如图3-72 所示。

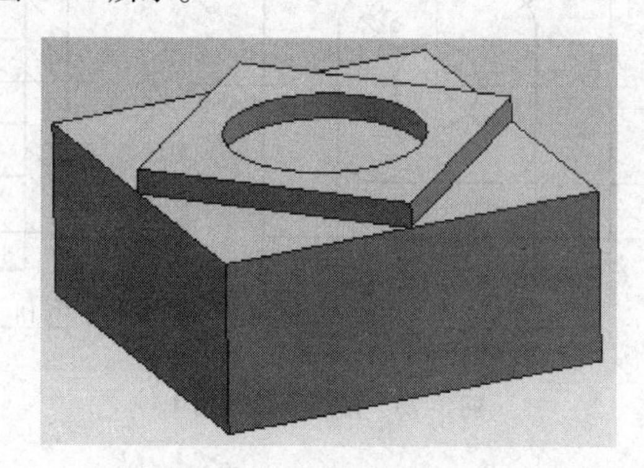

图3-72　槽型盘加工实体

4. 考核与评价

实训任务						
班级		姓名（学号）		组号		
序号	内容及要求	评分标准	配分	自评	互评	教师评分
1	手工编程	程序或语法错误2分/处 数据错误1分/次	15			
2	程序输入	手工输入	5			
3	仿真加工轨迹	图形模拟走刀路径	5			
4	铣平面	每超差0.01mm 扣2 分	15			
5	铣菱形	每超差0.01mm 扣2 分	15			
6	铣圆形	每超差0.01mm 扣2 分	15			
7	整体外形	圆弧曲线连接光滑，形状准确	5			
8	表面粗糙度	小于 $Ra3.2\mu m$	15			
9	安全操作	违章视情节轻重扣分	10			
额定工时		实际加工时间				
完成日期		总得分				

3.2.6 任务小结

通过本任务的学习，要求学生了解槽的铣削加工工艺知识，会使用键槽铣刀、立铣刀和成形铣刀，初步了解机夹刀片的标识方法和刀片选用知识。能够掌握主、子程序编程方法及挖槽加工的分层编辑技巧。能够熟练地在数控铣床上录入、运行、调试和修正加工程序，并且能使用机床铣削加工各类槽型零件。

3.2.7 任务拓展

在 FANUC 系统数控铣床上加工如图 3-73 ~ 图 3-75 所示零件，试编写加工程序。材料为 45 钢件。

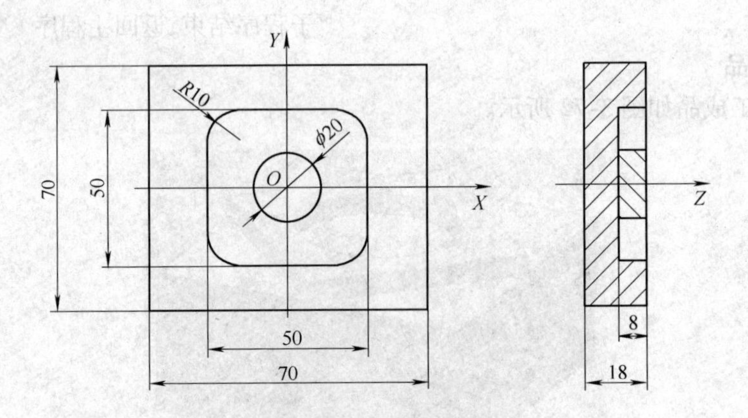

图 3-73 拓展训练项目 1

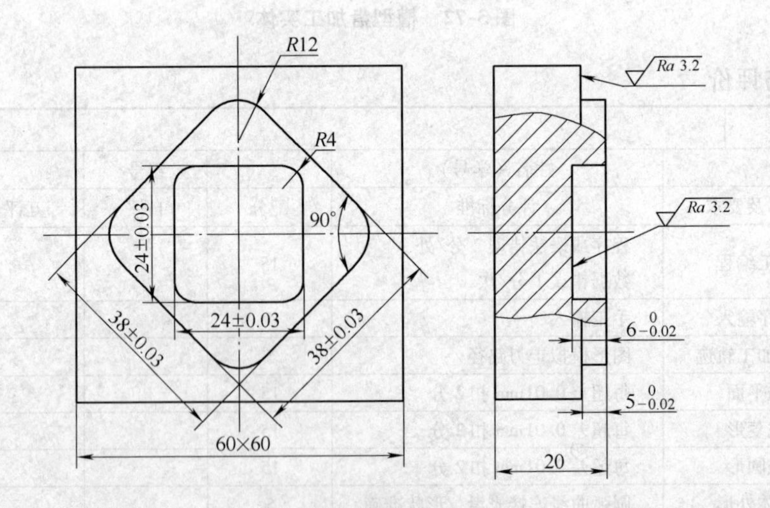

图 3-74 拓展训练项目 2

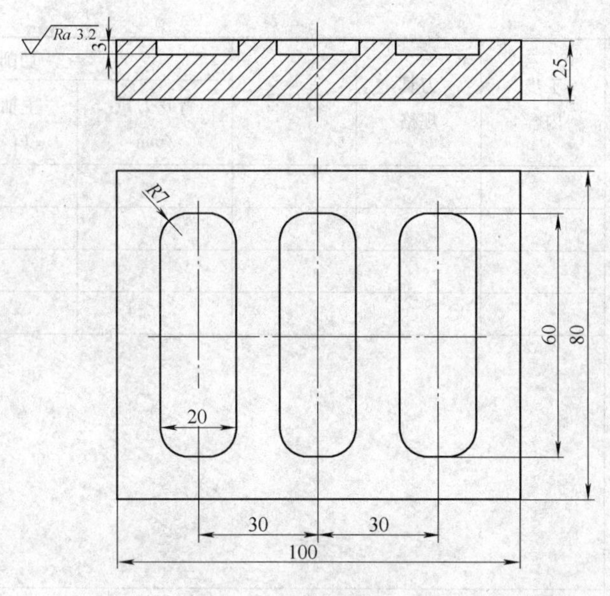

图3-75　拓展训练项目3

3.2.8　任务工单

项目名称		
任务名称		
专业班级小组编号		
组员学号姓名		
任务目标	知识目标	
	能力目标	
需要完成的任务		

（续）

<table>
<tr><td rowspan="6">刀具选择及切削用量</td><td rowspan="2">工步
内容</td><td rowspan="2">刀具
规格</td><td rowspan="2">刀具号</td><td colspan="3">切削用量</td></tr>
<tr><td>背吃刀量
/mm</td><td>主轴转速
/(r/min)</td><td>进给量
/(mm/r)</td></tr>
<tr><td></td><td></td><td></td><td></td><td></td><td></td></tr>
<tr><td></td><td></td><td></td><td></td><td></td><td></td></tr>
<tr><td></td><td></td><td></td><td></td><td></td><td></td></tr>
<tr><td></td><td></td><td></td><td></td><td></td><td></td></tr>
<tr><td>项目实施步骤</td><td colspan="6"></td></tr>
<tr><td>加工程序</td><td colspan="6"></td></tr>
<tr><td>项目实施过程中遇到的问题及解决方法</td><td colspan="6"></td></tr>
<tr><td>学习收获</td><td colspan="6"></td></tr>
<tr><td rowspan="6">评价（详见考核表）</td><td colspan="6">个人评价 10% + 小组评价 20% + 教师评价 50% + 贡献系数 20%</td></tr>
<tr><td colspan="2">姓名</td><td colspan="2">各项得分</td><td colspan="2">综合得分</td></tr>
<tr><td colspan="2"></td><td colspan="2"></td><td colspan="2"></td></tr>
<tr><td colspan="2"></td><td colspan="2"></td><td colspan="2"></td></tr>
<tr><td colspan="2"></td><td colspan="2"></td><td colspan="2"></td></tr>
<tr><td colspan="2"></td><td colspan="2"></td><td colspan="2"></td></tr>
</table>

任务3　孔系零件的数控铣削加工

3.3.1　任务综述

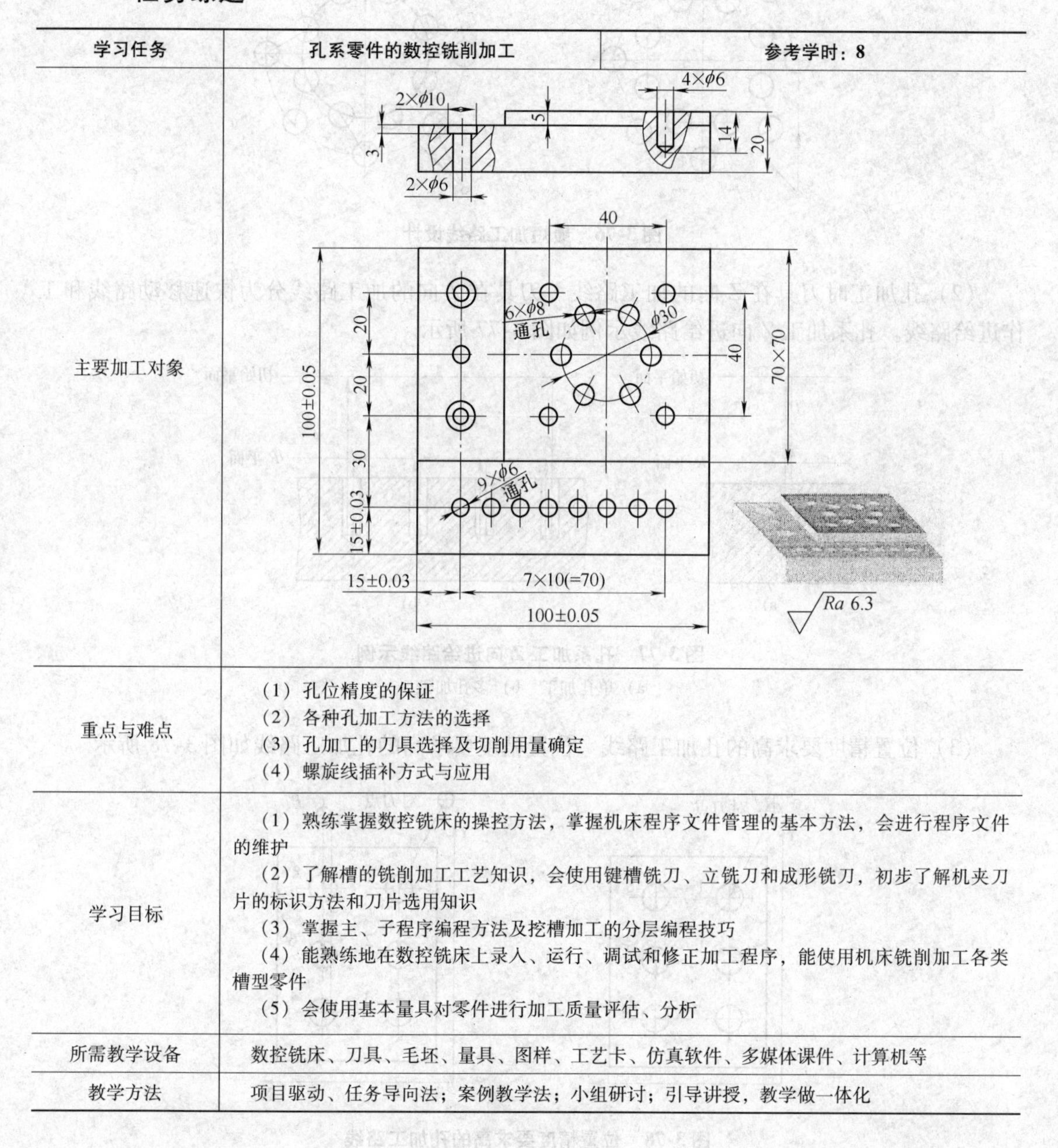

学习任务	孔系零件的数控铣削加工	参考学时：8
主要加工对象		
重点与难点	（1）孔位精度的保证 （2）各种孔加工方法的选择 （3）孔加工的刀具选择及切削用量确定 （4）螺旋线插补方式与应用	
学习目标	（1）熟练掌握数控铣床的操控方法，掌握机床程序文件管理的基本方法，会进行程序文件的维护 （2）了解槽的铣削加工工艺知识，会使用键槽铣刀、立铣刀和成形铣刀，初步了解机夹刀片的标识方法和刀片选用知识 （3）掌握主、子程序编程方法及挖槽加工的分层编程技巧 （4）能熟练地在数控铣床上录入、运行、调试和修正加工程序，能使用机床铣削加工各类槽型零件 （5）会使用基本量具对零件进行加工质量评估、分析	
所需教学设备	数控铣床、刀具、毛坯、量具、图样、工艺卡、仿真软件、多媒体课件、计算机等	
教学方法	项目驱动、任务导向法；案例教学法；小组研讨；引导讲授，教学做一体化	

3.3.2　任务信息

1. 孔加工路线的分析

（1）减少刀具空行程的加工路线　孔加工是数控加工中最常见的加工工序，数控铣床通常具有钻孔、镗孔、铰孔和攻螺纹等加工的固定循环功能。因此，在一般孔的加工过程中可以根据提高效率的原则来确定孔系的加工顺序，尽量缩短加工路线，减少刀具空行程的时间，以节省加工时间，提高生产效率。最短加工路线设计如图3-76所示。

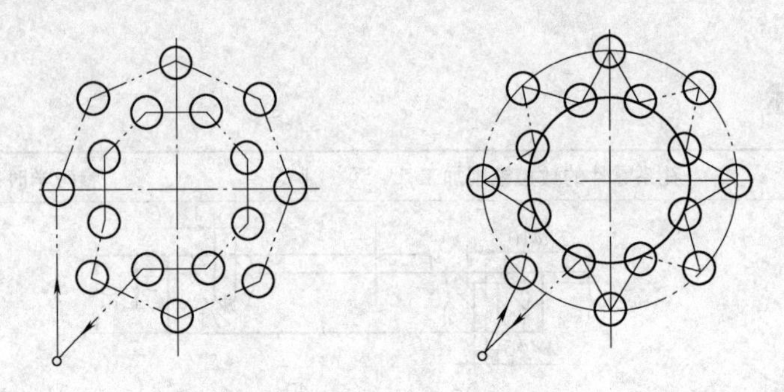

图3-76 最短加工路线设计

(2) 孔加工时刀具在Z向的加工路线 刀具在Z向的加工路线分为快速移动路线和工作进给路线。孔系加工Z向进给路线示例如图3-77所示。

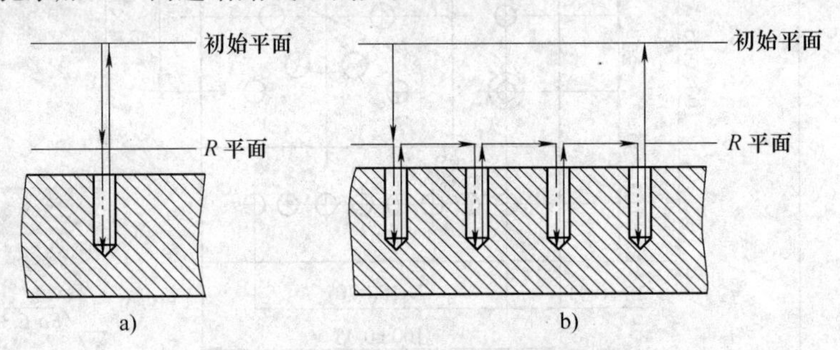

图3-77 孔系加工Z向进给路线示例

a) 单孔加工 b) 多孔加工

(3) 位置精度要求高的孔加工路线 位置精度要求高的孔加工路线如图3-78所示。

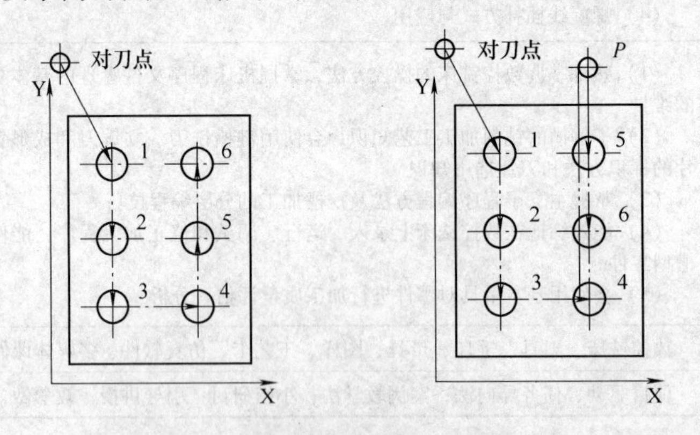

图3-78 位置精度要求高的孔加工路线

对点位控制机床，只要求定位精度高，定位过程尽可能快，而刀具相对于工件的运动路线无关紧要。因此，这类机床应按空行程最短来安排加工路线。但对位置精度要求较高的孔系加工，在安排孔加工顺序时，还应注意各孔定位方向的一致，即采用单向趋近定位的方法，以避免将机床进给机构的反向间隙带入，而影响孔的位置精度。

2. 孔加工的刀具及其选择

常用的孔加工刀具包括中心钻、麻花钻（直柄、锥柄）、扩孔钻、锪孔钻、铰刀、丝锥、镗刀等，如图3-79所示。

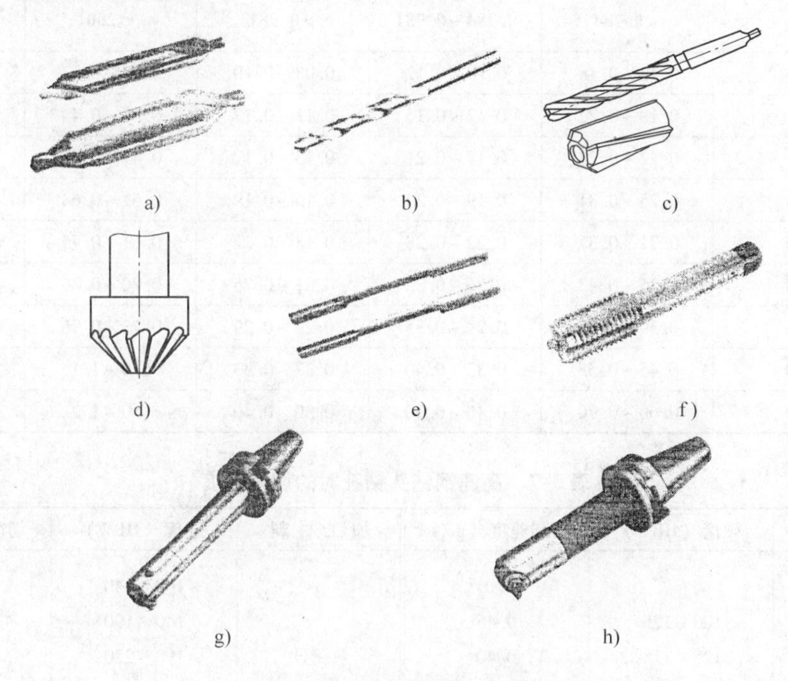

图3-79　孔加工常用刀具

a）中心钻　b）麻花钻　c）扩孔钻　d）锪孔钻　e）机用铰刀

f）机用丝锥　g）粗镗刀（连镗刀杆及刀柄）　h）可微调精镗刀（连镗刀杆及刀柄）

孔加工刀具的尺寸包括直径尺寸和长度尺寸。其选择原则是：在满足各个部位加工要求的前提下，尽可能减小刀具长度，以提高工艺系统刚性。

1）钻头直径D应满足$L/D \leqslant 5$（L为钻孔深度）的条件。对钻孔深度与直径比大于5倍的深孔，采用固定循环程序，多次自动进退，以利冷却和排屑。

2）钻孔前先用中心钻钻一中心孔或用一直径较大的短钻头划窝引正，然后钻孔，这样，既可解决钻孔引正问题，还可以代替孔口倒角。

3）镗孔时，应尽量选用对称的多刃镗刀头进行切削，以平衡背向力，减少镗削振动。

3. 切削用量的选择

（1）钻孔切削用量选择　依据常见工件资料，选取钻孔切削用量，详见表3-6、3-7所示。

表3-6　高速钢钻头钻孔时的进给量

工件材料 / 进给量 f/(mm/r) / 钻头直径/mm	钢 R_m/GPa			铸铁、钢及铝合金硬度（HBW）	
	<0.784	0.784～0.981	>0.981	≤200	>200
≤2	0.05～0.06	0.04～0.05	0.03～0.04	0.02～0.11	0.05～0.07
>2～4	0.08～0.10	0.06～0.08	0.04～0.06	0.08～0.22	0.11～0.13

（续）

进给量 f/(mm/r) 工件材料 钻头直径/mm	钢 R_m/GPa			铸铁、钢及铝合金硬度（HBW）	
	<0.784	0.784～0.981	>0.981	≤200	>200
>4～6	0.14～0.18	0.10～0.12	0.08～0.10	0.27～0.33	0.18～0.22
>6～8	0.18～0.22	0.12～0.15	0.11～0.13	0.36～0.44	0.22～0.26
>8～10	0.22～0.28	0.17～0.21	0.13～0.17	0.47～0.57	0.28～0.34
>10～13	0.25～0.31	0.19～0.23	0.15～0.19	0.52～0.64	0.31～0.39
>13～16	0.31～0.37	0.22～0.28	0.18～0.22	0.61～0.75	0.37～0.45
>16～20	0.35～0.43	0.26～0.32	0.21～0.25	0.70～0.86	0.43～0.53
>20～25	0.39～0.47	0.29～0.35	0.23～0.29	0.78～0.96	0.47～0.57
>25～30	0.45～0.55	0.32～0.40	0.27～0.33	0.9～1.1	0.54～0.66
>30～60	0.60～0.70	0.40～0.50	0.30～0.40	1.0～1.2	0.7～0.8

表3-7 高速钢钻头钻孔时的切削速度

加工材料	硬度（HBW）	切削速度/(m/s)	加工材料	硬度（HBW）	切削速度/(m/s)
低碳钢	100～125 125～175 175～225	0.45 0.40 0.35	灰铸铁	100～140 140～190 190～220 220～260 260～320	0.55 0.45 0.35 0.25 0.15
中高碳钢	125～175 175～225 225～275 275～325	0.37 0.33 0.25 0.20	球墨铸铁	140～190 190～225 225～260 260～300	0.50 0.35 0.28 0.20
合金钢	175～225 225～275 275～325 325～375	0.30 0.25 0.20 0.17	铸造碳钢	铸造低碳钢 铸造中碳铜 铸造高碳钢	0.40 0.30～0.40 0.25

查表说明：

1）数据适用于在大刚度的零件上钻孔，公差等级在IT12级以下（或自由公差），钻孔后还用钻头、锪钻或镗刀加工。在下列条件下需乘修正系数。

在刚度较低的零件上钻孔（箱体形状的薄壁零件、零件上薄的突出部分钻孔）时，乘系数0.75；用铰刀加工的精确孔，在低刚度零件上钻孔，斜面上钻孔，钻孔后用丝锥攻螺纹，乘系数0.50。

2）孔深度大于3倍直径时应乘修正系数 K_{if}：$3d-1.0$；$5d-0.9$；$7d-0.8$；$10d-0.75$。

3）为避免钻头损坏，当刚要钻穿时应停止自动进给而改用手动进给。

（2）扩孔及锪孔的切削用量　锪孔和扩孔的切削用量见表3-8，锪沉头孔及孔口端面时，切削速度为钻孔切削速度的1/2～1/3。

表3-8　锪孔与扩孔的切削用量

加工方法	背吃刀量 a_p	进给量 f	切削速度 v
锪孔	(0.15～0.25) D（孔径）	(1.2～1.8) $f_{钻}$	$\left(\frac{1}{2}\sim\frac{1}{3}\right)v_{钻}$
扩孔	$0.05D$	(2.2～2.4) $f_{钻}$	$\left(\frac{1}{2}\sim\frac{1}{3}\right)v_{钻}$

（3）铰孔用量　机用铰刀铰孔时的进给量见表3-9，高速钢铰刀铰碳钢和合金钢时的切削速度见表3-10，金属材料的加工性等级见表3-11，高速钢铰刀铰灰铸铁时的切削速度见表3-12，硬质合金铰刀铰孔时的切削用量见表3-13。

表3-9　机用铰刀铰孔时的进给量

铰刀直径/mm	工具钢铰刀				硬质合金铰刀			
	钢		铸铁		钢		铸铁	
	R_m≤0.880GPa	R_m>0.880GPa	≤170HBW（铸铁铜及铝合金）	>170HBW	未淬火钢	淬火钢	≤170HBW	>170HBW
≤5	0.2～0.5	0.15～0.35	0.6～1.2	0.4～0.8				
>5～10	0.4～0.9	0.35～0.7	1.0～2.0	0.65～1.3	0.35～0.5	0.25～0.35	0.9～1.4	0.7～1.1
>10～20	0.65～1.4	0.55～1.2	1.5～3.0	1.0～2.0	0.4～0.6	0.30～0.40	1.0～1.5	0.8～1.2
>20～30	0.8～1.8	0.65～1.5	2.0～4.0	1.2～2.6	0.5～0.7	0.35～0.45	1.2～1.8	0.9～1.4
>30～40	0.95～2.1	0.8～1.8	2.5～5.0	1.6～3.2	0.6～0.8	0.4～0.5	1.3～2.0	1.0～1.5
>40～60	1.3～2.8	1.0～2.3	3.2～6.4	2.1～4.2	0.7～0.9		1.6～2.4	1.25～1.8
>60～80	1.5～3.2	1.2～2.6	3.75～7.5	2.6～5.0	0.9～1.2		2.0～3.0	1.5～2.2

表3-10　高速钢铰刀铰碳钢及合金钢时的进给量（用切削液）

加工性分类	粗　铰												
	进给量 f/(mm/r)												
1	1.3	1.6	2.0	2.5	3.2	4.0	5.0						
2	1.0	1.3	1.6	2.0	2.5	3.2	4.0	5.0					
3	0.8	1.0	1.3	1.6	2.0	2.5	3.2	4.0	5.0				
4	0.63	0.8	1.0	1.3	1.6	2.0	2.5	3.2	4.0	5.0			
5	0.50	0.63	0.8	1.0	1.3	1.6	2.0	2.5	3.2	4.0	5.0		
6		0.5	0.63	0.8	1.0	1.3	1.6	2.0	2.5	3.2	4.0	5.0	
7			0.5	0.63	0.8	1.0	1.3	1.6	2.0	2.5	3.2	4.0	5.0
8				0.5	0.63	0.8	1.0	1.3	1.6	2.0	2.5	3.2	4.0
9					0.5	0.63	0.8	1.0	1.3	1.6	2.0	2.5	3.2
10						0.5	0.63	0.8	1.0	1.3	1.6	2.0	2.5
11							0.5	0.63	0.8	1.0	1.3	1.6	2.0

（续）

铰刀直径/mm	切削速度/(m/s)												
10～20	0.275	0.238	0.216	0.176	0.153	0.131	0.113	0.098	0.085	0.073	0.063	0.055	0.04
21～80	0.238	0.216	0.176	0.153	0.131	0.113	0.098	0.085	0.073	0.063	0.055	0.046	0.04

精　铰

公差等级	加工表面粗糙度/μm	切削速度/(m/s)
6～7	*Ra*0.2～*Ra*0.1	0.033～0.05
	*Ra*0.4～*Ra*0.2	0.066～0.083

注：1. 上列粗铰切削用量可得到8～11级公差等级和表面粗糙度*Ra*3.2μm的孔。

2. 精铰时，切削速度上限用于铰正火钢，下限用于铰韧性钢。

3. 粗铰的切削速度是根据加工余量（直径上）为0.2～0.4mm计算的，当加工余量变动1.5～2倍时，切削速度的变动为8%～12%。

4. 金属材料的加工性分类见表3-11。

5. 当铰刀材料为9SiCr时，切削速度应乘以修正系数0.85。

表3-11　金属材料的加工性等级

加工性等级	名称及种类		相对加工性	代表性材料
1	很容易切削材料	一般有色金属	3.0以上	5-5-5铜铅合金，9-4铝铜合金铝镁合金
2	容易切削材料	易切削钢	2.5～3.0	退火15Cr钢（R_m=0.372～0.441GPa） 自动机床加工用钢（R_m=0.392～0.490GPa）
3	容易切削材料	较易切钢	1.6～2.5	正火30钢（R_m=0.441～0.549GPa）
4	普通材料	一般钢及铸铁	1.0～1.6	45钢、灰铸铁、结构钢
5	普通材料	稍难切削材料	0.65～1.0	2Cr13调质钢（R_m=0.833GPa） 85号轧制结构钢（R_m=0.882GPa）
6	难加工材料	较难切削材料	0.5～0.65	45Cr调质钢（R_m=1.030GPa） 60Mn调质钢（R_m=0.931～0.981GPa）
7	难加工材料	难切削材料	0.15～0.5	50CrV调质钢，1Cr18Ni9Ti不锈钢，某些钛合金
8	难加工材料	很难切削材料	0.15以下	某些钛合金、耐热钢

表3-12　高速钢铰刀铰灰铸铁时的切削速度

铸铁硬度(HBW)	进给量 *f*/(mm/r)													
140～152	0.79	1.0	1.3	1.6	2.0	2.6	3.3	4.1	5.2					
153～166	0.62	0.79	1.0	1.3	1.6	2.0	2.6	3.3	4.1	5.2				
167～181		0.62	0.79	1.0	1.3	1.6	2.0	2.6	3.3	4.1	5.2			
182～199			0.62	0.79	1.0	1.3	1.6	2.0	2.6	3.3	4.1	5.2		
200～217				0.62	0.79	1.0	1.3	1.6	2.0	2.6	3.3	4.1	5.2	
218～250					0.62	0.79	1.0	1.3	1.6	2.0	2.6	3.3	4.1	5.2

（续）

铰刀直径/mm	切削速度 v/(m/s)													
10～20	0.278	0.25	0.22	0.195	0.173	0.155	0.136	0.121	0.108	0.096	0.085	0.076	0.068	0.06
21～80	0.25	0.22	0.195	0.173	0.155	0.136	0.121	0.108	0.096	0.085	0.076	0.068	0.06	0.053

注：1. 上列切削用量可得到7～9级精度和粗糙度为 Ra1.6～0.8μm 的孔，如达不到要求，可将切削速度降至0.066m/s。

2. 切削速度是根据加工余量（直径上）为0.2～0.4mm计算的。当加工余量变动1.5～2倍时，切削速度的变动为5%～7%。

3. 当铰刀材料为9SiCr时，切削速度应乘修正系数0.6。

表3-13　硬质合金铰刀铰孔时的切削用量

加工材料	材料的力学性能	铰刀直径/mm	进给量/(mm/r)	粗铰		精铰	
				硬质合金牌号	切削速度/(m/s)	硬质合金牌号	切削速度/(m/s)
碳素结构钢及合金结构钢	R_m = 0.539GPa	10～25	0.3～0.65	YT15	0.966～0.433	YT30	1.35～0.6
		25～50	0.45～0.9		0.6～0.283		0.833～0.4
		50～80	0.7～1.2		0.366～0.2		0.516～0.283
	R_m = 0.63GPa	10～25	0.3～0.65	YT15	0.833～0.383	YT30	1.166～0.33
		25～50	0.45～0.9		0.516～0.25		0.733～0.35
		50～80	0.7～1.2		0.316～0.160		0.45～0.233
	R_m = 0.735GPa	10～25	0.3～0.65	YT15	0.733～0.332	YT30	1.033～0.466
		25～50	0.45～0.9		0.45～0.216		0.633～0.3
		50～80	0.7～1.2		0.283～0.15		0.4～0.216
	R_m = 0.833GPa	10～25	0.3～0.65	YT15	0.65～0.3	YT30	0.916～0.416
		25～50	0.45～0.9		0.4～0.2		0.566～0.283
		50～80	0.7～1.2		0.25～0.133		0.35～0.183
淬火钢	R_m = 1.569～1.765GPa	10～25	0.2～0.33	YT15	0.916～0.366	YT30	1.166～0.516
		25～50	0.25～0.43		0.533～0.216		0.75～0.3
		50～80	0.35～0.5		0.283～0.166		0.4～0.233
灰铸铁	170HBW	10～25	0.8～1.6	YG3	1.15～0.633	YG3X	1.233～0.683
		25～50	1.1～2.2		0.733～0.466		0.783～0.5
		50～80	1.5～3.0		0.516～0.35		0.5～0.383
	190HBW	10～25	0.8～1.6	YG3	1.05～0.633	YG3X	1.133～0.683
		25～50	1.1～2.2		0.766～～0.466		0.816～0.5
		50～80	1.5～3.0		0.533～0.366		0.566～0.4
	210HBW	10～25	0.6～1.3	YG3	0.933～0.566	YG3X	1～0.6
		25～50	0.9～1.8		0.666～0.416		0.716～0.45
		50～80	1.1～2.2		0.466～0.333		0.5～0.366
	230HBW	10～25	0.6～1.3	YG3	0.833～0.483	YG3X	0.9～0.516
		25～50	0.9～1.8		0.6～0.366		0.65～0.4
		50～80	1.1～2.2		0.416～0.283		0.45～0.3

需要说明的是，表内的进给量用于加工通孔，加工不通孔时进给量应取0.2～0.5mm/r；最大进给量用于在钻或扩孔之后，精铰孔之前的粗铰孔；中等进给量用于粗铰之后精铰7级公差等级的孔；精镗之后精铰7级公差等级的孔；对硬质合金铰刀，用于精铰9级公差等级表面粗糙度 $Ra0.8 \sim 0.4\mu m$ 的孔；最小进给量用于抛光或珩磨之前的精铰孔；用一把铰刀铰9级公差等级的孔；对硬质合金铰刀用于精铰7级公差等级表面粗糙度 $Ra0.4 \sim 0.2\mu m$ 的孔。

3.3.3 本任务需掌握的指令

1. 固定循环功能

固定循环通常是用含有G功能的一个程序段完成用多个程序段指令才能完成的加工动作，使程序得以简化。

（1）孔加工循环过程　固定循环由6个顺序的动作组成，如图3-80所示。

1）A→B为刀具快速定位刀孔位坐标（X，Y）即循环起点B，Z值进至起始高度。

2）B→R为刀具沿Z轴方向快进至安全平面即R点平面。

3）R→E为孔加工过程（如钻孔、镗孔、攻螺纹等），此时进给为工作进给速度。

4）E点为孔底动作（如进给暂停、刀具移动、主轴准停、主轴反转等）。

5）E→R为刀具快速返回R点平面。

6）R→B为刀具快退至起始高度（B点高度）。

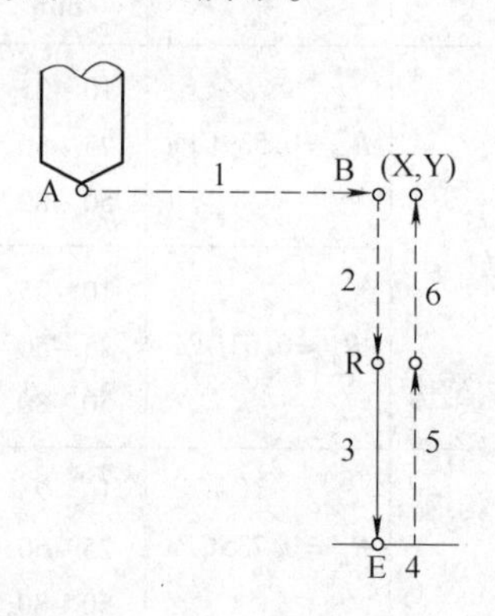

图3-80　固定循环动作顺序

（2）孔加工固定循环通用格式

G90（G91）G98（G99）G73～G89　X_　Y_　Z_　R_　Q_　P_　F_；

在XY平面定位，在Z轴方向进行孔加工，不能在其他轴方向进行孔加工，与指定平面的G代码无关。规定一个固定循环动作由三种方式决定，它们分别由G代码指定。

1）数据形式：G90　绝对值方式；G91 增量值方式。

G90、G91相对应的数据给出方式是不同的，如图3-81所示。固定循环指令中地址“R”和地址“Z”的数据制定与G90或G91的方式选择有关。在采用G90（绝对方式）时，R与Z一律取其终点坐标值；在采用G91（增量方式）时，R是指从初始平面上的起始点到点R的距离，Z是指从点R到孔底平面上点Z的距离。在循环指令中“X”“Y”“Z”可以分别用G90或G91使用，因为X、Y的移动与Z的动作是在不同的基本动作中完成的。

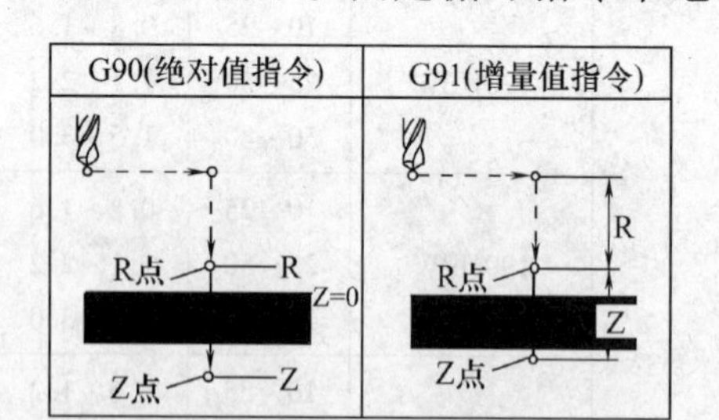

图3-81　数控形式的展示图

2）返回点平面：G98　初始点平面；G99　R点平面

当刀具到达孔底后，刀具可以返回到R点平面或初始位置平面，由G98和G99指定。在返回动作中，根据G98和G99的不同，可以使刀具返回到初始点平面或R点平面。指令

G98 和 G99 的动作如图 3-82 所示。一般情况下，G99 用于第一次钻孔而 G98 用于最后钻孔。即使在 G99 方式中执行钻孔，初始位置平面也不变。

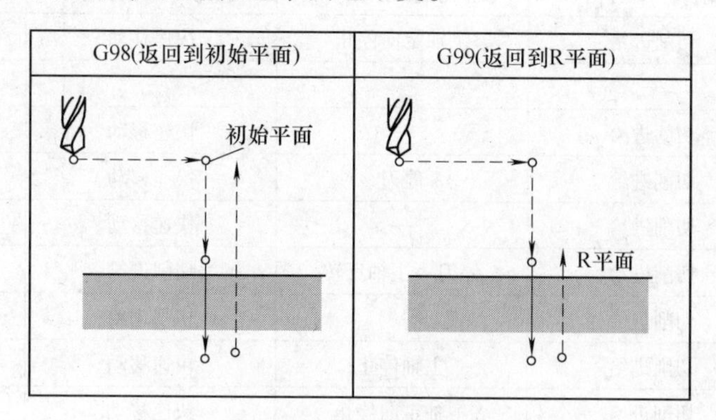

图 3-82　返回点平面

3）孔加工方式：G73、G74、G76、G80 ~ G89 规定孔加工方式，模态 G 代码，直到被取消之前一直保持有效。具体根据孔加工方式选取，详见表 3-15。

4）孔加工位置：X、Y：孔加工位置坐标值。

5）孔加工数据：孔加工数据详见表 3-14。

表 3-14　孔加工数据

地　址	说　明
Z	用增量值指定从 R 点到孔底的距离或者用绝对值指令孔底的坐标值。如图 3-81 所示
R	用增量值指定的从初始点平面到 R 点距离，或者用绝对值指定 R 点的坐标值。如图 3-81 所示
Q	指定 G73，G83 中每次加工的深度；在 G76，G87 中平移量。Q 值始终是增量值，且用正值表示，与 G91 无关
P	指定在孔底的暂停时间。用整数表示，以 ms 为单位。时间与指定数值关系与 G04 指定相同
F	指定切削进给速度

6）重复次数：在 K 中指定重复次数，对等间距孔进行重复钻孔。K 仅在被指定的程序段内有效。以增量方式（G91）指定第一孔位置。如果用绝对值方式（G90）指令的话，则在相同位置重复钻孔。重复次数 K 的最大指令值为 9999。如果指定 K0，钻孔数据被存储，但是不执行钻孔。

7）取消：使用 G80 或 01 组 G 代码，都可以取消固定循环。

2. 常用固定循环指令

表 3-15 为常用固定循环指令功能表。

表 3-15　常用固定循环指令功能表

G 代码	钻削（－Z 方向）	孔底动作	回退（＋Z 方向）	应　用
G73	间歇进给	—	快速移动	深孔断屑钻循环
G74	切削进给	停刀→主轴正转	切削进给	左旋攻螺纹循环

（续）

G 代码	钻削（-Z 方向）	孔底动作	回退（+Z 方向）	应用
G76	切削进给	主轴定向停止	快速移动	精镗孔循环
G80	—	—	—	取消固定循环
G81	切削进给	—	快速移动	点钻循环
G82	切削进给	停刀	快速移动	锪孔循环
G83	切削进给	—	快速移动	深孔排屑钻循环
G84	切削进给	停刀→主轴反转	切削进给	右旋攻螺纹循环
G85	切削进给	—	切削进给	镗孔循环
G86	切削进给	主轴停止	快速移动	镗孔循环
G87	切削进给	主轴定向停止	快速移动	背镗孔循环
G88	切削进给	停刀→主轴停止	手动移动	镗孔循环
G89	切削进给	停刀	切削进给	镗孔循环

（1）高速深孔钻循环（G73）

指令格式：G73 X_ Y_ Z_ R_ Q_ F_ K_;

指令说明：

1）X_ Y_：孔位数据。

2）Z_：孔底深度（绝对坐标）。

3）R_：每次下刀点或抬刀点（绝对坐标）。

4）Q_：每次切削进给的背吃刀量（无符号，增量）。

5）F_：切削进给速度。

6）K_：重复次数（如果需要的话）。

指令功能：进给孔底并快速退刀，如图 3-83 所示。

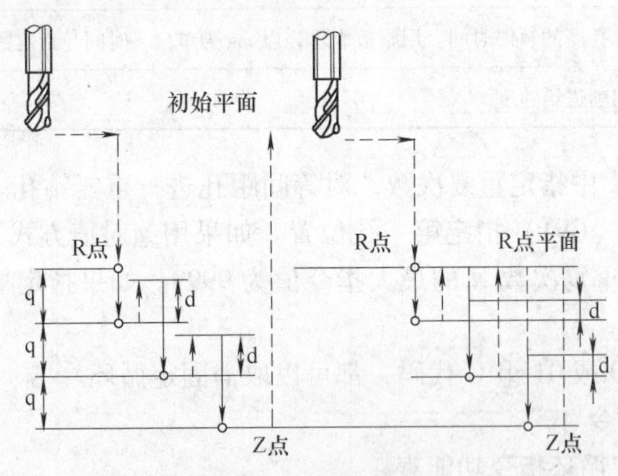

图 3-83 G73 进给动作

（2）攻左旋内螺纹循环（G74）

指令格式：G74 X_ Y_ Z_ R_ P_ F_ K_;

指令说明：

1）X_ Y_：孔位数据 。

2）Z_：孔底深度（绝对坐标）。

3）R_：每次下刀点或抬刀点（绝对坐标）。

4）P_：暂停时间（单位：ms）。

5）F_：切削进给速度。

6）K_：重复次数（如果需要的话）。

指令功能：进给孔底主轴暂停正转并快速退刀，如图3-84所示。

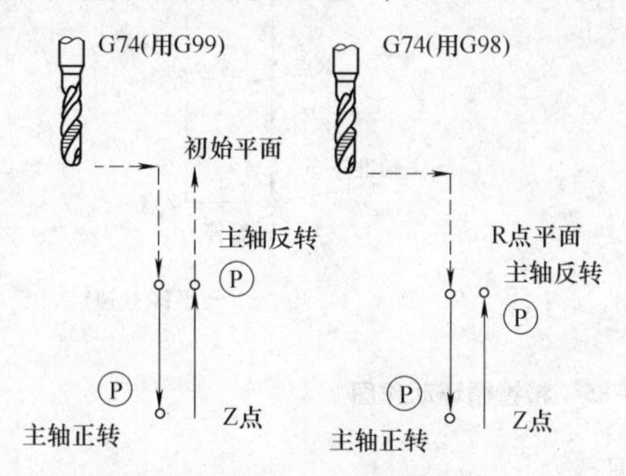

图3-84　G74进给动作

（3）精镗孔循环（G76）

指令格式：G76 X_ Y_ Z_ R_ Q_ P_ F_ K_;

指令说明：

1）X_ Y_：孔位数据。

2）Z_：孔底深度（绝对坐标）。

3）R_：每次下刀点或抬刀点（绝对坐标）。

4）Q_：孔底的偏移量。

5）P_：暂停时间（单位：ms）。

6）F_：切削进给速度。

7）K_：重复次数（如果需要的话）。

指令功能：精镗孔循环动作如图3-85所示。在孔底，如图3-86所示，主轴停止在固定的回转位置上，向与刀尖相反的方向位移后退，不擦伤加工面进行高精度、高效率的镗削加工。

（4）取消固定循环进程（G80）

指令格式：G80;

指令功能：这个命令取消固定循环，机床回到执行正常操作状态。孔的加工数据，包括R点、Z点等，都被取消；但是移动速率命令会继续有效。

指令说明：要取消固定循环方式，用户除了发出G80命令之外，还能够用G代码01组（G00，G01，G02，G03等）中的任意一个命令。

（5）定点钻孔循环（G81）

指令格式：G81 X_ Y_ Z_ R_ F_ K_;

指令说明：

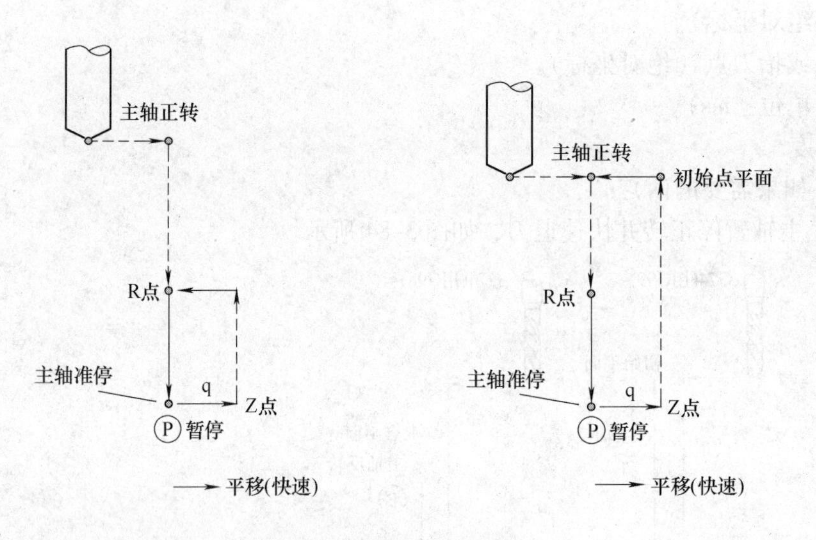

图 3-85 精镗循环动作图

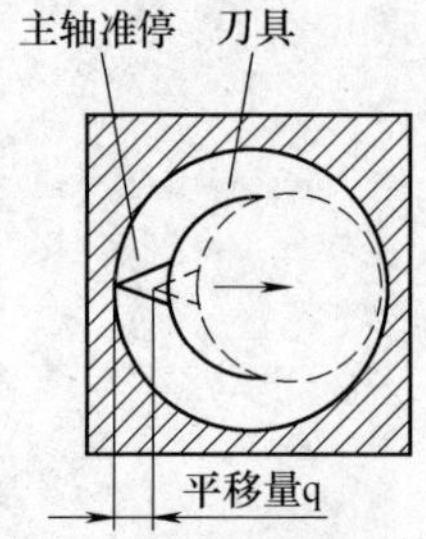

主轴准停 刀具

平移量q

图 3-86 孔底停留图

1）X_ Y_：孔位数据。

2）Z_：孔底深度（绝对坐标）。

3）R_：每次下刀点或抬刀点（绝对坐标）。

4）F_：切削进给速度。

5）K_：重复次数（如果需要的话）。

指令功能：G81 命令可用于一般的孔加工，如图 3-87 所示。

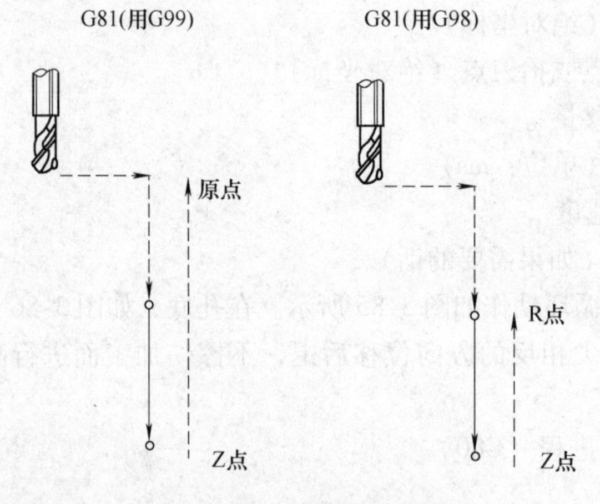

图 3-87 G81 进给动作图

（6）钻孔循环（G82）

指令格式：G82 X_ Y_ Z_ R_ P_ F_ K_；

指令说明：

1）X_ Y_：孔位数据。

2）Z_：孔底深度（绝对坐标）。

3）R_：每次下刀点或抬刀点（绝对坐标）。

4）P_：在孔底的暂停时间（单位：ms）。

5）F_：切削进给速度。

6）K_：重复次数（如果需要的话）。

指令功能：G82 钻孔循环，反镗孔循环，进给动作如图 3-88 所示。

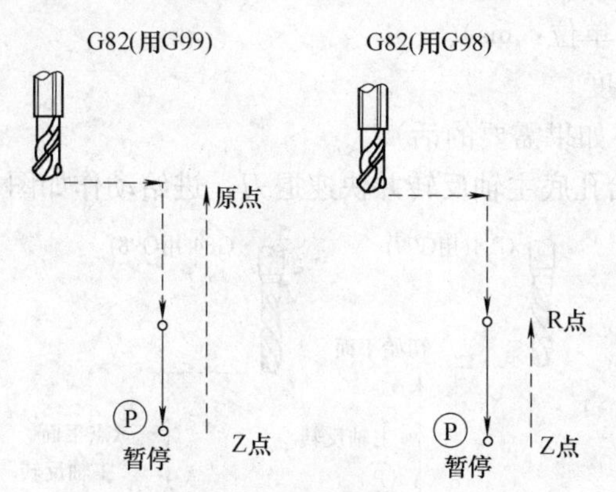

图 3-88　G82 进给动作

（7）深孔钻削循环（G83）

指令格式：G83 X_ Y_ Z_ R_ Q_ F_ K_；

指令说明：

1）X_ Y_：孔位数据。

2）Z_：孔底深度（绝对坐标）。

3）R_：每次下刀点或抬刀点（绝对坐标）。

4）Q_：每次切削进给的切削深度。

5）F_：切削进给速度。

6）K_：重复次数（如果需要的话）。

指令功能：G83 中间进给孔底并快速退刀，进给动作如图 3-89 所示。

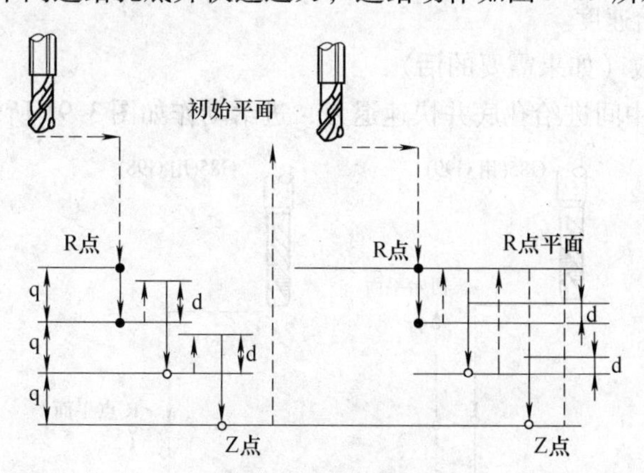

图 3-89　G83 进给动作

（8）攻内螺纹循环（G84）

指令格式：G84 X_ Y_ Z_ R_ P_ F_ K_；

指令说明：

1）X_ Y_：孔位数据。

2）Z_：孔底深度（绝对坐标）。

3）R_：每次下刀点或抬刀点（绝对坐标）。

4）P_：暂停时间（单位：ms）。

5）F_：切削进给速度。

6）K_：重复次数（如果需要的话）。

指令功能：G84 进给孔底主轴反转并快速退刀，进给动作如图 3-90 所示。

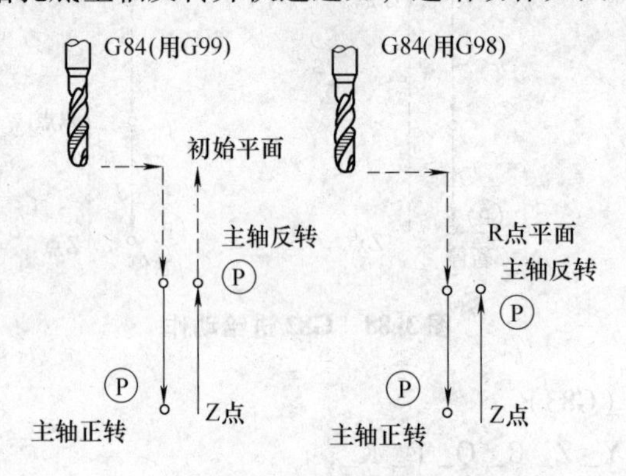

图 3-90　G84 进给动作

(9) 镗孔循环（G85）

指令格式：G85 X_ Y_ Z_ R_ F_ K_;

指令说明：

1）X_ Y_：孔位数据。

2）Z_：孔底深度（绝对坐标）。

3）R_：每次下刀点或抬刀点（绝对坐标）。

4）F_：切削进给速度。

5）K_：重复次数（如果需要的话）。

指令功能：G85 中间进给孔底并快速退刀，进给动作如图 3-91 所示。

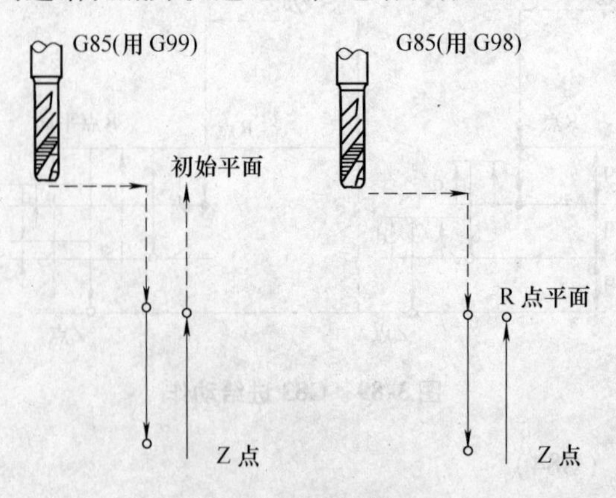

图 3-91　G85 进给动作

（10）镗孔循环（G86）

指令格式：G86 X_ Y_ Z_ R_ F_ K_;

指令说明：

1）X_ Y_：孔位数据。

2）Z_：孔底深度（绝对坐标）。

3）R_：每次下刀点或抬刀点（绝对坐标）。

4）F_：切削进给速度。

5）K_：重复次数（如果需要的话）。

指令功能：G86 进给孔底主轴停止快速退刀，进给动作如图 3-92 所示。

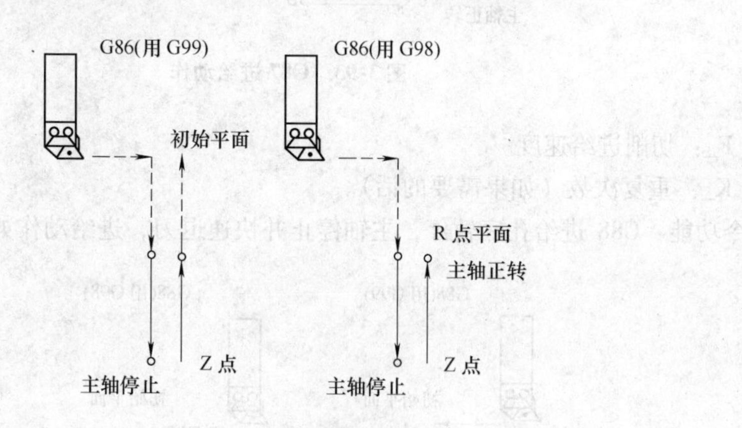

图 3-92　G86 进给动作

（11）反镗孔循环（G81）

指令格式：G87 X_ Y_ Z_ R_ Q_ P_ F_ K_;

指令说明：

1）X_ Y：孔位数据。

2）Z_：孔底深度（绝对坐标）。

3）R_：每次下刀点或抬刀点（绝对坐标）。

4）Q_：刀具偏移量。

5）P_：暂停时间（单位：ms）。

6）F_：切削进给速度。

7）K_：重复次数（如果需要的话）。

指令功能：G87 进给孔底主轴正转快速退刀，进给动作如图 3-93 所示。

（12）定点钻孔循环（G88）

指令格式：G88 X_ Y_ Z_ R_ P_ F_ K_;

指令说明：

1）X_ Y_：孔位数据。

2）Z_：孔底深度（绝对坐标）。

3）R_：每次下刀点或抬刀点（绝对坐标）。

4）P_：孔底的暂停时间（单位：ms）。

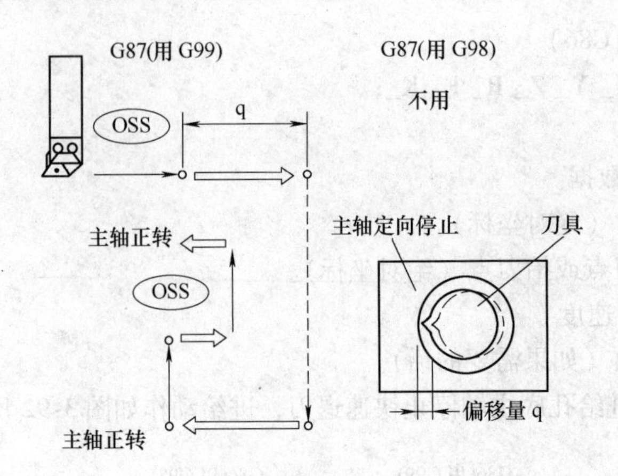

图 3-93　G87 进给动作

5）F_：切削进给速度。

6）K_：重复次数（如果需要的话）。

指令功能：G88 进给孔底暂停，主轴停止并快速退刀，进给动作如图 3-94 所示。

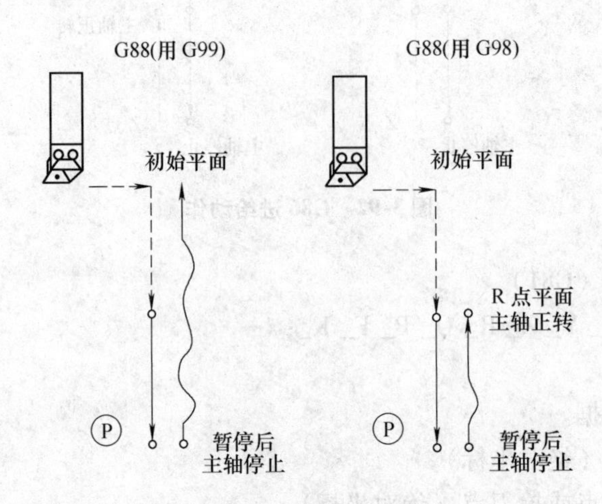

图 3-94　G88 进给动作

（13）镗孔循环（G89）

指令格式：G89 X_ Y_ Z_ R_ P_ F_ K_;

指令说明：

1）X_ Y_：孔位数据。

2）Z_：孔底深度（绝对坐标）。

3）R_：每次下刀点或抬刀点（绝对坐标）。

4）P_：孔底的停刀时间（单位：ms）。

5）F_：切削进给速度。

6）K_：重复次数（如果需要的话）。

指令功能：G89 进给孔底暂停并快速退刀，进给动作如图 3-95 所示。

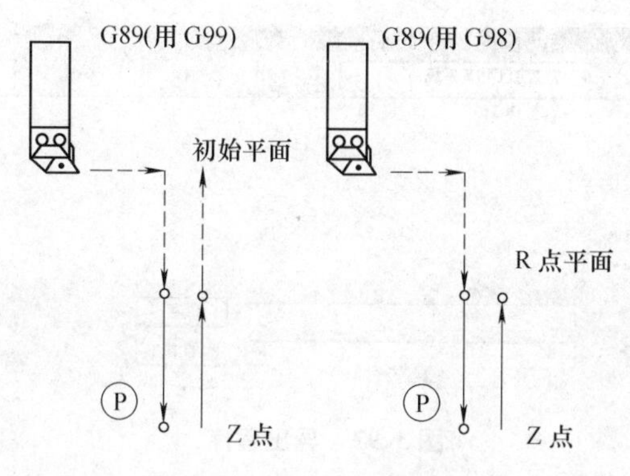

图3-95　G89进给动作

3.3.4　机床操作

1. 程序管理

（1）导入数控程序　数控程序可以通过记事本或写字板等编辑软件输入并保存为文本格式文件（注意：必须是纯文本文件），也可直接用FANUC系统的MDI键盘输入。

1）将机床置于DNC模式。

2）打开菜单“机床/DNC传送…”，在打开文件对话框中选取文件。如图3-96所示，在文件名列表框中选中所需的文件，按“打开”确认。

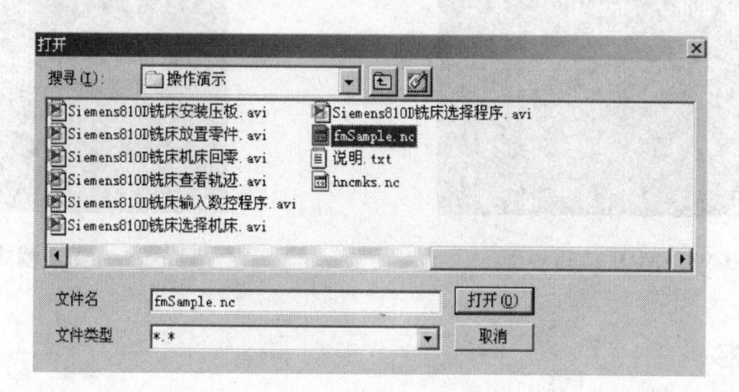

图3-96　导入程序

3）再通过MDI键盘在程序管理界面输入O××，（O后输入1~9999的整数程序号）单击INPUT键，即可输入预先编辑好的数控程序。

注意：程序中调用子程序时，主程序和子程序需分开导入。

（2）导出数控程序　在数控仿真系统编辑完毕的程序，可以导出为文本文件。

将MODE旋钮置于EDIT档，在MDI键盘上按PRGRM键，进入编辑页面，按OUTPUT START键；在弹出的对话框中输入文件名，选择文件类型和保存路径，按“保存”按钮执行或按“取消”按钮取消保存操作。如图3-97所示。

2. MDI模式

将控制面板上MODE旋钮切换到MDI模式，进行MDI操作。在MDI键盘上按PRGRM键，进入编辑页面。

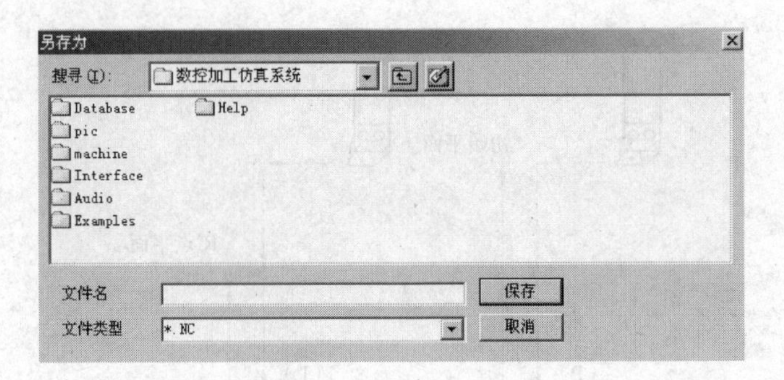

图 3-97　导出程序

输入程序指令：在 MDI 键盘上敲击数字/字母键，第一次单击为字母输出，其后单击均为数字输出。按 CAN 键，删除输入域中最后一个字符。若重复输入同一指令字，后输入的数据将覆盖前输入的数据。

按键盘上 INPUT 键，将输入域中的内容输入到指定位置。CRT 界面如图 3-98 所示。按 RESET 键，已输入的 MDI 程序被清空。输入完整数据指令后，按循环启动按钮 Start 运行程序。运行结束后 CRT 界面上的数据被清空。如图 3-99。

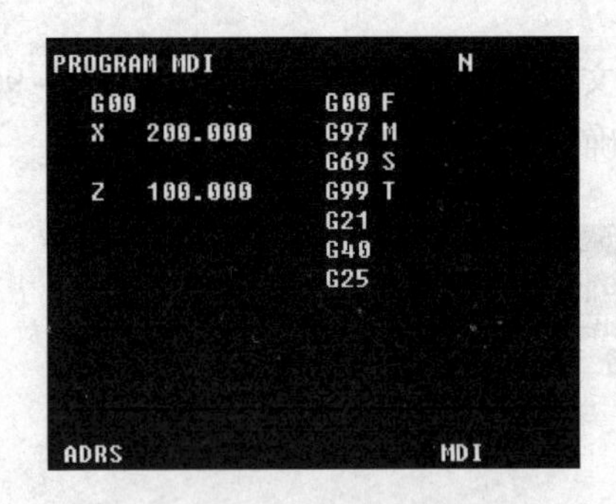

图 3-98　MDI 编辑界面

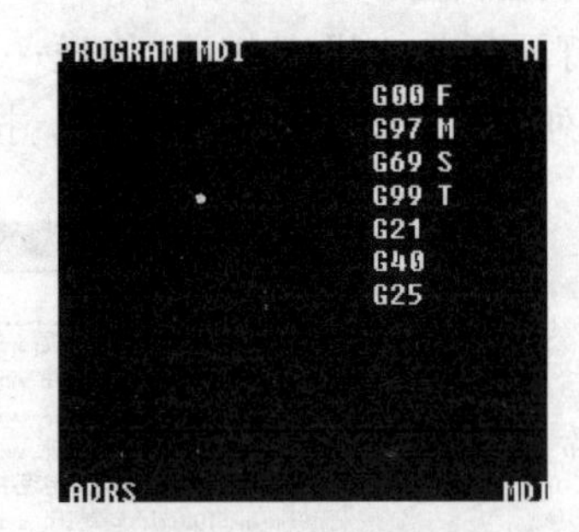

图 3-99　MDI 模式界面

3.3.5　任务实施

1. 零件工艺性分析

（1）任务分析　该零件上有一个直角台阶，台阶面上分布有大小不一深度不同的孔，应用钻削循环对孔进行加工。

（2）确定工件的装夹方式　本例采用台虎钳装夹，零件表面高出台虎钳上表面 5mm 以上；设定工件的左上角为编程零点。

（3）工艺安排

<table>
<tr><td colspan="2">零件名称</td><td>板</td><td>数量（件）</td><td>1</td><td>日期</td><td></td></tr>
<tr><td colspan="2">零件材料</td><td>铝</td><td>尺寸单位</td><td>mm</td><td>工作者</td><td></td></tr>
<tr><td colspan="2">零件规格</td><td colspan="3">100×100×20</td><td>备注</td><td></td></tr>
<tr><td>工序</td><td>名称</td><td colspan="5">工艺要求</td></tr>
<tr><td>1</td><td>下料</td><td colspan="5">100×100×20 半成品板料一块</td></tr>
</table>

（续）

		工步	工步内容	刀具号	刀具类型	刀具直径/mm	主轴转速/(r/min)	进给速度/(mm/min)
2	数控铣	1	铣阶梯面	T01	面铣刀	$\phi80$	1850	800
		2	钻孔中心	T02	中心钻	$\phi8$	3000	300
		3	钻 $\phi6$ 孔	T03	钻头	$\phi6$	2300	230
		4	锪 $\phi10$ 孔	T04	键槽铣刀	$\phi10$	2100	250
		5	钻 $\phi8$ 孔	T05	钻头	$\phi8$	1900	210

2. 参考程序

（1）中心钻定位（$\phi2.5$mm 或 $\phi3$mm 中心钻）

```
G91 G28 Z0;
G90 G54 G00 X0 Y0;
M03 S3000;
    Z50;
G98 G81 X15 Y15 Z-1 R5 F300;
    X25;
    X35;
    X45;
    X55;
    X65;
    X75;
    X85;
    X15 Y45;
    Y65;
    Y85;
    X45 Y45;
    X45 Y85 ;
    X85 Y85;
    X85 Y45;
    X50 Y65;
    X57.5 Y77.99;
    X72.5 Y77.99;
    X80 Y65;
    X72.5 Y52.01;
    X57.5 Y52.01;
G80 X0 Y0;
G00 Z100;
M05;
```

```
G91 G28 Z0;
G28 Y0;
M30;
```

(2) 钻孔（钻 ϕ6mm 孔）

```
G91 G28 Z0;
G90 G54 G00 X0 Y0;
M03 S3000;
Z50;
G98 G83 X15 Y15 Z-23 R5 Q2 F230;
    X25;
    X35;
    X45;
    X55;
    X65;
    X75;
    X85;
    X15 Y45;
    Y65;
    Y85;
    X45 Y85 Z-14;
    X85 Y85 Z-14;
    X85 Y45 Z-14;
    X45 Y45 Z-14;
G80 X0 Y0;
G00 Z100;
M05;
G91 G28 Z0;
G28 Y0;
M30;
```

(3) 钻孔（钻 ϕ8mm 孔）

```
G91 G28 Z0;
G90 G54 G00 X0 Y0;
M03 S1900;
    Z50;
G98 G83 X50 Y65 Z-23 R5 Q2 F210;
    X57.5 Y77.99;
    X72.5 Y77.99;
    X80 Y65;
    X72.5 Y52.01;
```

```
    X57.5 Y52.01;
G80 X0 Y0;
G00 Z100;
M05;
G91 G28 Z0;
G28 Y0;
M30;
```

(4) 铣阶梯面

```
G91 G28 Z0;
G90 G54 G00 X0 Y0;
M03 S1850;
    Z100;
    X200 Y-200;
    Z10;
G01 Z-5 F800;
G41 Y30 D1; D1:40
    X30 Y30;
    X30 Y200;
G00 Z100;
G40 X0 Y0;
M05;
G91 G28 Z0;
G28 Y0;
M30;
```

(5) 锪沉孔(ϕ10mm)

```
G91 G28 Z0;
G90 G54 G00 X0 Y0;
M03 S2100;
    Z50;
G98 G83 X15 Y45 Z-3 R5 Q1 F250;
    X15 Y85;
G80 X0 Y0;
G00 Z100;
M05;
G91 G28 Z0;
G28 Y0;
M30;
```

3. 加工成品

孔系零件加工成品如图 3-100 所示。

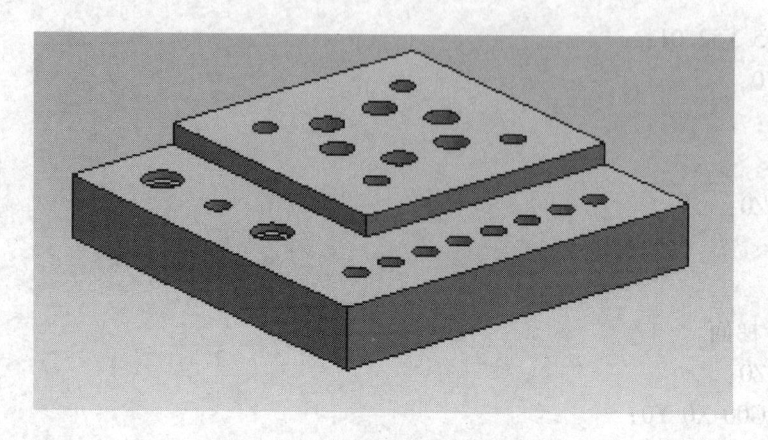

图 3-100 孔系零件加工成品图

4. 考核与评价

实训任务						
班级		姓名（学号）		组号		
序号	内容及要求	评分标准	配分	自评	互评	教师评分
1	手工编程	程序或语法错误 2 分/处 数据错误 1 分/次	15			
2	程序输入	手工输入	5			
3	仿真加工轨迹	图形模拟走刀路径	5			
4	ϕ6mm 孔	每超差 0.01mm 扣 2 分	15			
5	ϕ8mm 孔	每超差 0.01mm 扣 2 分	15			
6	ϕ10mm 孔	每超差 0.01mm 扣 2 分	15			
7	整体外形	圆弧曲线连接光滑，形状准确	5			
8	表面粗糙度	小于 $Ra3.2\mu m$	15			
9	安全操作	违章视情节轻重扣分	10			
额定工时		实际加工时间				
完成日期		总得分				

3.3.6 任务小结

通过本任务学习要求学生了解钻镗孔的基本加工方法，会使用钻头、铰刀、丝锥及镗削刀具，能够掌握钻镗循环的孔加工编程指令、动作分解及深度设定的编程技巧。能熟练地在数控铣床上录入、调试加工程序，正确对刀和设置刀具长度补偿。能使用机床进行各类孔系零件加工。会使用内孔量具对零件进行加工质量评估和分析。

3.3.7　任务拓展

在 FANUC 系统数控铣床上加工如图 3-101 ~ 图 3-103 所示零件，试编写加工程序。材料为铝合金。

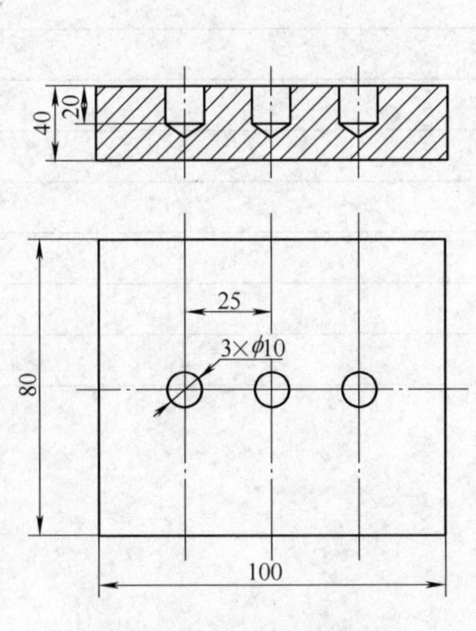

图 3-101　拓展训练项目 1

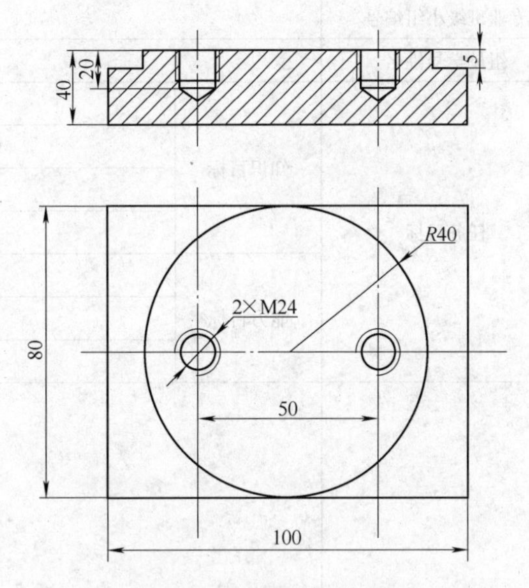

图 3-102　拓展训练项目 2

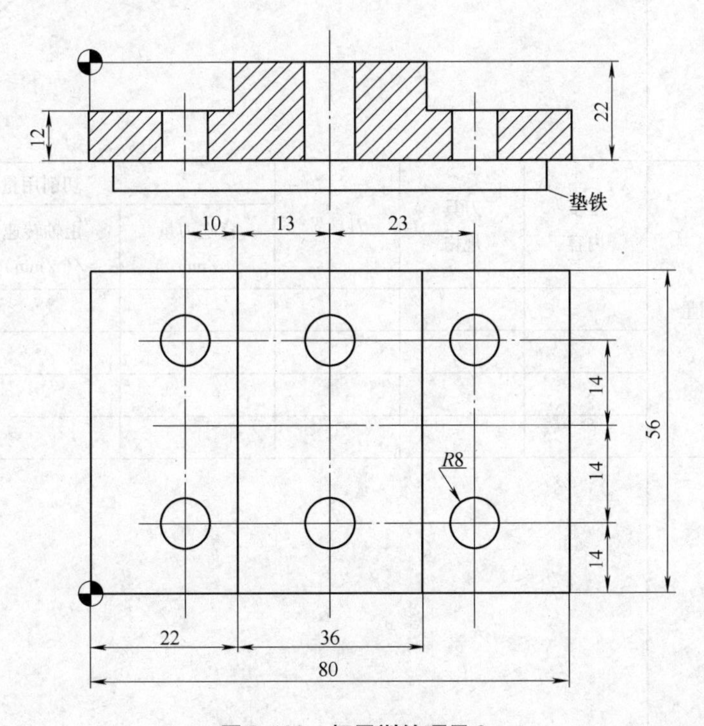

图 3-103　拓展训练项目 3

3.3.8 任务工单

<table>
<tr><td>项目名称</td><td colspan="6"></td></tr>
<tr><td>任务名称</td><td colspan="6"></td></tr>
<tr><td>专业班级小组编号</td><td colspan="6"></td></tr>
<tr><td>组员学号姓名</td><td colspan="6"></td></tr>
<tr><td rowspan="7">任务目标</td><td rowspan="4">知识目标</td><td colspan="5"></td></tr>
<tr><td colspan="5"></td></tr>
<tr><td colspan="5"></td></tr>
<tr><td colspan="5"></td></tr>
<tr><td rowspan="3">能力目标</td><td colspan="5"></td></tr>
<tr><td colspan="5"></td></tr>
<tr><td colspan="5"></td></tr>
<tr><td>需要完成的任务</td><td colspan="6"></td></tr>
<tr><td rowspan="6">刀具选择及切削用量</td><td rowspan="2">工步
内容</td><td rowspan="2">刀具
规格</td><td rowspan="2">刀具号</td><td colspan="3">切削用量</td></tr>
<tr><td>背吃刀量
/mm</td><td>主轴转速
/(r/min)</td><td>进给量
/(mm/r)</td></tr>
<tr><td></td><td></td><td></td><td></td><td></td><td></td></tr>
<tr><td></td><td></td><td></td><td></td><td></td><td></td></tr>
<tr><td></td><td></td><td></td><td></td><td></td><td></td></tr>
<tr><td></td><td></td><td></td><td></td><td></td><td></td></tr>
<tr><td>项目实施步骤</td><td colspan="6"></td></tr>
</table>

（续）

<table>
<tr><td>加工程序</td><td colspan="3"></td></tr>
<tr><td>项目实施过程中遇到的问题及解决方法</td><td colspan="3"></td></tr>
<tr><td>学习收获</td><td colspan="3"></td></tr>
<tr><td rowspan="6">评价（详见考核表）</td><td colspan="3">个人评价 10% + 小组评价 20% + 教师评价 50% + 贡献系数 20%</td></tr>
<tr><td>姓名</td><td>各项得分</td><td>综合得分</td></tr>
<tr><td></td><td></td><td></td></tr>
<tr><td></td><td></td><td></td></tr>
<tr><td></td><td></td><td></td></tr>
<tr><td></td><td></td><td></td></tr>
</table>

参考文献

[1] 方沂. 数控机床编程与操作 [M]. 北京：国防工业出版社，1999.
[2] 张超英，罗学科. 数控机床加工工艺、编程及操作实训 [M]. 北京：高等教育出版社，2002.
[3] 杨仲冈. 数控设备与编程 [M]. 北京：高等教育出版社，2003.
[4] 赵正义. 数控铣床/加工中心加工工艺与编程 [M]. 北京：中国劳动社会保障出版社，2005.
[5] 何平. 数控加工中心操作与编程实训教程 [M]. 北京：国防工业出版社，2006.
[6] 王荣兴. 加工中心培训教程 [M]. 北京：机械工业出版社，2006.
[7] 马雪峰. 数控编程实用技术 [M]. 北京：北京师范大学出版社，2007.
[8] 周保牛. 数控铣床与加工中心技术 [M]. 北京：高等教育出版社，2007.
[9] 李宏胜. 机床数控技术及应用 [M]. 北京：高等教育出版社，2007.
[10] 陈天祥. 数控加工技术及编程实训 [M]. 北京：清华大学出版社，2008.
[11] 刘万菊. 数控加工工艺及编程 [M]. 北京：机械工业出版社，2008.
[12] 马雪峰. 数控编程与加工技术 [M]. 北京：高等教育出版社，2009.
[13] 姬瑞海. 数控编程与操作技能实训教程 [M]. 北京：清华大学出版社，2010.
[14] 陈天祥，马雪峰. 数控加工编程与操作 [M]. 上海：上海交通大学出版社，2011.